◎ 主编 温亚芹 刘毅

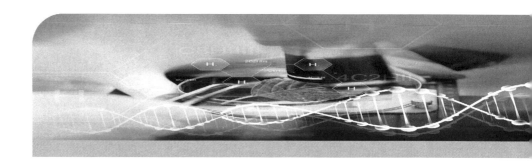

现代科技概论

XIANDAI KEJI GAILUN

U0245084

 大连理工大学出版社

图书在版编目(CIP)数据

现代科技概论 / 温亚芹，刘毅主编. -- 大连：大连理工大学出版社，2019.9(2024.7重印)
ISBN 978-7-5685-2208-3

Ⅰ.①现… Ⅱ.①温… ②刘… Ⅲ.①物理学－高等学校－教材 Ⅳ.①O4

中国版本图书馆 CIP 数据核字(2019)第 187994 号

大连理工大学出版社出版

地址：大连市软件园路 80 号　邮政编码：116023
发行：0411-84708842　邮购：0411-84708943　传真：0411-84701466
E-mail:dutp@dutp.cn　　URL:https://www.dutp.cn
大连朕鑫印刷物资有限公司印刷　　大连理工大学出版社发行

幅面尺寸:185mm×260mm　印张:15.75　字数:362 千字
2019 年 9 月第 1 版　　2024 年 7 月第 6 次印刷

责任编辑:王晓历　　　　　　　　　　　责任校对:李建博
封面设计:张　莹

ISBN 978-7-5685-2208-3　　　　　　　定　价:42.00 元

本书如有印装质量问题,请与我社发行部联系更换。

前　言

在科学技术迅速发展的形势下,不同学科、专业领域相互交叉、渗透和融合的趋势越来越明显。科学文化与人文文化相融合的通识教育不仅是高等院校文化素质教育的一个重要课题,而且是一个深刻的教育理念问题。在 21 世纪,只掌握某一种(科技或人文)专业知识是远远不够的,必须警惕"有知识没文化"或"做科技工作却不讲科学精神、科学态度和科学方法"的现象。为适应当今科技、经济、社会发展对高素质人才的需求,需要弥补科学文化与人文文化相脱离的缺憾,让文科学生了解自然科学的规律,了解人类赖以生存的物质世界中物质结构及运动的基本规律。本教材正是为了培养文科学生的科学素质,使之能更好地适应当今科学技术和经济、社会发展的需要而编写的。本教材可作为高等院校文科类学生通识教育课程的教材,同时还可作为一般读者了解科学技术发展与应用的参考读物。

本教材的特点是:突出科学思想和文化内涵,将科学教育与人文教育的交融和结合贯穿始终;以科学技术史为线索,阐述科学技术与社会发展的联系;在讲解基本理论的同时,注意介绍科技的新发展和它在高新技术中的应用;介绍著名物理学家的创造性思维,承前启后、勇于创新以及对科学事业的奉献精神;注重科学素质与创新能力的培养。考虑到文科生的特点,本教材力求深入浅出、通俗易懂,注重知识性与趣味性和可读性,培养学生的兴趣,拓宽学生的知识面,提高学生的综合素质。

为响应教育部全面推进高等学校课程思政建设工作的要求,本教材编写团队深入推进党的二十大精神融入教材,不仅围绕专业育人目标,结合课程特点,注重知识传授能力培养与价值塑造统一,还体现了专业素养、科研学术道德等教育,立志做有理想、敢担当、能吃苦、肯奋斗的新时代好青年,让青春在全面建设社会主义现代化国家的火热实践中谱写绚丽华章。

本教材共 12 讲,包括:科学技术史;物理与艺术;天文与宇宙;航天科技;力与运动;地球资源;环境问题;核技术及其应用;电磁学的应用;振动与波;新材料与纳米技术;光学技术。

本教材由哈尔滨华德学院温亚芹、刘毅任主编,于琪参与了编写。具体编写分工如下:第 2 讲、第 5 讲、第 8 讲、第 9 讲、第 11 讲、第 12 讲由温亚芹编写,第 1 讲、第 3 讲、第 4 讲、第 6 讲、第 7 讲由刘毅编写,第 10 讲由于琪、温亚芹编写。

在编写本教材的过程中,编者参考、引用和改编了国内外出版物中的相关资料以及网络资源,在此表示深深的谢意! 相关著作权人看到本教材后,请与出版社联系,出版社将按照相关法律的规定支付稿酬。

由于本书涉及面广、作者水平有限,书中的缺点和不足之处在所难免,恳请广大读者不吝指正。

编　者
2019 年 9 月

所有意见和建议请发往:dutpbk@163.com
欢迎访问高教数字化服务平台:https://www.dutp.cn/hep/
联系电话:0411-84708445　84708462

目　录

第1讲

科学技术史

1.1 科学与技术

　　科学与技术紧密联系,人类通过自己的聪明才智和千百年来的不断实践,大大推进了科技进步,同时科学和技术的进步也改变了人类的生存方式,使人类不断"进化"。科学分为自然科学和社会科学,它们研究的对象不同,发挥的作用也不同,《现代科技概论》课程力求从自然科学的角度,带领大家更好地认识整个世界,帮助大家建立科学的唯物的世界观,在同学们将来的工作和生活中发挥积极的作用。

1.1.1 科学的概念

　　科学的原意是知识、学问。随着科学的发展,人们对它的理解和认识在不断地深化,科学的含义也在不断地扩大,因而要给科学下一个永远不变的定义是很困难的。可以说,科学是一个具有多种品格和多种形象的多义词。人们对科学提出了若干种解释,每种解释都从不同的侧面对科学的本质特征进行了揭示和描述。归纳起来,人们对科学主要有以下几个方面的理解。

1. 科学是生产知识的活动

　　首创进化论学说的生物学家达尔文(C. R. Darwin)用了5年(1831—1836)时间,遍游四大洲三大洋之后,对收集的大量事实材料进行了分析研究,于1859年发表了巨著《物种起源》。1888年,他以自己的感受给科学下了定义:"科学就是整理事实,以便从中得出普遍的规律或结论。"也就是说,科学就是把实践活动中的经验材料或感性认识进行收集、整理、总结、归纳,经过"去粗取精、去伪存真、由此及彼、由表及里"的加工改造,上升到理性认识的过程,是一种特殊的社会活动—生产知识活动,是一种创造性的智力活动。

2. 科学是反映客观事实和规律的知识

人类在生产实践、生活实践和科学实验中得到的知识,如果能正确地反映客观事实和规律,就称为真知。真知就是科学。例如,牛顿在前人工作的基础上,进一步研究了大量的宏观物体的运动规律,总结归纳出牛顿运动定律和万有引力定律。这些定律正确地反映了宏观物体运动的特点和规律,它们就是科学。

3. 科学是反映客观事实和规律的知识体系

随着人类科学知识的积累,逐渐形成了多种学科体系。20 世纪初,数学、物理学、化学、天文学、生物学、电力工程学、机械工程学、建筑工程学、医药工程学等自然科学及管理科学都比较成熟了,人们认识到,人类从实践中得到的知识如果是零散的、相互不联系的,还不能称为科学。只有这些知识单元按照内在的逻辑关系条理化、系统化,建立起一个完整的知识体系时,才能称为科学。因此,科学不只是事实和规律的知识单元.而是由这些知识单元组成学科,学科又组成学科群,形成一个多层次组成的体系。

大多数学者及辞书上都认为,"科学是关于自然、社会相思维的知识体系",这也是科学的最基本的内涵。科学知识体系是一个动态系统,随着实践的发展而不断变化。

4. 科学只供科举的世界观、态度和方法

人们在认识客观世界的过程中,不仅创造了科学知识,而且形成了科学的世界观、态度和方法。科学揭示了客观世界的本质相运动规律,是唯心主义世界观的对立物。科学使人们破除迷信、解放思想、追求真理、勇于创新。科学的态度就是尊重实践,实事求是,按客观规律办事。科学还向人们提供了一系列分析、研究、解决问题的方法,它告诉我们怎样去做那些要做的事情。科学为人类提供的知识、世界观、态度和方法,使科学成为人类认识世界、改造世界的工具和武器。

5. 科学是一项事业

科学活动的规模随着科学的进步和社会的发展而不断扩大。20 世纪 40 年代之前,科学基本上处于"小科学"时期。16 世纪是以伽利略为代表的个体活动时代,17 世纪是牛顿的松散群众组织皇家学会时代,18 世纪到第二次世界大战前是爱迪生的"实验工厂"的集体研究时代。20 世纪 40 年代,美国动用了几万人搞"曼哈顿计划",制造原子弹,从此,科学活动突破了以往的一切组织形式,进入了国家建制时代。自科学活动进入国家规模以来,人们就把科学称为"大科学",认为"科学是一种建制",即科学已成为一项国家事业,企业和政府都直接参与了科学事业,实现了科学家与企业家、政治家的结合。近年来,科学活动由一国建制向国际化建制发展。现今,已经进入了国际合作的跨国建制时代。

1.1.2 技术的概念

技术的原意是技艺、手艺。随着科学技术的发展,人们对技术的理解更加深化全面。当前,对技术的定义的表述方法有多种,但基本上都没超出法国科学家狄德罗给技术所下的定义范围。狄德罗在他主编的《百科全书》中指出:"技术是为某一目的而共同协作组成的各种工具和规则体系。"这一定义高度、全面地概括了技术的本质含义,它有 5 个要点:①技术与科学不同,技术有目的性;②技术的实现要通过广泛的"社会协作"来完成;②技术的首要表现是生产"工具",是设备,是硬件;④技术的另一重要表现形式是"规则",是生产使用的工艺、方法、制度等,也就是软件;⑤与科学一样,技术也是成套的知识系统。

1.1.3　科学与技术的关系

1. 科学与技术的区别

科学与技术既有区别,又有联系;既相互独立,又密不可分。科学的根本职能是认识世界,揭示客观事物的本质和运动规律,着重回答"是什么""为什么"的问题;技术的根本职能是改造世界,实现对客观世界的控制、利用和保护,着重回答"做什么""怎么做"的问题。科学属于由实践到理论的转化领域,它本身是意识形态的东西,属于社会的精神财富;技术属于由理论向实践转化的领域,它本身是物化了的科学知识,居于社会的物质财富。科学的成果表现为新现象、新规律、新法则的发现;技术的成果表现为新工具、新设备、新方法、新工艺的发明。

2. 科学与技术的联系

科学与技术相辅相成.在认识世界和改造世界的过程中统一在一起。科学中有技术,如物理学、化学、生物学中有实验技术;技术中也有科学,如杠杆、滑轮中有力学。科学产生技术,如发现相对论和核裂变,产生原子弹和核电站。技术也产生科学,如射电望远镜的发明与使用,产生了射电天文学;扫描隧道显微镜、原子力显微镜等的发明与使用,产生了单分子科学。科学的成就推动技术的进步;技术的需要促进科学的发展。在科学转化为生产力的过程中,技术是中间环节.技术是科学原理的物化和应用。对于科学来说,技术是科学的延伸;对于技术来说,科学是技术的升华。

1.2　科技缔造者

在了解了科学和技术的概念以及它们之间的关系之后,我们也许会问自己这样一个问题,人类科技从何而来? 答案当然是从人类的自己的实践中来,而人类又从何而来呢? 毫无疑问,人类是宇宙的物质运动的结果,是宇宙的产物,而这其中最不可思议就是:宇宙,一个"冷冰冰"的物质世界,通过不断的物质运动竟然产生了生命,并且获得了智能,还创造了自己的科技来探索和理解宇宙。

1.2.1　宇宙的演进

清晨,走出家门,站在广阔的大地上,面对楼宇大厦也好,面对青山碧水也好,这都是宇宙的一个小小的角落。人类在哪里生活? 答案应该是"宇宙中,地球上"。那么何为宇宙呢? 中国古代"宇宙"一词最早出现在《庄子》这本书中。到了西汉年间,淮南王刘安客的门客集体编写了一部哲学著作《淮南子》(又名《淮南鸿烈》《刘安子》),其中就有这样的论述"上下四方曰宇,古往今来曰宙"。这和人类今天的宇宙观不谋而合,那就是:"宇宙"指的是一切时间、空间、物质的总称。那宇宙又从何而来呢?

今天的人类通过不断的研究和观察,认为在大约在 140 亿年前,在原本没有物质也没有时空的虚无缥缈之中,发生了一次大爆炸。物质和时空,就在这次大爆炸和随之而来的剧烈膨胀中产生。随着膨胀速度的减慢,最先从虚无中诞生的夸克、轻子和光子的温度逐渐下降,慢慢地形成原子、分子并凝聚成星体、星系、尘埃和气体。物质在万有引力的作用下凝聚塌缩,使大量引力势能转化为热能,大大提高了新形成星体的温度,并点燃了大星体的热核反应,使之成为发光发热的恒星,其中就包括人类的恒星——太阳。

1.2.2　地球与生命

地球诞生于大约 46 亿年前,随着宇宙的膨胀与降温,形成地球的物质也慢慢冷却下来。表面的熔岩开始凝固,漂浮于中空气中的水汽凝结成瓢泼大雨,地球的表面出现了海洋。

35 亿年前,一些有机物质在风雨雷电之中形成了原始的生命,这些生命的"孢子"可能始于地球,也可能来源于宇宙中的尘埃和陨石。最初的生物繁衍于海洋,而后逐渐走向陆地,形成草原、森林等植被以及各种原始的动物。在"自然选择"的法则之下,这些生物逐渐进化。在距今 1 亿、2 亿年前,地球表面成了恐龙的世界。一些巨大的灾变,例如火山爆发、彗星和小行星的撞击、大陆的碎裂和漂移等,极大地促进了生物的进化,并往往引发物种的突变。

大约 5 000 万年前,哺乳动物取代了爬行动物成为地球的主宰。约 1 000 万年前,一批树上生活的猿猴下到了地面,进化成能够直立行走的类人猿。它们逐渐学会了使用树枝和石块,并在 200 万年到 300 万年前,进化成能够制造工具的原始人类。

不难看出,宇宙的年龄是约 140 亿年,而人类的历史仅有短短几百万年,更不用说人类目前公认的自身文明史的长度 6 000 年了,所以从时间长度的角度来说,人类的历史不过是宇宙间转瞬的一刻罢了。

那么从空间的角度来说呢?人类在宇宙的大尺度结构中所占据的空间位置就更加的渺小了,银河系的直径有 100 万光年左右,也就是说光需要用 100 万年的时间才能从银河系的一端走到银河系的另一端,宇宙间像银河系这样的星系数以几十亿计,地球的直径仅仅为12 756千米。用"尘埃"来形容地球的尺度在宇宙中的地位真是一点也不过分。从时空的角度来说,人类在宇宙中是十分渺小的,甚至可能是微不足道的,但是迄今为止,我们并没有在浩瀚的宇宙中遇到其他的智慧生命体,那么我们自己的科学和技术便是宇宙中的一种奇迹,人们利用它改变了生活,并预想着在将来探索更广阔的宇宙空间,拓展生存的空间,这一切连人类自己都为之感叹,我们利用自己的发明创造和越来越深入系统的知识体系不断地改造着世界,是科学和技术不断地推动着人类的进步。

1.3　古代科学技术史

1.3.1　漫长的旧石器时代

考古学家把人类开始起源到农业出现以前的这一漫长时代,称作"旧石器时代"。就世界历史而言,旧石器时代占人类历史总长的 99.90% 以上,当时也把当地的人住的地方叫作"石器部落"。在旧石器时代,人类在体质演化上经历了直立人阶段、早期智人阶段和晚期智人阶段,体态由猿人向现代人逐渐演化,脑容量不断增加。人类的劳动是从制造工具开始的。整个旧石器时代都以打制石器作为重要的标志。打制石器由简单、粗大,向规整、细小发展,并且石器种类不断增多,变化速度渐趋加快,旧石器时代晚期在骨器制作上发明了磨光技术和钻孔技术。从直立人使用火、控制火,到晚期智人发明人工取火,也是人类历史上的一个重大进步。在旧石器时代晚期,智人的思维得到了突飞猛进的发展,人类社会出现了宗教和艺术。

原始社会时期人类的生产活动,受到自然条件的极大限制,制造石器一般都是就地取材,从附近的河滩上或者从熟悉的岩石区拣拾石块,打制成合适的工具,旧石器时代中期以前往往是这种情况。到了晚期,随着生活环境的变迁和生产经验的积累,这种拣拾的方法有时不能满足生产和生活上的要求,在有条件时,便从适宜制造石器的原生岩层开采石料,制造石器。因此,一些能够提供丰富原料的山地就会有人从周围地区不断聚集到这里,从岩层开采石料,乃至就地制造石器,因而出现了一些石器制造场。

人类劳动是从制作工具开始的。使用打制石器和用它制作的木棒等简陋工具,能做到赤手空拳所不能做的事情。人们利用这些工具逐步改造了自然和人类本身。

北京人已经会使用天然火,还会保存火种。他们用火烧烤食物,驱赶野兽,还用火照明、防寒。火的使用,增强了人们适应自然的能力,是人类进化过程中的一大进步。

在北京人遗址中,发现了大量木炭和几处较大的灰烬堆,还有在火种烧过的石块、兽骨和树籽等。这些灰烬限定在一定地区,说明北京人不但会用火,而且还能管理火。除发现了采集食用的树籽外,还发现了大量的禽兽遗骸,其中肿骨鹿化石就有 2 000 多个个体,说明北京人过着采集和狩猎的生活。

图 1-1　骨针

旧石器时代的劳动在早期主要是打制石器和加工石器。在西侯度有刮削器、砍砸器和三棱大尖状器等三大类型,石器的制造工艺已达到一定的水平。旧石器时代中期打制石器技术明显提高,石器类型也不断增多,同时又新出现了木棒或骨棒打片的技术。旧石器时代晚期文化遗址在中国许多地方都有发现,其中较著名的有北京的山顶洞人。这个时期的石器呈小型化趋势,骨、角器也相当发达。尤其是骨针(如图 1-1 所示),其细小的孔眼,圆滑的针身,几乎和后来的针没有太大的区别。针的出现是一项重要的发明,意味着人类已经学会缝制衣服,御寒保暖了。旧石器时代是人类文化的童年,是人类历史上最长的一个时期。

1.3.2　新石器时代的进步

从旧石器向新石器时代过渡的中石器时代(约 15 000 年前),人类已学会把石器镶嵌在木棒或骨棒上制成镶嵌工具,但最重要的一项技术发明是弓箭。弓箭标志着人类第一次把以往的简单工具改革成了复合工具,并且利用了弹性物质的张力。弓箭比旧式的投掷武器射程远,命中率高,而且携带方便,它首先提高了狩猎的效率,后来也一直是战争的重要武器之一这个高效率的狩猎工具的出现,使人类在中石器时代猎获了大量动物。

人类在食物充分的条件下不会把猎物立即杀死,而让它们在附近地域生活等需要的时候再轻易地捕杀,甚至让幼小的食草动物长大后再猎取,这样便积累了更多动物方面的知识。高效率的狩猎活动显然也会助长无计划、无节制的盲目捕杀,造成食物来源更大的不稳定和危机。而在氏族和部落形成的情况下,自然界肯定不能满足大群落人类日益增长的肉食需求。这样,当人类在约 1 万年前进入新石器时代之后,便开始创造新的生产方式－原始的农业和畜牧业。这时的人在体质上也就基本和我们一样了。

新石器时代是人类寻找新的生活地域和改变生活方式的时代。原来到处漫游和狩猎的一些氏族和部落开始定居或相对定居下来,从北纬 50 度到南纬 10 度之间的许多地方是原始农业和畜牧业的地理范围。

原始农业是直接从采集业演化来的。人类把采集来的早就赖以为生的野生植物果实用掘杖或石锄播种在先用火烧掉树木荆棘的土地上,到成熟后再来收获。晚一些时候还发明木犁和利用牛、马、驴来耕种。原始农业是对采集生活中积累起来的生物知识的自觉应用。播种了就能收获,也是人类生活对因果性的一个有力证明。由于自然条件的差异,世界各地耕种的农作物是不同的。西南亚的人最早开始种植小麦和大麦,中国人最早开始种植谷子和稻子,玉米、马铃薯和南瓜的故乡则在中美洲和秘鲁。

原始畜牧业是从狩猎活动中发展而来的。这是将猎获的一些易于驯服的动物饲养起来,并让其在驯养条件下生殖繁衍。人类最早驯养的家畜可能是绵羊,接着是狗,以后是山羊、猪、牛、驴、马、象、骆驼等。

与采集和渔猎相比,原始农业和畜牧业的出现是一场产业革命,它表明人类已由单纯依靠自然界现成的赐予跃向通过自己的活动来增加天然物的产量。故而有了相对固定的居住地点－原始村落。同时,由于畜牧业为农业提供了畜力,就为农业的发展创造了新的条件。

新石器时代也是磨制石器的时代。这些磨制石器是对打制后的粗坯细加工而成的,十分精美,其功能也比较专门化,如石斧、石刀等。另外,由于人类开了原始的农耕,还发明了掘杖、木锄、骨锄和石锄,如图 1-2 和图 1-3 所示。

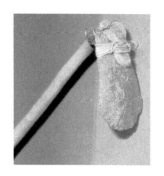
图 1-2　骨锄

图 1-3　石锄

原始村落中定居的人要从邻近小溪或河流中向居住点取水,其次还需积存、烹饪食物。为此,人们发明了陶器。陶器虽然易碎,但比石器轻,可制成各种形状和不同规格,盛装水和食物无异味,它和木器同为家居生活所需。很明显,只有长期用火的人类才可能发明制陶技术。而且,制陶技术也是冶铜炼铁技术之母。

在原始村落中,由于生活和生产任务的相对稳定,劳动和收入的关系相对确定,产生了与物的生产相适应的人的生产的新形式。具有比较确定的婚姻关系的男女对偶婚出现了。在稳定的母系原始村落里,又出现了金属工具。对于已掌握制陶技术的人类来说,冶炼铜并不算难。人们在烧制陶器的过程中有机会接触各种金属矿石,并逐渐学会冶金。而用金属器来作为石器、陶器、骨器、木器的补充对生产和生活来说,都十分必要。

在新石器时代晚期人类已开始使用金、银、铜和铁等天然金属。在大约公元前 300年,人类发明了青铜。青铜是铜锡合金。熔点为 800℃左右,比纯铜低,硬度比纯铜高,易于锻制,被用来制造武器、工具、生活用具和装饰。铜器时代是青铜器成为主要生产和生活器具的时代,但石器和其他器具并没有被完全取代。

1.3.3　四大文明古国

1. 古代中国的科技成就

中国是世界文明的发源地之一,有着五千年的文明史,与古埃及、古巴比伦、古印度并称为“四大文明古国”。

在四大文明古国中,古埃及、古巴比伦、古印度都由于外族的入侵而失去了独立主权,中断了古代文明。如公元前 525 年古埃及被波斯帝国灭亡;公元前 1595 年古巴比伦被赫梯灭亡;古印度长期处于四分五裂的状态,北部遭到外族入侵,近代又长期沦为英国的殖民地。中国是世界上唯一文明传统未曾中断的古国。早在国家形成前,黄帝、尧、舜、禹等就先后活动于黄河流域。启于公元前 21 世纪建立了中国第一个奴隶制国家——夏,经商、西周、春秋四个阶段,奴隶制度经历了 1 600 年的独立的延续、发展期,这是别的文明古国所根本无法比拟的。随着奴隶制在公元前 476 年的结束,中国历史也就于公元前475 年进入了封建社会,这比西欧于 476 年才开始向封建社会过渡早了一千年。公元前221 年建立了统一的、多民族的中央集权制国家——秦;而西欧的英法则在 1453 年英法百年战争结束后才开始走上中央集权的民族君主国的道路,比中国晚了 1600 多年。

我们的民族是个伟大的富有智慧的民族。古代史上,中国人民创造了以四大发明为代表的灿若群星的科技、文化成就,为人类文明做出了重大贡献。

自然科学统计资料表明:中国历代重大科技成就(项目)在世界重大科技中所占比例为:公元前6世纪前为57.4%;公元前6世纪到公元前1世纪为50%;公元前1世纪到400年为62%;401年到1000年为71%;1001年到1500年为58%。明朝以前的世界重要发明和伟大的科技成就有300多项,其中有175项是我们中国人发明的。从公元前三世纪到十五世纪,中国的科技发明使欧洲望尘莫及,有许多项目比欧洲早几百年,甚至上千年。

中国古代科学技术的萌芽始于远古时代,体系的形成大约是从春秋战国时期到秦汉时期(公元前7世纪－公元3世纪)。这一时期基本上奠定了中国传统科技体系的内容、形式和特点。中国古代的科学技术经过魏晋南北朝时的充实提高、隋唐五代的持续发展,宋元时达到了顶峰,明清时出现了一批集大成的科技典籍,但至十五世纪末开始比同时期的西方落后了。

图1-4　司母戊大方鼎

中国古代科学技术在其不同的发展阶段具有不同的特点。大约在距今1万年前,中国古代由旧石器时代过渡到新石器时代,打制石器、磨制石器、钻孔技术、农业技术、陶器制作、发明弓箭是这个时期的主要技术成就。夏商周时期(约公元前21世纪－前770年)是中国的青铜时代,青铜冶铸业成为当时最主要的手工业部门,如图1-4所示。1939年考古学家在中国河南安阳发现的司母戊大方鼎重875千克,高133厘米,是中国目前已发现的青铜器中的最大者,其造型、纹饰、工艺均达到极高水平,是青铜文化顶峰时期的代表作。另外,这一时期天文学、农学和医学等科学知识也在孕育之中。"阴阳""五行""八卦"等学说开始出现。

春秋战国时期(公元前770年－前221年)是一个百家争鸣、百芳争艳的历史时期,也是中国历史上科学技术发展的第一个高潮。铁器的开发和利用、引起了生产工具的巨大变革,促进了农业和手工业的全面繁荣和发展。春秋战国时期手工业技术的发展奠定了中国古代手工业技术传统的基础,成为后来一系列伟大发明的源头。其中鲁班和墨翟是这一时期手工工匠的典型代表。《考工记》记载载了当时已有的主要工艺成就,是反映这一时期科技发展水平的代表作。同时,诸子百家开始探讨天人关系、世界本源等问题,其中唯物主义思想的兴起,对当时科学技术的发展产生了积极的影响。荀子"天行合常,不为尧存,不为梁亡",生动地反映了当时人们摆脱"天命论"的束缚,开始注重自然的思想倾向。

秦汉时期(公元前221年－220年)是中国古代科学技术发展史上极其重要的时期,古代各学科体系开始形成,许多生产技术趋于成熟。这一时期铁器已得到普遍使用;主要的农作物及栽培技术基本确立;产生了历法的主要内容和宇宙观;形成了以"九数"为骨干、以计算为中心的数学框架;奠定了中药的本草学基础及中医的医疗原则;发明了造纸术。其间儒家思想的胜利对中国后来思想文化乃至科学思想的发展产生了深远的影响。

可以说,秦汉时期确立了此后近 2000 年间中国科学技术的基本框架、形态和风格。

三国两晋南北朝时期(公元 220 年－581 年)是一个中国古代科学家群星灿烂的时期。刘徽、祖冲之、张子信发展并充实了数学、天文学体系;贾思勰著《齐民要术》,农学体系开始成熟;王叔和著《脉经》,皇甫谧著《针灸甲乙经》,陶弘景编《神农本草经集注》等,从不同侧面丰富了中医药学体系;裴秀提出"制图六体",创立了中国古代地图学的基本理论;马钧、葛洪等人分别在机械、炼丹等方面取得了重大成就。中国古代科学技术体系在这一时期得到不断的充实和提高,逐渐居于世界领先地位。

隋唐五代时期(公元 581 年－960 年)是中国古代科学技术发展的第二个高潮。隋代开通了著名的南北大运河;唐代天文学家一行组织了大规模的大地测量,在世界上首次运用科学方法测量了子午线的长度;中国第一部国家药典《新修本草》问世;孙思邈编著了医学巨著《千金方》;雕版印刷和火药问世。同时,中外科技交流得到了前所未有的发展,因此,这一时期也是南北交汇、中外兼容的时期。

宋元时期(公元 960 年－1368 年)中国古代科学技术达到了顶峰。指南针被用于航海;火药火器被用于战争;发明了活字印刷术;筹算数学达到最高峰;创造了中国古代最为精密的历法《授时历》;医学分科更加细密,妇产科、儿科、法医学等不同医学流派开始诞生。

明朝初期,中国社会出现了资本主义萌芽。郑和七下西洋,从侧面反映了明朝当时的综合国力。但随着封建社会的逐渐衰落,明代的中央集权统治也达到了极点,思想专制严重地束缚了理论科学的发展。明朝恪守旧历而且严禁民间研究天文,结果导致天文学发展陷于停滞状态,理论数学也随天文学的停滞而不再有重大发展,中国传统科学技术开始逐渐落后于世界先进水平。但中医药、农学等继续发展。李时珍著《本草纲目》,徐光启著《农政全书》,徐霞客著《徐霞客游记》,宋应星著《天工开物》为传统科学技术的综合和升华做出了重要的贡献。

明末清初西方传教士相继传入了西方的天文历法、数学、地学、物理学、火炮制造等近代科学知识。但清中叶实行的文化专制和闭关自守政策,阻碍了近代科学技术的传播和发展,使中国传统科学技术停滞不前,加大了与世界先进水平的差距。与以种植农业为主的社会物质生产相关联,古代中国科学技术在天文学、数学、医学、农学、工艺技术等实用科技方面取得了突出成就,正是这些重要的发明创造,构成了中华文明绵延 5000 多年,一直没有中断的物质基础。

2. 古巴比伦科技成就

幼发拉底河和底格里斯河发源于亚美尼亚高原(今土耳其境内),流经美索不达米亚(今伊拉克境内)朝东南方向流入波斯湾海域。两河流域是古代科学文化发达的地区之一,具有六七千年的文明史。公元前 19 世纪,以巴比伦城(位于今巴格达以南)为中心的古巴比伦王国建立了,使古代两河流域文明达到高峰,所以人们也把这个地区的古代文明称为巴比伦文明。

古巴论文明很早就发明了文字和泥板书,居住在两河下游地区的苏美尔人大约在公元前 3500 年就发明了象形文字,经数百年的发展演化,至公元前 2800 年左右就基本上定型,称为楔形文字。苏美尔人把文字刻在泥板、砖头和石块上。后来居住在两河流域的其他民族也采用刻文字于泥板上(往往再经过火的烧结,以利长久保存)的办法,史称古巴比伦泥板书。流传至今的泥板书成为我们研究古巴比伦科学文化的珍贵资料,如图 1-5 所示。

在天文学方面,大约在公元前 4000 年,苏美尔人就总结对天象认真细致观测的经验,创造了以月亮盈亏规律为基础的方法。到公元前 20 世纪,他们把一年定为 354 天,一年划分为 12 个月,大月 30 天,小月 29 天,一大一小相间串联。根据天象周期,一年不只354 天,所以人们又发明"置闰方法"来安排剩下的几天。经长期实践,至公元前 383 年,他们使用了"19 年 7 闰"这个古代最优的置闰方法。

美索不达米亚人根据天象观测结果在公元 4 世纪编制过"日月运行表"。根据此表来计算月食的时间相当方便。他们对恒星进行过十分认真的观测,画成世界上最早的星图。同时,也找到系列的行星运行规律。根据现存泥板书的记载,他们测得土星的会合周期是378.6 天(今测值 378.09 天),木星的会合周期是 398.96 天(今测值为 398.88 天),还是相当准确的。古代巴比伦规定 7 天为一星期,把 1 小时划分为 60 分钟,把 1 分钟划分为60 秒钟。这些计时方法已成为世界各国人民所认同,今天已普遍采用。

在数学方面,古代美索不达米亚人的计数法很特别,他们采用"十进与六十进混合制"。当然,实际使用时往往感到不便,于是他们创造了很多数学表,帮助人们计算。由现存的泥板书我们可以找到他们创造的乘法表、平方数表、立方数表、倒数表、开平方根表、开立方根表等。在代数学方面,他们研究过一元一次方程、多元一次方程、多元二次方程,甚至某些三次方程、四次方程和指数方程。他们已经有初步的几何学知识,例如掌握了直角三角形、等腰三角形和梯形的面积计算法,甚至对正圆柱体、平截头正方锥体的体积也有了正确的计算公式。由公元前 1600 年的一块泥板书上可以知道,古美索不达米亚人已经了解勾股定理的内容。

图 1-5 古巴比伦空中花园

在农业方面,古代两河流域农业发达。这里的人们建设了许多堤坝渠道使水利灌溉网络较为健全,加上他们懂得利用畜力进行农田耕作,发明和使用木石结合的犁(即石制的犁头装上木制的犁架),后来又使用铜和铁制成的农具,因此农业生产力获得较大的发展。他们掌握了小麦和大麦的种植技术,还学会了种植蔬菜和水果,饲养牛、马、驴、羊等牲畜。

3. 古代埃及的科技成就

在古代,非洲尼罗河流域土地肥沃,农业发达,大约公元前 30 世纪就已经出现了奴隶制城邦民和国家,史称古埃及。古埃及历经 30 多个王朝,至公元前 525 年波斯帝国统治这块地方,其后又转为希腊人所统治,从而结束了古埃及的历史。古埃及人民曾经创造光辉灿烂的科学文化,在世界上颇具影响力。

古埃及人发明了文字和纸草书。古埃及人在 4000 多年前已经发明象形文字和拼音文字。后来,他们的拼音字母传入欧洲,对那里的文字的发展与创造产生了巨大的影响。古埃及人把文字写在纸草上。纸草由尼罗河三角洲盛产的一种芦苇状植物的茎秆制成。古埃及人取芦苇秆等物制成笔,用黑烟粉末和菜汁调制成黑墨,就这样把笔蘸墨在纸草上写字,叫纸草书。古埃及人的纸草书有不少保存至今,成为现今学者研究古代埃及科学文化的宝贵资料。

在天文学方面,尼罗河在古代经常泛滥成灾。古埃及人通过观察天象发现,当天狼星和太阳同时在地平线上升起之时,尼罗河的洪汛就要到来。为了便于防范和引起人们警惕,他们把这一天作为一年的开始,规定一年为 365 天。古埃及人定一年为 12 个月,每个月为 30 天,年末外加 5 天。后来他们通过天文观测和尼罗河泛滥的实际体验相比较得知,一年应该比 365 日多一点。因为如果规定 1 年为 365 天,那么经过 120 年的积累,天狼星偕日同升的时间会推迟 30 日,经过 1460 年的积累,这个时间会推迟 365 日,在五六千年前,古埃及人居然能如此准确地掌握有关天狼星和地球的运行规律,实在令人惊讶。古埃及人还从天文观测中认识不少恒星,例如北极星、天鹅星座、牧夫星座、仙后星座、猎户星座、天蝎星座、白羊星座等,从它们遗留下来的墓穴中棺材盖上所画的星座图可以证明这一点。

在数学方面古埃及人也取得了一系列研究成果,古埃及人用过十进制记数,但他们没有使用"位值制"。他们学会一些代数方程的解法,甚至比较简单的一元二次方程也能解出。由于古代尼罗河每年都发生泛滥,周边地区的田地在洪水过后都要重新丈量,这是刺激古埃及几何学发展的重要原因之一,古埃及人懂得矩形、三角形及梯形面积的计算方法,甚至也能正确地计算平截头正方锥体的体积。他们计算圆面积是用直径的 8/9 取平方,这相当于取 3.160 5 为圆周率,不过当时埃及人并未建立圆周率的科学概念。

17 世纪开始,有许多欧洲人组织探险队到古埃及遗址发掘古代文物,一时形成一股潮流。那时,考古人员曾经在古都底比斯的废墟中发现一部珍贵的纸草书,这是古埃及僧人阿默士所著的,长度 550 厘米,宽度 33 厘米。著作年代是公元前 150-2000 年间。这部纸草书为莱因特所购买,后人就称它莱因特纸草书。其中记载着 85 个古埃及的数学问题(有等比级数、一元一次方程、圆面积计算等问题)。

从古埃及遗留的金字塔也可以了解古埃及数学成就。金字塔是古埃及国王生前为自己预造的陵墓,建筑得十分雄伟,外观是巨大的角锥形。现在所知的埃及金字塔有 80 多座,其中最大的是胡夫金字塔。此塔大约在公元前 28 世纪建的。胡夫是古埃及王国第四王朝的国王。这个金字塔原高 146.5 米,底是正方形,原各边长 233 米。塔身由 230 万块正方体巨石(每块重约 2.5 吨)整整齐齐地堆叠而成。每块巨石的四面正好对准东、西、南、北四个方向。从正北的入口处有一通道进入塔底地下宫殿,此通道与地平线相交角度刚好是 30 度仰角,其延长线对准北极星(指当时北极星所在位置)。胡夫金字塔基底正方形边长误差只有 1/140 00,直角误差只有 1/270 0。400 多年前能达到这样的数学水平不能不叫人惊叹。

古埃及的农业科技成就尤为值得称道,埃及尼罗河是世界上最长的河流之一,它由南向北流入地中海。尼罗河流域土地肥沃,灌溉便利,有利于发展农业。在旧石器时代,聚集在这块土地上的古埃及人就以辛勤的劳动建设自己的家园和古老的文明。尼罗河经常泛滥,这虽是坏事,但也带来某种好处,泛滥后留下一层厚厚的淤泥,是种庄稼的沃土。这里的庄稼可达到一年三熟。古埃及人用木制的犁地架装上石制的犁头来耕地。他们还会利用驯服了的牛和驴来拉犁,使农业生产力大为提高。大约公元前 16 世纪,古埃及人已经掌握青铜冶炼技术。青铜是铜、锡、铅的合金,比纯铜坚硬得多,用来制造生产工具(犁头、斧头、刀剑等)比较合适。后来古埃及人又掌握了炼铁技术,用铁来制造农用工具。他们在肥沃的土地上种植小麦、大麦、胡萝卜、蒜、黄瓜、葡萄、无花果等,而且还饲养牛、羊、驴、马等牲畜。

在医药科技方面,从古埃及人留下的纸草书中可以找到不少医药学的内容。其中最有用的是埃伯斯纸草书,(宽度 30 厘米,长度 20.23 米)。它记载了内科、眼科、外科和妇科等方面 47 种病症及其医治方法,计有 877 个药方,而且还有一些生理病理和解剖学知识。这部纸草书大约作于公元前 17 世纪,反映了 3000 多年前古埃及的医药科技水平。古埃及人还研制多种防止尸体腐败的药物。经药物处理干化了的尸体即木乃伊。在制作木乃伊的过程中,埃及人通过对人的尸体的解剖,对人体的内部构造获得了真切的了解,增进了解剖学的知识,推动了外科医疗技术的发展。

古埃及以宗教神庙和金字塔建筑闻名于世。建于公元前 14 世纪的卡纳克神庙是具有代表性的杰作。这是一座雄伟壮观的建筑物.现在只留下残迹,但可以反映它确实气势非凡。它的主殿有 134 根高而大的石制圆柱,其中 12 根石柱高度都有 21 米左右,截面圆的直径达 3.6 米左右。金字塔也是令人叹为观止的建筑。据历史学家希罗多德估计,当时建筑胡夫金字塔需要 10 万人,花费 30 年的时间。据专家测算,这座金字塔用 230 万巨石(每块巨石重 2.5 吨),石块都经过仔细磨制,角度精确,堆砌时不用灰泥而直接叠起,石块之间严密,连小刀也插不进去。在巴黎铁塔建成(1889 年)之前,它一直是世界最高建筑物(高达 146.5 米)。

4. 古印度的科技成就

古代印度包括的地域较宽,包括今天的巴基斯坦、印度、孟加拉国、尼泊尔、不丹、锡金和斯里兰卡等国,它们部属于南亚次大陆及附近岛国。这个地区在中国及其他一些国家古籍中都统称古印度。大约公元前 30 世纪,这里已经出现奴隶制社会,公元 7 世纪则出现封建社会,自 16 世纪中期已正式沦为英国的殖民地,从而结束了古印度的历史。

早在吠陀时代,古印度人就已经积累了不少的天文历法知识。他们把一年划分为 12 个月,共 360 天,余下的日数用"置间"方法处理。印度裔的学者瞿昙悉达在我国唐代时著有《开元占经》书,讲到印度古代历史的"九执历",这种历法规定一个恒星年为 365.272 6 日,一个塑望月为 29.530 583 日,并采用 19 年置 7 闰的方法来处理非整数的天数。

印度最早的天文历法著作是《太阳悉檀多》,据说在公元前 6 世纪就已经有了,后来经历代学者修改增补,成为古印度天文学范本。此书讲到大地是球形的。公元 499 年成书的《圣使集》中提出一种见解:天球的日运动是地球每天绕地轴旋转一周的结果。12 世纪初,天文学家作名著有《历数全书头珠》一书,把印度天文学界前辈的成就汇集并进一步阐发,编著成书。

公元前 30 世纪至公元前 18 世纪,是印度哈拉巴文化时期。在这个时期,古印度人用的算术是"十进制"。到公元 7 世纪更进一步创造了"十进位值制记数法"。他们用"空一格"来表示零。公元 9 世纪,印度人用"·"表示零。这些方法经阿拉伯人传到欧洲,经长时间演化(零改为小圆),今天已被世界各国所普遍采用,人们称之"阿拉伯记数法",其来源却在印度公元前 5 世纪到公元前 4 世纪,古印度出现一部数学著作,叫《准绳经》。由此书可知,当时印度人已经知道勾股定理了,对圆周率也有所探讨。此时,印度人定圆周率为 3.09。《太阳悉多》已经有正弦函数表。《圣使集》一书,把圆周率表示为 3.141 6,并研究了简单的一元二次方程解法,能够证明简单的代数恒等式。该书还讲了算术运算、乘方、开方、两个无理数相加等问题。

古印度人在哈拉巴文化时期,农业已经相当发达。那时印度人已经使用青铜制成农具,如锄和镰等,还懂得利用畜力帮助耕作。他们种植水稻、大麦、小麦、棉花、豌豆等植物,还饲养牛、羊、猪、狗、象等动物。在吠陀时代后期,古印度人已经使用铁器农具,农业科技水平更高了。中国僧人玄奘在 7 世纪到过印度取经,他在印度居留多年,回中国之后著《大唐西域记》一书。书中对古印度封建社会的农业情况有很多描述。

有关印度医药科技的最早文字记载是《吠陀》一书,其中叙述发烧、肺病、水肿、咳嗽、麻风等疾病,还讲到一些治病方法。大约公元前 1 世纪出现一部医学专著《阿柔吠陀》,书中有内科、外科和儿科等病的描述,并讲到许多医药和治病方法,此书后来成为古印度人的医学理论的范本。大约与此同时,古印度出了个医学家叫妙闻。11 世纪出现的《妙闻集》是后人增补过的医学著作。它谈论的内科、外科、妇产科和儿科共 1120 种病,还记载了 120 种外科手术器具,所讲的手术有摘除白内障、治疗疝气和膀胱结石以及剖腹产等。此书载有 760 种药物。

古印度还有一种医学百科全书《阇罗迦本集》原作者阇罗迦生活在公元 2 世纪。书中提出一套诊病和治病的方法,对病因和病理也做了探讨,尤其是对肿瘤、癫痫病和热病等进行了比较深入的研究。所以,此书被认为是古印度最重要的医学著作之一。公元 7 世纪出现的《八科提要》和公元 8 世纪出现的《八科精华集》也是古印度重要的医典。

建筑于 3 000～4 000 年前的达罗城,从保存至今的建筑物看,它是一座经过古印度人精心设计和施工的城市。城内道路平直,形成一个完整的网络,给水和排水系统也相当合理。居民区的住宅已出现三层楼房,谷仓的面积达 1 200 平方米,大浴室建筑面积 1 800 平方米以上。建有塔楼的城墙又高又厚,采用大量烧砖建筑而成。

印度以伊斯兰教为国教之后出现过许多宗教建筑,例如玛哈尔陵。这座建筑物在印度北方邦亚格拉附近,是 17 世纪建成的。据说当时参与设计的有印度、波斯、土耳其等许多国家的建筑学家,经过 20 年时间才完成这一杰作。它至今仍被奉为穆斯林建筑的佼佼者,全部用白色大理石砌建,镶嵌着各种宝石,富丽堂皇,十分壮观。

1.3.4 古希腊文明

公元前八至六世纪,希腊各地兴起了许多奴隶制的城邦国家,这是以城市为中心,包括附近村落所组成的小国,全希腊共有 200 多个。其中最先进的有米利都、爱弗斯、卡尔息斯、雅典和斯巴达、科林斯等。由于铁矿的开采为农业手工业提供了许多高效生产工具,使社会生产力有了很大的发展。公元前五世纪,雅典在各城邦中取得了盟主地位,奴隶制经济空前繁荣,冶金、造船、武器、陶器、皮革、建筑都十分发达。手工业不仅行业之间而且行业内部都有了相当精细的分工,产品的数量质量都有了极大的提高。爱琴海、黑泥、地中海各地,到处都有雅典出口的陶器;造船技术达到了很高的水平,已经可以建造三层远航船,每条船使用水手达 200 人以上。当时的自然科学也取得了很大的成就。

公元前 334 年,马其顿国王亚历山大率领大军东侵,先后占领了叙利亚、埃及、摧毁了波斯帝国。建立了地跨欧、亚、非三洲的大帝国。亚历山大东侵开拓了比以前更为广阔的东西方贸易通道,促进了东西方的文化交流。亚历山大死后,帝国很快发生了分裂。他的一位将军以亚历山大里亚为首府,在埃及建立了托勒密王朝。索式尔·托勒密一世继承了亚历山大重视科学文化的传统,提供优越的物质条件赞助学术活动,举办研究机构,网罗科学人才,搜集古代典籍,积累和整理新的经验材料;最著名的是他建立了历史上最早的一个规模宏大的学术中心——缪斯学院,据说其附属图书馆藏书达 50 万卷之多,学院还附设有动物园、植物园和天文观测所等,开展了范围广泛的学术研究活动。这样,希腊科学文化中心很快就由雅典转移到了亚历山大里亚。古希腊长期积累和逐渐成长起来的自然科学,在这里结出了丰硕的果实。

古希腊文明学派众多,观点不同且经常"交锋",对真理的追求和对科学的崇尚大大地推进了文明的快速进步。这里面有太多的人值得我们去纪念,有太多的优秀智慧一直传承至今,对全人类产生了极其深远的影响。下面我们来介绍几位在他们中间非常有代表性作用的人物。

毕达哥拉斯于公元前 580 到公元前 568 年之间生于土耳其西部小岛(塞斯岛),后来他移居意大利南部的克罗顿。毕氏到过埃及、巴比伦和印度,因此阅历较广。在克罗顿,他收徒讲学,发展成为尊奉"数本主义哲学"的学派。据说他曾在打铁铺听到敲击铁件所发出的不同声音,走近一看,发现铁的重量不同,敲击起来音调也不同。后来,他以琴弦反复进行实验,找出琴弦音调的数学规律。由此,触发他提出"数即万物本原"的学术思想。毕达哥拉斯学派认为,宇宙是和谐的,而和谐的基础在于数。和谐美是他们建立理论的一条基本原则。从这条原则出发他们发现平面可由正三角形、正方形和正六边形所填满。他们证明了任何三角形,其内角之和都是 180 度。还证明了,直角三角形两直角边长度平方之和等于斜边长度的平方(西方称之为毕达哥拉斯定理,中国称之为勾股定理)。他们信奉一种美学思想:"圆是平面图形中最完美的,而球是立体图形中最完美的。"在天文学上,他们首创"地圆学说",认为地球是圆球形的,地球在转动;日与月也是球形的,它们悬浮于太空。达哥拉斯学派认为,整个宇宙是由一系列半径各异的同心球面组成的。每个行星运行在不同的球面上。他们的"地球"和"天球"理念奠定了古希腊天文学的基础,对后来的科学发展产生了重大的影响。

毕达哥拉斯学派的一位学者非罗劳斯曾经给出一幅宇宙结构图。这是一张平面图，画有 10 个同心圆，圆的半径逐一加大。认为"中心火"在圆心，而后 10 个同心上都有一个小圆点，由内向外分别表示 10 个天体的序排列：对地、地球、月亮、太阳、金星、水星、火星、木星、土星恒星天。古希腊人所讲的"数学"包括算术、几何学、天文学、音乐学。可见毕达哥拉斯学派把"数学"的范围给扩大了。

在古希腊的众多学者中，柏拉图几乎是其中最为著名的一位，他的哲学观点虽然更倾向于唯心主义，但也在很多领域中推动了哲学、心理学的发展，直到今天他的很多著作仍然值得我们去学习和品读。柏拉图(公元前 427 年－公元前 347 年)出身于名门望族，小时候受到良好的教育，而且志向远大，生性勇敢。他原是苏格拉底最得意的学生。自从苏格拉底因"败坏青年"的莫须有罪名而被雅典当权者判处死刑之后，柏拉图愤然离开雅典，到世界各国周游，特别是他在埃及和南意大利期间学到许多东西。在那里，他认真研究了毕达哥拉斯学派理论。公元前 387 年，他回到雅典开设学园招收许多学生，从事教学活动。据说他在学园门口挂了"不懂数学者不得入内"的牌子。在这个学园，这些课程只是被当作学习哲学的预备知识。在《理想国》一书，柏拉图十分重视立体几何的研究。他知道了正多面体只有五种，即正四面体、立方体、正八面体、正十二面体和正二十面体。他还知道用平面来切割圆锥体，从截面上可以得抛物线、椭圆和一支双曲线。这些统称为"圆锥曲线"的平面上曲线对研究天体运动十分重要。

柏拉图认为，天体神圣而高贵，而圆周也是最完美的。因此，他断言天体运动是均匀圆周运动，行星都是沿着绝对完美的路径在运行。虽然人们看到的行星运动有点乱(时而快、时而慢、时而往东、时而往西)，但是可以由若干个均匀圆周运动的叠加来合成它。因此，他要求学生们认真研究这个问题，以便"拯救堕落的现象"。他讲的"拯救"是指：行星看起来混乱无序，陷于堕落境地，学者必须拯救它，通过圆的叠加理出个头绪来。果然，在公元 2 世纪出了天文学家托勒密，他写出了《天文学大成》十三卷。他认为，恒星在小圆周(本轮)上旋转，而本轮中心又围绕地球作大圆周运动，这种大圆周叫作均轮。托勒密设想的本轮和均轮竟达 80 个之多。他把柏拉图的构想具体化了，提出在天文学发展史上影响久远的"本轮加均轮"理论。

亚里士多德(公元前 384 年－公元前 322 年)。他幼年时父母双亡，由亲戚抚养，至 17 岁时进柏拉图学园拜柏拉图为师，前后达 20 年，深受柏拉图器重，柏拉图逝世后，亚里士多德离开该校园。公元前 343 年，他应马其顿王之邀，担任太子亚历山大的教师。这位太子后来成了名闻世界的亚历山大大帝。公元前 335 年，亚里士多德回到雅典，在吕克昂招生办学。他常在花园里和学生们边散步边讨论学术问题，人们因此称他们是逍遥学派。

亚里士多德说过："我敬爱柏拉图，但我更爱真理。"的确，他自己建立的逍遥学派与柏拉图学派在哲学观点上有很大不同。亚里士多德著作甚丰，涉及哲学、物理学、逻辑学、伦理学、政治学、修辞学、天文学、动物学等，人们称他是"百科全书式的学者"。

在哲学上，亚里士多德认为，研究哲学的目的在于探讨事物的本性和寻求事物变化的原因。为此，必须抓住寓于事物本身之中的内在的本质，重视感性经验，重视实际考察。而柏拉图强调的却是"超越经验的理念"。在天文学上，亚里士多德发展了柏拉图学派"圆的叠加"的方法,提出总共 56 个天球的方案,用来解释天体的运动。他认为,天体由纯洁的"以太"组成,天体运动是匀速圆周运动,唯有这样才是完美的,天体与地上物体是本质上不同的两类物质,运动规律不同。对于地上物体运动的规律,亚里士多德做了许多错误的判断,对后世造成长久的不好的影响。例如:他认为由上空降下的物体,重者下落的速度快,轻者下落的速度慢,即越重的物体下落越快。在受迫运动中,推动者一旦停止推动,运动就会立刻停止。比如马拉车,当马不拉,车就停了。这些错误的判断直到伽利略、牛顿等人提出正确的理论之后才得到彻底的纠正。亚里士多德写过《动物志》和《论动物的历史》,他详尽地描述许许多多动物的习性,他亲自解剖过动物,对其内部构造也有所了解。可以说,他是善于观察和掌握一定的实验方法的一位学者,他还总结动物学的某些规律,有的结论很有意义。他说,长毛的四足动物是胎生的,有鳞的四足动物是卵生的。他描述过人的隔代遗传现象:一个白种人女子和一个黑种人男子结婚,他们所生的子女第一代全是白的肤色,第二代则有的是白,有的是黑。这种情况对后来遗传学研究有所启发。应该说,亚里士多德在古代科学思想史上占有特殊重要的地位。他集西方古代科学文化知识的大成,构建了一个庞大复杂的知识体系。他给人类留下了大量的著作,如《物理学》《论宇宙》《天象学》《论天》《动物志》《论动物的历史》《论灵魂》《形而上学》《逻辑学》《伦理学》《论生灭》《政治学》《诗学》《修辞学》等。由于受到历史条件的限制,书中有某些观点是错误的,并不幸成了后来科学在前进道路上的障碍。到欧洲文艺复兴运动以及近代科学革命时期,推翻亚里士多德的这些错误观点和结论就成为科学继续发展时必然的要求,人类文明也由此上升到更高的发展阶段。

1.3.5 古罗马的科技成就

古罗马人活跃在地中海区域。公元前 7 世纪就建立了罗马城邦,后来在意大利北部建立了共和制国家。大约在公元前 265 年,罗马人征服了整个意大利半岛,罗马共和国的版图横跨欧、非、亚三洲。在公元前 1 世纪屋大维称帝,罗马帝国的科技文化有较大的发展,而罗马帝国向外扩展的势头则更为加剧。在公元 1 至 2 世纪,其势力范围达到现今英国、德国、匈牙利、罗马尼亚、北非和两河(幼发拉底河和底格里斯河)流域的广大地区。罗马帝国强盛时,曾经继承古希腊的科技传统,在科学技术上取得一定的成就。

在建筑科技方面古罗马帝国最著名的论作是维特鲁维《论建筑》十大卷。维特鲁维生活在公元前 1 世纪。他是恺撒大帝的军事工程师,他的志向在于将古希腊科技文化与罗马帝国的建设实践结合起来,所以在建筑学、天文学和数学等领域都下了功夫。他所著的《建筑学》是一部建筑学的百科全书,在西方流传很广,因而维特鲁维被西方人称为建筑学鼻祖。

《论建筑》的内容相当广泛。它论述了一般工程技术的基本问题,作为恺撒大帝军事工程师的维特鲁维,这是他的优势所在。本书还讲述建筑科学史,讨论古希腊的爱奥尼亚神庙、多里亚神庙、利林斯神庙的建筑特点和工程技术问题。它从一般建筑学原理谈起,谈到具体建筑项目(剧院、音乐厅、公共浴场、港口、公用建筑设施和民居等),从罗马城市整体规划谈到供水技术和居室设计,从建筑施工谈到建筑器具。在当时来说,这是一部集建筑科技大成的重要著作。今天人们常讲"条条道路通罗马",这句话的缘起是:古罗马的道路,建设得十分出色,以首都罗马为中心,罗马人建成了通往各行省的公路网,在当时可称道路四通八达。罗马城内用石块铺着道路,整齐美观,而由罗马城辐射出去的公路网也表现了十分出色的道路建筑技术。他们逢山开洞,遇水架桥,工程量相当酷大,但建筑水平甚高。据说罗马城当时居民 100 万人(公元 1 世纪时),因此,供水问题十分重要。罗马人建了近 200 公里长的引水道,采用了虹吸技术和架高技术,把"引水道工程"的科学技术水平发挥到极致,这一成就常为后世所颂扬。古罗马的著名建筑物有万神庙等。万神庙建于公元 120 年—124 年。它的建筑特色是:直径 42 米的圆形屋顶,前门由两排 16 支列柱耸起,气势雄伟。罗马的可里西姆竞技场则建于公元 72 年至 80 年之间。竞技场呈圆形,直径大约 180 米,圆外看台高筑(共分 4 层),供 5 万人观看角斗时的情景。

古罗马人重视医药科技,他们把它看成十分实用的东西。有不少人认真钻研了古希腊的医药知识,并把它用拉丁文翻译下来,甚至加以整理,汇编成医学百科全书。在西方漫长的"中世纪黑夜"中,罗马人用拉丁文转译的古希腊科技文化仍然得以传播,成为"黑夜"中的一丝光芒,是人类文明的一件幸事。罗马医学百科全书的作者塞尔苏斯也是继承古希腊医药科技的一位杰出人才,他的拉丁文医书在中世纪和近代对西方医学发展都产生过重要影响。他在医书中对扁桃体摘除术、白内障手术、甲状腺手术和整形外科均有精到的论述。所以塞尔苏斯在西方医学界曾经被树为外科学和解剖学的权威。第奥斯科里德是一名军医和植物学家,他写过一部药学和植物学的书,全书共分 5 卷。书中就 600 多种植物的药性、药理进行分析,对西方医药科技也有很大影响。在公元 1 世纪,古罗马建立了第一所公立的医药学校,为培养医药人才发挥了很大的作用。

公元前 2 世纪,希腊帝国被罗马帝国吞并之后,古希腊十分宝贵的科学文化遗产——古代原子论能够流传下来,就是卢克莱修的一部长诗《物性论》。卢克莱修大约生于公元前 9 年,逝于公元前 55 年。他写的《物性论》是在他死后才发表的,发表后没有得到人们的重视,一直到 1473 年才重新引起世人的注意。据说在卢克莱修生活年代,古希腊原子论者伊壁鸠鲁的著作有大约 300 卷在罗马流传。卢克莱修深受到这些著作的影响。他在《物性论》中极力推崇古希腊原子论,也批评迷信思想,力图排除不健康的社会风气。他还提出初步的进化思想,这无疑是进步的。《物性论》不仅作为长诗因其富丽堂皇的辞藻而备受赞美而且由于它在传播科学思想和弘扬正气方面的成就受到后人的重视。在公元 1 世纪,罗马博物学家普林尼著作了 37 卷的《自然史》。他生于公元 23 年,逝于公元 79 年。在年轻时,周游欧洲各国,热爱自然科学,广泛搜集整理自然知识的资料。为了亲临现场观察维苏威火山大爆发的情景,他不避危险,独自一个前往探险,结果被毒气所害而死。他是古代富有探险精神并自愿为科学事业献身的典型代表。《自然史》一书内容丰富,涉及天文学、地理学、动物学、植物学和医学等领域。普林尼编写《自然史》时曾经广泛搜集 200 多本著作(这些著作后来大多数失传了)。因此,透过《自然史》可以了解古罗马时代及其以前,人们对自然现象的各种认识。

1.4　中世纪的缓慢发展

从公元 5 世纪末西罗马帝国灭亡,到 17 世纪中叶英国资产阶级革命爆发前的中世纪,是西欧封建社会从形成、发展到衰亡的时期。奴隶起义和日耳曼人的入侵摧毁了西罗马奴隶制帝国,在西罗马帝国的废墟上先后建立起一个个封建制国家。在西欧封建社会里,除国王、封建贵族外,天主教会上层也是封建主阶级的重要组成部分,教会拥有极大的权力是西欧封建社会的一个突出特点。罗马教皇是天主教会的最高首领,掌握着对西欧各国各地区教会的领导权。教会利用当时各国封建贵族割据称雄,国王权力削弱的形势,极力扩展自己的政治、经济势力,甚至凌驾于国王之上。教皇不仅有权任命各国主教,甚至可以废黜国王和皇帝,"教会数条同时就是政治信条,圣经词句在各法庭中都有法律的效力"。教会"自己还是最有势力的封建领主,拥有天主教世界的地产的三分之一"。他们不仅利用土地直接剥削农奴,而且还向居民征收什一税,通过各种卑鄙手段搜刮钱财。思想文化领域更受到教会的严格控制和禁锢。他们大肆推行蒙昧主义,千方百计使人民处于愚昧无知的状态。中世纪初期著名教皇格里哥里一世宣扬:"不学无术是真正虔诚的母亲"。就是他下令放火烧掉了罗马一所藏书丰富的图书馆,捣毁了许多古罗马的雕像。在教会的指使下,不少古代建筑、雕像和其他历史文物被破坏,不少有价值的古代图书典籍被毁掉。教会还完全垄断了教育,西欧的各类学校长期都是在教会和修道院的控制之下,掌握在僧侣手里,以教士为师,按宗教的器要设置课程。圣经成了金科玉律,一切文化科学活动都要以天主教教条教义为准则,都要为神学服务,否则就会被斥为"异端"而遭到迫害。正如恩格斯所说:这个时期科学只是教会的恭顺的婢女,它不得超越宗教信仰所规定的界限,因此根本不是科学。正是在教会和封建统治者这样严重的压迫和影响下,欧洲中世纪,特别是它的前期,科学技术几乎处于停滞和凋零的境地,所以在西方,人们把五到十世纪称为欧洲的"黑暗时期"。

尽管如此,欧洲中世纪生产仍有缓慢的增长。从 11 世纪末到 13 世纪末,延续近二百年的十字军东侵,不仅给东地中海沿岸各国人民带来了深重灾难,也给欧洲经济造成严重破坏使阶级矛盾进一步加剧。但它也进一步沟通了东西方的贸易和文化,东方不少先进生产技术,如金属加工、丝绸和布匹的纺织印染、制糖和风磨的使用等,新的农作物品种,如水稻、芝麻、西瓜、柠檬等传入了西欧。当然,东西方的物质文化交流在十字军东侵以前就已开始,在西班牙的阿拉伯人和拜占庭都曾把东方的文化和科学技术传到西欧。一度在欧洲因毁灭而遗忘了的古希腊典籍,也是经西班牙和西西里岛再次传入西欧各地的。在 12、13 世纪期间,翻译希腊科学著作的活动形成了热潮。也是从这一时期开始,欧洲一些城市陆续兴办了大学,如意大利的萨勒诺和波伦那大学,法国的巴黎大学、英国的牛津大学、剑桥大学等。到 14 世纪,欧洲已有四十多所大学。中国的指南针、火药、造纸、印刷术等重要发明和技术,也在这一期间传入了欧洲。

古希腊典籍重新传入欧洲后,影响最大的亚里士多德的学说曾经被教会指为"异端",但后来改变了作法,转而利用古希腊的某些学术成果,加以歪曲,来为宗教统治服务。经院哲学就是适应这一变化而产生的,它的集大成者托马斯·阿奎那(公元 1226—1274 年)利用亚里士多德关于形式高于质料和目的论的观点,把世界描绘成一个由下而上、层层对上依属的等级体系,而上帝是"一切形式的形式",是宇宙的"终极目的""第一原因""第一推动者",因此宇宙万物是上帝创造的,一切都要服从上帝。他的主要著作《神学大全》等,是中世纪经院哲学的百科全书,一直被教会奉为权威著作。经院哲学还歪曲利用托勒密的地球中心说,宣传地球是上帝特意安排供人类居住的宇宙中心,并把托勒密体系改造成披着自然科学外衣的神学体系。经院哲学的方法是从抽象的空洞的概念出发,进行烦琐的形式主义的逻辑推论,他们死啃教条,否定感觉经验,从不进行实际考查研究。例如他们可以为"鼠有没有眼睛"而长期争论不休,但谁也不用最简单的观察去解决这个问题。这种"经院习气"或"烦琐哲学"在学风上也造成了极恶劣的影响。反对经院哲学的斗争中,近代实验科学的先驱英国的罗吉尔·培根(Roger Bacon 约公元 1214—1292 年)提出了面向自然,注重实验,反对盲目崇拜权威的思想,认为经验能够认识现象的原因,证明前人说法的唯一方法是观察与实验。他还亲自做过些光学方面的实验,叙述过光的反射定律和一般折射现象。他懂得反射镜、透镜并谈到过望远镜,还提出过制造机械推进的车船与能飞行的机器的可能性。他认识到数学作为其他科学的基础的重要性。与罗吉尔·培根等人做过一些科学实验,但在当时的情况下并没有得到发展。13 世纪末到 14 世纪初牛津大学的威廉·奥卡姆(William of Occam 约公元 1300—1350 年)提出了被称作"奥卡姆剃刀"的原则,主张:"用较少的即可做到,用较多的反而无益""不要增加超过需要的实体"。他力图用这把剃刀剃掉经院哲学家的种种烦琐无聊的臆造。这一思想对后来的自然科学产生了积极的影响,减少不必要的假设,使理论表述简要清晰,逐渐成为了自然科学的一条准则。

　　总的说来,中世纪欧洲科学技术的发展是比较缓慢的,学术空气十分沉闷。英国的丹皮尔(W. C. Dampier)在他的《科学史》中说:"由古代学术衰落到文艺复兴时期学术兴起的一千年这是人类由希腊思想和罗马统治的高峰降落下来,再沿着现代知识的斜坡挣扎上去所经过的一个阴谷"。作为整个中世纪世界文明的概括,他这种说法是不正确的,忽视了阿拉伯、印度、特别是中国在这个时期取得的科学技术成就,但他这种说法也确实反映了当时欧洲的实际状况。

1.5　近代自然科学在革命中诞生

　　在资产阶级反封建、反神学的斗争中,自然科学当时也普遍在革命中发展,而且它本身就是彻底革命的;它还得为争取自己的生存权利而斗争。在中世纪的欧洲,罗马天主教会是整个封建制度的中心组织,神学教义成为神圣不可侵犯的信条,科学只是神学恭顺的奴仆,它不得越出宗教信仰所规定的界限。随着资产阶级在文艺复兴运动中进行反对封建神学的思想和理论斗争,自然科学也走上了独立发展的道路。资产阶级既需要自然科学作为发展生产的理论基础,又需要自然科学作为反对宗教思想体系的思想武器。因此,自然科学反对宗教神学的斗争,还反映了社会上包括资产阶级在内的反封建势力与封建主义的维护者之间的阶级冲突。先进的自然科学家坚持科学真理,号召人们认识自然规律,他们为此遭受迫害,甚至献出了自己的生命。

近代自然科学的革命,首先在天文学领域中取得了突破,这不是偶然的。古代和中世纪由于天象观测,特别是远洋航行中对天文观测的需要,使天文学积累了丰富的观测资料,与此同时数学方法的进展,又为整理这些素材提供了手段。其次,经院哲学歪曲、利用托勒密的地心说解释上帝的创世说,把关于地球绝对不动和宇宙有限的学说,变成了维护教会黑暗统治的重要理论支柱;而以地心说为指导编制的天体运行表,在实际航海中与观测的结果不符合,误差很大。所有这些都有力地促进了哥白尼在天文学中的革命,并为它创造了必要的条件。

哥白尼(Nicolaus Copernicus)是波兰天文学家。他17岁研究医学和数学,后来又研究天文学。在1496年～1506年赴意大利求学,他在意大利结识了文艺复兴运动中的许多学者,受到人文主义思想的影响,对托勒密的地心说体系产生了怀疑。当时的一些天文学家为了修补托勒密体系与新的天文观测资料的矛盾,在本来已经十分繁杂的均轮、本轮体系中,增加了更多的本轮,已多达80多个。这种情况,使许多人对托勒密的宇宙体系发生了动摇。哥白尼早在意大利学习期间,就致力于研究建立宇宙结构的新学说。1512年之前他写了一个太阳中心说的提纲《试论天体运行的假设》,并抄送给他的朋友。他一方面长期坚持进行天象观测,观测的内容包括日食、月食、火星冲日、木星冲日、土星冲日、黄赤交角等,他还测算了太阳与地球的距离;另一方面,哥白尼注意研究古代天文书籍,受到了毕达哥拉斯学派和阿里斯塔恰斯日心说的启发。从1516年起,哥白尼开始撰写《天体运行论》,大约在1525年完成。但是,由于他的新体系主张地动说和太阳中心说,与教会所支持的托勒密地心说相对,他担心必定要受到宗教裁判所的残酷迫害,因此迟迟没有发表。直到1543年,在朋友们的支持下,才印刷出版。

在《天体运行论》中,哥白尼首先论述了地动说,驳斥了地球不动的谬论。他从运动的相对性出发,论证了行星的视运动是地球运动和行星运动复合的结果。他说:"无论观测对象运动,还是观测者运动,或者两者同时运动但不一致,都会使观测对象的视位置发生变化(等速平行运动是不能互相觉察的)。要知道,我们是在地球上看天穹的旋转,如果假定是地球在运动,也会显得地外物体作方向相反的运动。"接着,他提出了地球在宇宙中的位置问题,认为地球并不在中心,而是像其他行星一样距太阳有一段距离,在自己的轨道上运行。他写道"我们把太阳的运动归之于地球运动的效果,把太阳看成静止的,恒星的东升西落并不受影响。然而行星的顺行、逆行则不是由于行星本身的运动,却只是地球运动的反映。于是,我们认为,太阳是宇宙的中心。"此外,他还谈到月亮的运动,行星在太阳系中的排列等。

哥白尼的学说否定了上帝把地球置于宇宙中心的宗教教条,建立了科学的宇宙观,它标志着:"从此自然科学便开始从神学中解放出来",开始了近代自然科学的革命。爱因斯坦高度评价了哥白尼的功绩及其对人类认识史的深远影响。他写道:"哥白尼对于西方摆脱教权统治和学术统治枷锁的精神解放所做的贡献几乎比谁都要大""要令人信服地详细说明太阳中心概念的优越性,必须具有罕见的思考的独立性和直觉,也要通晓天文事实,而这些事实在那个时代是不易得到的。哥白尼的这个伟大的成就,不仅铺平了通向近代天文学的道路;而且也帮助人们在宇宙观上引起了决定性的变革。一旦认识到地球不是世界中心,而只是较小的行星之一,以人类为中心的妄想也就站不住脚了"。

哥白尼由于受到所处的历史条件和自然科学水平的限制,他的太阳中心说并不是无懈可击的。他不能解释为什么人们感觉不出地球的运动? 地球既然自转,地球上的物体下落何以不产生偏斜? 哥白尼还不能摆脱亚里士多德哲学的束缚,他接受了圆周运动是天体最完善的运动方式的观念,因而在哥白尼的体系里,一切行星都沿着圆周运动,而宇宙则是所谓最完善的、有限的球星。所有这些缺点和不完善的地方,随着自然科学的发展,都不断地得到了修正。

哥白尼学说的传播,严重威胁着天主教的神学统治,罗马天主教皇因而宣布《天体运行论》为禁书,主张宗教改革的马丁·路德也称哥白尼为疯子,一切反动势力和长期以来受传统观念束缚的人们都反对、怀疑哥白尼学说。宗教与科学展开了激烈的斗争。坚持科学的人们以这一学说为武器,进行了长期战斗。著名的意大利天文学家布鲁诺(G. Bruno)就因宣传哥白尼的理论,被罗马教廷处以火刑。但这一学说却在斗争中发展,得到公认。天文学的革命预示着科学史上一个新时代的到来。

1.6　人类的三次工业革命

经过了 16 世纪～18 世纪,人类开始十分理性的认识自然、改造世界,科学和技术相互促进了对方的发展。物理学家们不断将自己的理论研究的进步公之于世,并随着技术的进步,在实验中得到了理论的进步和修正。科学不断地转化为技术,同时也大大地改变了人类的生产生活方式,人类终于走出了以耕作和放牧为主的劳动形式,而逐步进入了工业化社会,在这期间,封建主义制度落下帷幕,资本主义制度、社会主义制度等国家形式逐渐取而代之,人类的三次工业革命每一次都深刻地改变着世界,到今天为止,人类的科技进步速度越来越快,在这样的过程中,我们不得不承认,自然科学的发展进步对人类文明的进步的贡献非常大。

技术革命包括全局性的技术革命与专业性的技术革命。全局性的技术革命一般带来整个社会生产方式的变革,而专业性的技术革命其影响主要发生在一定的技术与产业领域。世界性的技术革命,是世界范围内的主导技术体系的更迭,其影响所及不仅改变社会生产的物质技术基础,并且改变了人们在生产劳动中的地位、作用和相互关系。世界性的技术革命是能够引起生产方式革命的技术变革。历史上,18 世纪中叶～20 世纪中叶,发生了三次世界性的重大技术革命。

1.6.1　以机械化为主要特征的第一次技术革命

第一次技术革命开始于 18 世纪初,是同英国产业革命同时发生的;是以纺织机械的革新为起点,以蒸汽机的发明和广泛使用为标志。它大体经历三个阶段:第一阶段是以纺织机械的发明为代表的工作机的革命。纺织业的机械化引起了技术的一系列连锁反应,净棉机、梳棉机、漂白机先后被发明出来,而且很快影响到毛纺、化工、染料、冶金、采煤、机械制造等各部门,出现机械化浪潮。第二阶段是以蒸汽机的发明和革新为代表的动力革命。第三阶段以机器制造业的建立为代表,奠定了近代机械化大生产的基础。随着蒸汽机的广泛使用,必须解决以机器来生产机器的问题,这样便出现工厂机器制造技术、钢铁冶炼技术以及交通运输技术的革命,从而确立了以蒸汽动力技术为主导的工业技术体系,开创了"蒸汽技术时代"。

尽管这次技术革命的开端是在与理论科学研究几乎无关的情况下发生的,但是,随着革命的深入,从纺织业发展到采掘、冶金、机械制造等部门,使资本主义工厂手工业过渡到机器工厂大工业,空前地提高了劳动生产率,由此产生了巨大的社会后果-机器制造代替手工操作,普遍采用新技术、新工具,生产规模不断扩展,机器工业的技术构成跟着扩展,提出了越来越巨大的动力需求。这就暴露了蒸汽机动力功能和结构上的缺陷,只有技术革新才能使蒸汽机成为大功率、高参数、经济、安全可靠的动力。要实现这种动力要求,已非一般工匠或技师的手工技术所能解决,必须依靠力学、热力学等自然科学理论研究。正如马克思所指出的"为了生产过程的需要,利用科学,占有科学""第一次使自然科学为直接的生产过程服务"。历史上,纽可门1705年制成的第一台大气蒸汽机,热效率不到1%。为提高热效率,瓦特请教约瑟夫·布莱吏,在其关于潜热和比热知识的启示下,瓦特发明了独立的冷凝器,采取了把冷凝器与主汽缸分开的关键性措施,从而使蒸汽机的效率大大提高:节省燃料75%,效率提高5倍,热效率达到3%。1768年瓦特制造出具有分离冷凝器的蒸汽机并于次年取得专利,但这种蒸汽机仅适用于上下往返运动这一类生产过程(如矿井中提物),还不具有普遍推广价值。经过改进,1783年瓦特发明了旋转式蒸汽机,能为各种工作机提供动力,从而成为具有广泛推广价值的"万能原动机"。蒸汽机技术的突破与蒸汽机得以广泛使用,不仅极大地促进了纺织业、钢铁业的飞速发展,而且创造了铁路运输业、轮船运输业等新兴产业。因此,蒸汽机被认为是第一次产业革命的先锋和代表。

1.6.2 以电气化为主要特征的第二次技术革命

第二次技术革命是在第一次技术革命取得丰硕成果的基础上发生的。第一次技术革命实现了工业生产的全面机械化,使西方各资本主义国家先后建立起以蒸汽机为动力的工业技术体系。进入19世纪,由于生产与经济的发展,蒸汽动力已远远不能满足需要,在蒸汽机之后出现了内燃机和其他新型热机。虽然性能及效益上有所改进,但仍然显得落后。生产的发展迫切需要新的动力技术。正在这个时候(19世纪上半叶),物理学对电磁运动规律的研究,为电能的利用提供了理论准备。因此,在19世纪下半叶,产生了以电力技术(亦称电气技术)为主导、工业电气化为主要特征的第二次技术革命。

1820年,奥斯特第一次把电、磁现象联系起来(电、磁现象的分别研究,在物理学中已有很长的历史了),发现了电流的磁效应。1822年安培发现的安培定则和安培力公式,表明了电流和它所引起的磁场方向以及通电导线在磁场中受力的定量公式,从而揭示了电和磁之间能够产生机械力,为电动机的发明奠定了理论基础。在奥斯特的启发下,1831

年法拉第发现了电流磁效应的逆效应——电磁感应定律,表明了变化的磁场在导线中能够产生感应电流,从而揭示了机械能转化为电能的规律条件,又为发电机的发明奠定了理论基础。依据这两项理论发现,很快就发明了发电机(皮克希,1832)、电动机(雅可比,1837)、变压器(斯坦利,1885)、交流电机(特斯拉,1888)并广泛使用。随着电机技术的发展,电能应用范围不断扩大,又推动了发电站的建立(爱迪生,1882)及电力传输技术(德普勒,1882)的发展。

电磁理论的进一步发展是建立电磁场方程(麦克斯韦,1864)和预言电磁波的存在。这个预言在 1888 年为赫兹用实验所证实。在此基础上,出现了世界上第一次无线电通信。另外,随着对电与磁的各种效应的研究,出现了一系列崭新的技术领域,如电解、电镀、电热、电声、电光源等,形成了以电力技术为核心(主导技术)的技术体系。与第一次技术革命相比,这次技术革命有如下两个特点:

(1)第一次技术革命生产经验起到副主导作用,而科学原理只起到辅助作用。这次则完全不同,各项电力技术主要都是在电磁学理论研究的基础上产生的。

(2)第一次技术革命时候,科学原理转化为物质成果的速度较慢。如果说牛顿力学、热力学用了 100 到 200 年的时间才完成了理论到技术的渗透或生产的应用,那么,从电磁学理论到电力技术的转移,一般只经历了几十年,甚至十几年。

第二次技术革命形成了以电力技术为核心的技术体系。它使人类从“蒸汽时代”进入到“电气时代”,各生产部门则由机械化逐渐过渡到机械化加电气化。

1.6.3　以自动化为主要特征的第三次技术革命

生产过程在本质上是人的劳动过程。在手工劳动中,使用手工工具,作用于劳动对象,把它加工成适合于自己特定目的的产品。在这个过程中,人实际上同时担负着三种职能:其一是把持或操纵工具;其二是以自己的体力为生产提供动力;其三是控制生产过程以一定方式进行。

第一次技术革命的主要内容是机械化,以机器来取代人手对工具的直接操作。第二次技术革命的主要内容是电气化,以电气化作为生产动力,把人从动力供给中解放出来(在第一次技术革命中这个任务已部分完成)。

在机械化、电气化都已基本实现的基础上,下一步的目标,就是要把控制生产以一定方式进行的职能也用机器或仪器来取代,因此,实现生产的自动控制变成第三次技术革命的主要内容。这次革命由以电子技术为核心的技术体系来完成。19 世纪下半叶到 20 世纪初发生的第二次技术革命以及相继而来的产业革命,主要是电磁效应的发现及应用。那个时期,科学对电磁现象及规律之研究主要停留在宏观领域,对于其微观基础并不清楚。自然科学革命打破了原子是宇宙基石的观念,人类的认识深入微观领域并建立起微观粒子(其中首先就是电子)的运动规律。在这种条件下,电子技术逐渐产生并发展起来。

电子技术是以电子运动为基础,以电子器件为核心的有关技术的总称。首先,人们经历了真空电子管阶段。1904 年,英国工程师弗莱明利用热电子发射效应发明了真空二极管,它具有检波与整流的功能。1906 年,美国工程师德福莱斯特在真空二极管的基础上,加上"栅极",成为真空三极管,使其具有放大作用。此后,电子显像管、五极管、光电摄像管、速调整管等电真空器件的发明,再加上各种电子元件,电子专家先后设计并制造出各种不同的电子线路、电子仪器、电气设备以及无线电通信装置,如超外差收音机、电视机、雷达等。

电子技术下一步决定性的发展,是晶体管的研制成功。晶体管的出现是半导体物理学及相关技术的产物,而后者又是以研究微观粒子运动规律的量子力学(1926 年建立)为理论基础的。

晶体管与电子管的电子学性能相近,但具有体积小、寿命长、耗电少等突出优点。因此,晶体管很快就取代了电子管并带动了电子技术的迅速发展。晶体管之后,半导体技术发展成微电子技术,相继使集成电路、大规模集成电路问世。集成电路具有微型化、低能耗、高可靠性以及成本低等优点,从而为电子技术的普及与广泛应用开辟了极其广阔的天地。

在这一时期,另一突出成就是电子计算机的诞生,这是数学、逻辑学、电工技术与电子技术共同努力的产物。电子计算机出现后,与半导体技术、微电子技术的发展相配合,不断改进与发展,至今,已经历了五代:

第一代(1946—1956)是电子管时代;

第二代(1957—1962)是晶体管时代;

第三代(1963—1970)是集成电路时代;

第四代(1971—1989)是大规模集成电路时代;

第五代(1990—至今)是所谓智能计算机时代。

第三次技术革命开始于 20 世纪 40 年代,到 60 年代到达高潮。这次技术革命以电子技术为主导技术,并形成了以电子技术为核心的技术体系;社会生产则在机械化、电气化的基础上逐渐实现自动化。

生产过程的自动控制,早在第一次技术革命后建立起来的机器生产体系中就已经开始。当时控制系统主要是机械装置,多用于对生产过程某参数(压力、速度、温度等)或某一环节(上升、下降、平移、转动等)的控制或调节。在第二次技术革命后的机器生产体系中,控制系统在机械装置上加上了电磁器件及设备(传感器等)。因此,控制系统更复杂,功能更多,但电磁控制系统由于存在体积大、速度慢、灵敏度低等缺点而没有被广泛使用和普及。

以电子技术为主导技术的第三次技术革命,在电子技术、控制理论、传感技术、机械技术综合的条件下,使生产过程实现了自动化。"自动化"一词最早是美国的福特在 1946 年一次会议上首先提出来的。1948 年,福特公司在汽车生产中推广使用"连续自动工作机"。1951 年苏联在莫斯科建成第一座全自动加工的汽车活塞厂,该厂从进料到成品的全部加工工序,包括检验、包装全部实现自动化。1955 年,计算机开始应用于发电厂、炼油厂、化工厂、钢铁厂等企业,实现了自动流水线与计算机控制的结合。到 1965 年,世界上已有六百多个工厂实现了生产的电子计算机控制,其结果是节约了劳动力,降低了成本,减轻了工人劳动强度,提高了产品质量,使生产过程的面貌焕然一新。

一种新的技术,它的应用范围越广,由它转化而成的新兴产业也就越多。围绕着电子技术的广泛应用,一系列新兴产业随之崛起,各种电子产品达几万种之多:

(1)电子材料工业:半导体材料、导电材料、电热材料、电声材料、绝缘材料、磁性材料、液晶材料。

(2)电子器件工业:电子元件、电子真空管、晶体管、光电管、印刷电路、集成电路。

(3)仪器仪表工业:各种电参量及非电参量测试仪表(电流表、电压表、电阻计、频率计、温度测试仪、噪声测试仪、真空计、速度测试仪)、科学仪器、办公自动化设备。

(4)家用电器工业:收音机、电视机、电冰箱、录音机、录像机、摄像机、洗衣机、空调器、音响、电子表。

(5)机电一体化工业:数控机床、精密机械及设备、工业机器人。

(6)计算机工业:计算机硬件系统、计算机软件系统、计算机辅助器材。

(7)医疗电子工业:B超、CT、电泳仪、核磁共振仪、医用电子显微镜。

第2讲

物理与艺术

2.1　物理与艺术的联系

物理与艺术都是人类理解自然的方式,这两种方式貌合神离,但以一个共同的基本点紧密联系,就是真理的普遍性和人类揭示真理的创造力。凡是前卫的艺术创作,凡是革命性的物理研究,都会探究到宇宙间万事万物的本质,都追求对世界进行精确而细致的观察,并给予创新性的描述。

2.1.1　物理与艺术概述

物理与艺术都是唯有人类才拥有的文化现象,并且紧密而又令人惊奇的关联着。李政道教授曾说"事实上如一个硬币的两面,科学与艺术源于人类活动高尚的部分,都追求着深刻性、普遍性、永恒和富有意义。"传统上来说,艺术创造幻象以表达情感,使用的语言是图形和比喻;物理学是一门严格意义上表达自然的实证科学,根植于清晰的数学关系,应用数字和方程表达自然规律。艺术家以艺术作品表达审美情感;科学家以自然定律描绘客观规律,都有一个共同的愿望,就是将对世界本体认识的不同侧面,各种现象贯穿在一起,经过分析、综合和思考,从而完成对事物本质的认识。因此,艺术和物理学都是构造模型的活动,它们是人类感悟、认知自然的两种相异又相关的手段。

牛顿(I. Newton,1642—1727)完成了人类科学史上第一次对自然的感知现象的大综合,建立了经典力学。同样,各类艺术表现形式本身就是一种对具体的抽象和对现象的综合,从某种意义上说,艺术和物理学都是构造模型的活动,它们是人类感悟、感知自然的两种相异又相关的手段。

1897 年,艺术大师高更(P. Gauguin,1848－1903)完成一幅大型作品,他用梦幻的记忆形式,把观赏者引入似真非真的时空延续中,在长达 4 米半的画面上,从左到右表达了生命从诞生到死亡的历程。画的标题是三个震撼心灵的发问:我们从哪里来? 我们是什么? 我们到哪里去? 和科学家没有交往的高更根本没有想到,他的发问恰是科学界公认的最基本、最有意义、最值得研究的问题:宇宙是怎样起源的? 生命是怎样起源的? 人类的未来会怎样?

从科学的角度说,尽管自然现象的本身并不依赖于科学家的存在,但对自然现象的抽象和总结,属于人类创作的成果,根植于一种对自然全新的认知方式,这和艺术家的创造是同样的。因此,大多数科学家认为,艺术修养和审美能力有助于科学研究,因为审美带来的情感、冲动和直觉常使科学家瞬间进入创造性的境域。从某种意义上说,科学家是表现宇宙真实存在的艺术家;而艺术家则是表现情感真实存在的科学家。作为揭示宇宙和情感世界奥秘的探索者和创造者,科学家和艺术家的超然洞察力使得他们能够预知前人尚未认识的新世界,前者的最高境界是以人性之浪漫情怀拥抱宇宙之道,后者的最高境界是按宇宙之道表达人性的浪漫情怀。他们追寻的终极目标都指向了真、善、美的最高境域。

2.1.2　艺术图像与科学语言

语言(文字)和图像是人类表达自然的两种基本手段,它们之间是相互关联和互为补充的。人类认识世界,并进而表现对世界本体认知的文明之车,就是在图像和文字两根铁轨上,呼啸着前行向前的。比如,物理和艺术都追求高雅、简洁和唯美。最高的创作和创造理念都是反映人类的"宇宙意识",追求与自然的对话,探索全新的认知方式。

首先,我们表达对未知事物的认识与理解,都是始于对未知形象的理解,终于对其概念的语言定义。在认识自然的过程中,头脑中总是先有"图",再有"词"。艺术家倚仗形象思维,天马行空,用图像和比喻来表达对自然的理解,虽然最终不会上升到定律、公式的高度,但这属于对自然探索的第一步。语言(文字)是人类特有的天赋,是大脑进行抽象思维的更高方式。在这个层次上,人们便会放弃图像形式,而借助语言对自然规律给予严格定义。

其次,从图形到语言是抽象思维的进步,但同时又抑制人类认识新生事物的创造性。两个最伟大的物理学家,牛顿和爱因斯坦,都曾无独有偶地回忆起。在他们探索自然真理的时候,所表现出的行为就是孩子们所具有的观念、好奇心和想象力。牛顿说:"我不知道世人对我怎么看,但我自认为只像是一个在海滨嬉戏的孩子,不时地为比别人找到一块更光滑的卵石或一只更美丽的贝壳而欢愉,而我面前的浩瀚的真理海洋,却还完全是个谜。"爱因斯坦说:"我的智力发展得比较晚,结果直到长成之后我才看是对空间和时间感到好奇和疑惑,而这些东西在孩提时期就应该已经想过了。"

科学往往需要借助想象力和逻辑思维来测量自然,这在现代物理学研究中尤为重要。

比如,相对论和量子力学描述的是高能世界和微观世界,常人的一切感官都够不着、达不到那里。于是,研究发现的全过程,一直是逻辑推理和形象操作交替进行。其中,逻辑推理贯穿始终,形象操作则时隐时现,但作用关键,因为它有特殊能耐,一头通向直观感觉,另一头连接宏观把握,这是逻辑语言力所不能及的。当然科学家不能胡思乱想,要根据科学事实,但是又不能拘泥于已有的事实,否则科学就无法发展前进了。

科学发现的历程往往是这样的:当人们要想理解一样全新的东西,首先要做的就是对其进行想象。从字面上来讲,"想像"意味着"想出图像"来。一个突出的"梦想成真"的例子是无机化学内"苯环"的发现,德国有机化学家凯库勒(Friedrich A. Kekule, 1829—1896)在睡梦中看见一条首尾相接的蛇,于是获得了灵感,他马上起身,把梦里的那条自咬尾巴的蛇的形象画出来,脑海中冒出了六个碳原子首尾相接的图形。然后,再给每个碳原子连上一个氢原子,就得到了六角形的"苯环"结构。因此,一个优秀的科学家不会拘泥于单纯的抽象,他们在科学研究中常常捺下形象思维的神笔。且不说世人皆知的,善于利用形象的大师爱因斯坦,只要看看物理学界的"顽主"理查德·菲利普斯·费曼(R. P. Feynman, 1918—1988)就足以说明浪漫也是科学家必备的天性之一。费曼是物理学家,但思想空灵潇洒,他以对"量子电动力学研究方面的贡献"得到诺贝尔奖。这个贡献是什么呢?简单地说,就是一部"河图",顾名思义叫作"费曼图"。它起源于量子力学的数学表述,表现了一个受感观限制的形式之外的世界,比如,通过它可以理解微观粒子的行为和物理图景。这些图形是现存的最抽象的科学艺术。在费曼给出的图形基础上,可以把至今不可严格求解的电子间相互作用,利用费曼图逐级展开,再根据不同的近似求和,最终给出有意义的物理解(方程)。这是形象与抽象、图像与方程、艺术家与科学家结合的典例。

另外一方面,在艺术领域内,科学的新概念、新定律也在潜移默化地改变艺术家的创作理念。特别是 20 世纪的艺术,可以说是在科学的温室里受精,在技术的染缸里诞生,在对时空、物质和意识等的思考里发育成长。毕加索(P. Picasso, 1881—1973)的成功在于他一生都在"向宇宙质疑";一个展开的"超立方体"足以使达利(S. Dali, 1904—1989)欣喜若狂,创作了《基督受难》等范例,不胜枚举。

总之,科学与艺术的真谛都在于给出一种全新的认知方式,想象力对人类认识未知世界的第一步,是如此重要,并广泛存在于人类文明历程中。艺术家善于此道,但无力把他们创造的种种图像发展成为抽象概念和描述性语言,上升到系统化的知识体系。科学家的公式和定律,是技术文明进步的源泉,它也会迫使艺术家重新思考自己的创作理念。《艺术与物理学》一书的作者施莱恩(L. Shlain)认为,艺术有一种特殊的先见之明,其预见性要超过物理学家的公式和实验。科学上存在这样的情况,即科学发现之后,人们发现它对物质世界的描述早被前卫艺术家以奇妙的方式放入了自己的作品。这其实并不奇怪,因为我们面对的是同一个宇宙,同样的自然。但是,必须指出,艺术家们对自然的理解并非能建立起完整的科学图像,并且这种理解不受实验的检验,真理与谬论并存。也就是说,思辨和想象不等于科学,但可以起到未雨绸缪的作用。前卫性的艺术和前沿物理学的共同和唯一的目的,就是企图去认识尚未被人类语言所定义的未知事物。

2.1.3　科学求真,艺术善美

受牛顿力学方法论的影响,物理学是一门以客观实际为依据的实验科学,关注的是物质运动的客观舞台,与心理因素无缘。而艺术家注重的不仅是外在世界,还更关注自身的内心世界,如情感、虚构、梦幻和精神。一直以来,艺术殿堂被认为是主观的精神世界。鉴于这一点,有人强烈地反对将科学真理和艺术表现相提并论。然而,这个自然是人的自然,宇宙和意识是更宏大的硬币两面。

在科学层面上,科学观察中的主客体相互作用关系,在 20 世纪初的量子力学理论中表现得淋漓尽致。在 20 世纪以前,光的干涉实验和麦克斯韦电磁场理论都证实光是一种波。1905 年,爱因斯坦为了解释光电效应实验,提出光可能以粒子的形式出现,称之为光子。在经典物理学中,波是一种具有连续特征的物理现象;粒子则与分立特征相对应,因此,爱因斯坦的看法便意味着光有两种不同的、看上去相反的本性:波动性和粒子性。在 20 世纪伊始,这是一个令科学家费解的难题,一直了无出路,其根本原因在于传统的、机械的自然观和方法论受到挑战。1926 年,玻尔提出了互补原理,把光的两个对立特性结合到一起。简要地说,他的观点是认为光既不仅仅是波,也不仅仅是粒子,而是兼为波和粒子两者,这就是光的波粒二重性。我们究竟要认识光子的哪一方面的属性,判定光子究竟是粒子还是波,完全取决于科学家的目的和手段。运用光电效应可以证明光的粒子性,用干涉、衍射实验可以证明光的波动性。由于量子物理直接建立在实验观测结果之上,而实验观测又依赖于测量仪器以及测量程序的选择和安排,并不是一个独立不依的客观世界不走样的反映,因此量子力学所提供的世界图景原则上无法排除观察主体的作用。它所展示的是一幅主体和客体相互交融、相互作用的图景。玻尔的亲密助手海森伯(W. K. Heisenburg,1901—1976,量子力学的奠基人,德国核物理之父)是这一观点的发起者,他说:“把世界分为主观和客观、内心和外在、肉体和灵魂,这种常用的分法已经不再适用”“自然科学不是简单地描述和解释自然,它乃是自然和我们人类之间相互作用的一个组成部分。”按照这一新的物理学——量子物理,观察者和被观察对象是以某种方式连在一起的,主观精神与客观世界是相互交融的。“在存在的这出伟大戏剧中,我们既是演员又是观众”,这是玻尔的名言。

从塞尚(P. Crezanne,1839—1909)开始的现代艺术的创作理念就是追求人与自然的对话,正是在大自然面前,塞尚感到了世界的一种神秘感并深深地为之所震撼。他看出没有任何事物可以在孤立中存在——这是不言自明的道理,但美术家中只有塞尚启迪我们看见了。万物皆有颜色和重量,它们的颜色和体积影响着其他物体的重量。主观世界和自然的客观世界紧密地联系着,为了理解其中的奥妙,塞尚倾尽了一生,换来“现代美术之父”的赞誉。

因此,科学家和艺术家的共同目的是构建世界图景。爱因斯坦曾经说过:“人们总想以最适当的方式来画出一幅简化的和易领悟的世界图像;于是他试图用某种世界体系来代替经验的世界并征服它。这就是画家、诗人、哲学家和物理学家所做的,他们都按自己的方式去做。各人都把世界体系及其构成作为他的感情生活的支点,以便由此找到他在个人经验的狭小范围内所不能找到的安静和安宁。”

2.2 物理与艺术的简史

2.2.1 物理简史

在图书馆里,我们可以查阅到许多有关物理学历史的专著,它们总结了物理学家多年来的艰辛探索。亚里士多德(Aristotle,公元前 384－前 322)的著作《physics》的书名,是 Physics 一词的最早起源。中文"物理"一词可追溯到杜甫(712—770)的一首诗:一片花飞减却春,风飘万点正愁人。且看欲尽花经眼,莫厌伤多酒入唇。江上小堂巢翡翠,花边高冢卧麒麟。细推物理须行乐,何用浮名绊此身。虽然今天"物理"的科学意义已不同了,但学习物理,体会自然的意境犹同。简单地说,作为科学意义上的物理学发展经历了两个时期:经典物理学和近代物理学。一个略有科学素养的人,至少要知道五位物理学家以及他们各自的贡献,他们是伽利略·伽利雷(G. Galilei,1564—1642,创立科学研究方法),艾萨克·牛顿(建立了宇宙的经典力学图像),詹姆斯·克拉克·麦克斯韦(J. C. Maxwell,1831—1879,建立了宇宙的经典电磁图像),阿尔伯特·爱因斯坦(相对论时空观)和尼尔斯·玻尔(量子力学)。

物理学是从伽利略开始的,他被称为物理学,乃至自然科学之父。伽利略贡献颇多,其最巨大的贡献是将科学的研究方法-实验方法与逻辑推理方法(假想实验),引入自然科学研究,使物理学从哲学的范畴内独立出来,成为自然科学的基石。在伽利略之前,人们对自然现象的记载和思考只具有文化方面或哲学方面的意义。比如,东方人,特别是中国人在古代对自然现象的文字记载既多又早于西方,但最终没有形成所谓的科学,其根本原因在于没有出现一个像伽利略一样的科学之父,在东方文化中引入科学研究方法。伽利略的工作,无论在历史上、科学上还是方法论上都获得了伟大的成就。对于伽利略所做出的奠基性的重要贡献,托马斯·霍布斯(T. Hobbes,1588—1679,英国唯物主义哲学家)评价说:"他是第一个给我们打开通向整个物理领域的门的人。"爱因斯坦在《物理学的进化》中评论说:"伽利略的发现以及他所应用的科学的推理方法是人类思想史上最伟大的成就之一,而且标志着物理学的真正开端。"

在伽利略离世的当年,有史以来最伟大的科学家——牛顿诞生了。人类在认识自然的过程中,首先是从机械运动开始的。机械运动是描述物体位置变化的基本运动形式,是人的自我感官系统容易感受到的自然现象。车辆的行驰、机器的运转、流体的流动、飞船的航行等都是机械运动。理解和研究机械运动就要涉及"力"的概念,这是人们在认识自然过程中,建立起来的第一个,也是最完善的物理图像——宇宙的经典力学图像。牛顿运动三大定律奠定了经典力学的基础,它实质上给出了关于"力"的完整定义。$F = ma$ 是经典物理学的代名词;牛顿的有关绝对空间和绝对时间的两句言词犹如科学界上帝的纶音,在科学界的圣山上隆隆鸣响,一直萦绕到爱因斯坦的出现。

经典物理学的第二个里程碑是经典电磁图像的确立。在人们的感观世界,第二个自然现象是电、磁和光。继牛顿之后最伟大的科学家,同为英国人的麦克斯韦,在总结电磁实验的基础上,以他杰出的数理才能,把原来互相独立的电学、磁学和光学三个部分结合起来,综各家之所长,挥经纶之巨手,天才般地写出了麦克斯韦方程组,使之包含了自然界的一切电磁现象(经典)。其构思深刻精妙,表达简洁明了,被后人称誉是"神仙写出来的"。后人评价说,麦克斯韦的名字将永远闪烁在经典物理的大门之上。

在麦克斯韦逝世的那一年,爱因斯坦诞生了,这不知是造物主主观的旨意,还是自然界客观的使然。爱因斯坦被公认为 20 世纪最伟大的科学家,甚至被《时代》杂志评为 20 世纪最伟大的人物。他关于相对论时空观两个简单的基本假设动摇了经典力学的基石,使人们对时间和空间、能量和质量有了更深刻的理解。空间的收缩、时间的膨胀、同时性的相对性、质量与能量的关系等全新的时空物理图像,在文化上和科学上引发了一轮又一轮的冲击波。爱因斯坦标志着经典物理学的结束,近代物理学的开始。

在近代物理学发展过程中,唯一能和爱因斯坦相媲美的物理学家是丹麦人——玻尔,虽然他不被普通民众所熟悉,但大多数科学家认为:两个伟人分享了同一个时代,他们是 20 世纪物理学星空的"双子星座"。下面的一段文字恰当地评价了玻尔的贡献,它取自《玻尔研究所的早年岁月》一书:"量子力学和相对论是本世纪物理学的两个主要进展。相对论创始人爱因斯坦,在民间被看作科学家的偶像。神化般地流传,而发展量子力学的物理学家的名字,基本上只在科学界的人士中才知道。他们的成就对于广大群众来说,根本上还很陌生。这种缺乏了解的主要原因,也许是由于量子力学不是仅由一个物理学家所创立,而是由许多物理学家集体努力的结果。鉴于这一点,量子力学的建立可以认为是在开展物理工作方式上的一个转折点。这在过去仅是作为科学活动来实现的。一个物理学家在相对孤立的情况下,能对量子力学做出重大突破的时代已经过去了。20 世纪的量子物理已经达到如此复杂和困难的程度。没有一个物理学家能掌握它的各个方面,或期望能一手将其发展成一个完整的理论。量子力学是一代物理学家的努力和才华的结晶。如果说量子力学的建立标志着在物理学上第一次集体的胜利,那么这一批量子物理学家公认的领袖就是尼尔斯·玻尔。"

2.2.2　艺术简史

绘画艺术的历史远远超过物理学,几乎是与人类共生的,如果简单地划分一下,可以分为五个阶段:远古之谜、春的故事、百花齐放、日出印象和现代艺术。

绘画序幕由我们的艺术祖先——旧石器时代人拉开,西洋绘画最早的实例正是出自他们之手。我们在阿尔塔米拉洞窟(1879 年在西班牙北部发现,是最早发现的史前壁画,距今约 20 000 年)里看到的那硕大的野牛,真是凝重恢宏的艺术,至今闪烁着现代未来主义的光芒,其精湛与力度自诞生之日起便不曾有人超越。从那时起,我们将走过古埃及、古希腊、罗马帝国,历经早期基督教和拜占庭的世界,直到中世纪传教士描绘的精彩的手抄本插图。13 世纪中叶,哥特式艺术的写实主义风格,偏离了宗教艺术的轨道,而转向人文主义的方向。转折时期的 1267 年,西方绘画之父乔托(Giotto di Bondone 1267—1337)诞生于意大利的佛罗伦萨,从此,远古之谜结束了,或者说永远地留给了人类。乔托开始了绘画故事的真正开端。乔托发现了人,把人从神学的铁牢中解放出来,并请入艺术殿堂。乔托使艺术回归了自然,奠定了西方绘画艺术的基本准则——透视原理,从此艺术从"为了神的艺术"变成了"为了人的艺术"。一场喧闹的、波澜壮阔的文艺复兴运动(1400年~1600年)开始了,这是四季中最灿烂的春天,艺术之篇中春的故事,犹如波提切利(S. Botticelli,1444—1510)的作品《春》。文艺复兴标志着由中世纪到现代世界的转变,也为现代西方的价值观和社会机制奠定了基础。这个时期的艺术对科学性的精确和现实主义的探索,在达·芬奇(Leonardo da Vinci,1452—1519)、拉斐尔(Raffaello Santi,1483—1520)和米开朗基罗(B. Michelangelo,1475—1564)等超凡平衡与和谐的作品中达到了顶峰。在提香(TizianoVecelli,1488—1576)精妙绝伦的色彩中,能够感受文艺复兴的魅力。在文艺复兴的最后一个阶段,风格主义成为主导风格,我们看到格列柯(El Greco,1541—1614)激情洋溢的幻象,又能听到勃鲁盖尔讲述的农民故事。

　　17世纪初到18世纪中叶,西方美术的风格总称为"巴洛克",来自葡萄牙语,意为"粗糙"或"形状不规则"。可以把它理解成凋残状的文艺复兴艺术。这种新风格既诉诸真情实感,又具有很强的观赏性,通常以极具表现力的夸张动作、强烈的明暗对比和绚丽的色彩达到这一效果。与文艺复兴时期艺术相比,这是一种变化的艺术,在物理语言上可以称之为"光"的第一次革命。卡拉瓦乔(M. de. Caravaggio,1571—1610)、委拉斯贵支(Velazquez,1599—1660)、伦勃郎(Rembrant,1606—1669)是这一时期艺术家的杰出代表。18世纪中叶,人们抛弃了巴洛克风格,新古典主义和浪漫主义开始同台共舞,大卫(J. L. David,1748—1826)的《马拉之死》向我们传递道德观念,安格尔(J. D. Ingres,1780—1867)的《大宫女》达到了新古典主义的顶峰。热里柯(Gericault,1791—1824)通过《美杜萨之筏》高举浪漫主义的大旗,德拉克洛瓦(E. Delacroix,1798—1863)的《自由引导着人民》似乎暗示着浪漫主义终将成为这个时期艺术的主流。透纳(J. M. W. Turner,1775—1851)邀请我们参加光的盛筵,预先告知印象主义的到来。这是一个百花齐放的时代。

　　在绘画史上,或许这是第一次,也是唯一的一次,人们冠以这一运动的名称和实际真正相符,那就是印象主义。19世纪下半叶以库尔贝(G. Courbet,1819—1877)为代表的法国现实主义艺术成为印象主义的前奏。后来的印象主义者穿越盲目轻率和世俗偏见的抗阻,继续他们对光和影的征服活动。马奈(E. Manet,1832—1883)以《草地上的午餐》在1863年揭开了近代美术的序幕,赢得了"近代美术之父"的赞誉。莫奈(C. Monet,1840—1926)陶醉于光线的千变万化,现在只要我们说出"日出",别人就会联想到"印象"。雷诺阿(P. A. Renoir,1841—1919)则让胭脂红、玫瑰红、蓝色与紫色和阳光一道在赤裸的肌肤上闪烁。

　　人类进入了20世纪,艺术似乎也应冠以现代来修饰。事实也确实如此。我们已经处于一种新的形势,不再有一条故事线索可循,没有主流可言,溪流已入沧海。有人说,20世纪的艺术几乎是不可定义的,其实我们正可以此作为它的定义。乔托之前是为了神的艺术,文艺复兴是为了人的艺术,印象派是为了艺术的艺术,现代是为了不可定义的艺术。毕加索的立体主义是空间的重构、马蒂斯(H. Matisse,1869—1954)的野兽派是光与色的革命、未来主义追逐时间的意义。杜尚(M. Duchamp,1887—1968)、达利、康定斯基(W.

Kandinsky,1866—1944)、波洛克等都在以独特的视角观察世界。

艺术与物理是人类对世界本体描述的两个不同,但平行、互补的方面,它们都经历了从观察自然到描绘自然,进而思考自然的平行发展历史。在发展过程中,尽管艺术家和科学家很少关注彼此的工作,但艺术经常预期科学真理的发展,科学的发展也为艺术创造提供不竭的动力和方法。例如:照相术的发展直接导致了现代艺术革命;毕加索和爱因斯坦从未谋面,对彼此的工作也互无兴趣,但他们对人类生存的时间与空间结构具有相同的认识和理解。

历史学家,当代科学史的奠基人萨尔顿(G. Sarton,1884—1956)把科学、宗教与艺术比喻成一个金字塔的三面,并认为:"当人们站在塔的不同侧面的底部时,他们之间相距很远,但当他们爬到塔的高处时,他们之间的距离就近多了。"现在,让我们一起来攀登这座金字塔吧。

2.3 走近大师

2.3.1 牛顿

艾萨克·牛顿(1643—1727)爵士,英国皇家学会会长,英国著名的物理学家,百科全书式的"全才",著有《自然哲学的数学原理》《光学》。

他在 1687 年发表的论文《自然定律》里,对万有引力和三大运动定律进行了描述。这些描述奠定了此后三个世纪里物理世界的科学观点,并成为现代工程学的基础。他通过论证开普勒行星运动定律与他的引力理论间的一致性,展示了地面物体与天体的运动都遵循着相同的自然定律;为太阳中心说提供了强有力的理论支持,并推动了科学革命。

在力学上,牛顿阐明了动量和角动量守恒的原理,提出牛顿运动定律。在光学上,他发明了反射望远镜,并基于对三棱镜将白光发散成可见光谱的观察,发展出了颜色理论。他还系统地表述了冷却定律,并研究了音速。

在数学上,牛顿与戈特弗里德·威廉·莱布尼茨分享了发展出微积分学的荣誉。他也证明了广义二项式定理,提出了"牛顿法"以趋近函数的零点,并为幂级数的研究做出了贡献。

2.3.2 达·芬奇

达·芬奇是列奥纳多·迪·皮耶罗·达·芬奇(意大利文原名:Leonardo di ser Piero da Vinci,1452—1519),意大利著名画家、科学家,与拉斐尔、米开朗基罗并称意大利文艺复兴三杰,也是整个欧洲文艺复兴时期的代表之一。

他学识渊博、多才多艺,是发明家、医学家、生物学家、地理学家、音乐家、大哲学家、诗人、建筑工程师和军事工程师。他的科研成果全部保存在他的手稿中,大约有15 000多页,爱因斯坦认为,达·芬奇的科研成果如果在当时就发表的话,科技可以提前半个世纪。

达·芬奇 15 岁左右到佛罗伦萨拜师学艺,成长为具有科学素养的画家、雕刻家,并成为军事工程师和建筑师,毕业于意大利理工学院,1482 年应聘到米兰后成为意大利著名建筑师、画家,在贵族宫廷中进行创作和研究活动,1513 年起漂泊于罗马和佛罗伦萨等地。1516 年侨居法国,小行星 3000 被命名为"列奥纳多"。最著名的作品是《蒙娜丽莎》,现在是巴黎卢浮宫的三件镇馆之宝之一。

现代学者称他为"文艺复兴时期最完美的代表",是人类历史上绝无仅有的全才,他最大的成就是绘画,他的杰作《蒙娜丽莎》《最后的晚餐》《岩间圣母》等作品,体现了他精湛的艺术造诣。他认为自然中最美的研究对象是人体,人体是大自然的奇妙之作品,画家应以人为绘画对象的核心。

2.3.3　达·芬奇与牛顿

达·芬奇是西方古典主义绘画的代名词,他的画作充分显示出对大自然敏锐的观察力,对人物内在细微情感的刻画以及表现光与影的种种变化,将绘画的写实主义推向了不可企及的高峰。牛顿是经典物理学的最高峰,被评价为"天才中的天才"。达·芬奇和牛顿,一个是 15 世纪最杰出的人物,一个是 17 世纪的天才;一个是最伟大的艺术家,一个是最伟大的科学家。

牛顿和达·芬奇都有丰富的想象力,从而为他们带来了一个接一个的科学发现和艺术创造、工程奇迹,以及在实践中影响深远的发明和大大小小的机关装置。牛顿发明了反射望远镜,达·芬奇则设计了直升机;牛顿发现了二项式定理和微积分,达·芬奇造出了降落伞,又提出了潜水艇和坦克的构想;牛顿为打击伪币绞尽脑汁,达·芬奇为保卫米兰鞠躬尽瘁;牛顿用方程和数字总结自然规律,达·芬奇则以绘画解读世界和人类情感的奥秘。但有所不同的是,牛顿是一个科学天才,在其他方面则全无是处。对音乐是充耳不闻,认为绘画是雕虫小技,视雕塑为金石玩偶,说诗章是"优美的胡扯"。达·芬奇则是文艺复兴时期的全才,几乎涉及了他那个时代艺术与科学的所有领域。

牛顿和达·芬奇都相信数学是人类思维的最高形式。达·芬奇本人数学优异,并且这样说过:"谁也不能断言说,有什么东西既不会用到任何数学,也不会用到任何建立在数学基础上的知识。"牛顿是物理学家,也是一位伟大的数学家,他和莱布尼兹争夺微积分的发明权,至今仍是科学史专家津津乐道的话题。他在《自然哲学的数学原理》引言中写道:"我将自己的这一工作题名为'数学原理',是因为我认为哲学的所有重担都落在数学肩上。"

两位都是研究光的先驱者,而且都对光的本性提出了开创性的睿见。达·芬奇提出视网膜成像应是倒立的,他也是针孔相机的发明人,这是发明史上的普遍看法。他曾研究过种种光学错觉,而且给出的解释今天还在被引用。他画了一张记录光强度仪器的设计图,过 300 年后,图纸才变成实物。达·芬奇对阴影也极有兴趣,并搞出了本影和半影的几何学细节,今天的天文学家仍在沿用他的有关结果。对于眼镜,达·芬奇也很有研究,在 15 世纪就提出了隐形眼镜的设想。他还探讨过孔雀毛羽上的华彩及水上油膜虹彩的成因。在历史记载上,达·芬奇是推想光以波的形式在空间和时间中传播的第一人。他以水波和声波为出发点进行类推,认为"石块投进水中,就会以自己为中心,形成一个个圆圈;声音在空气中以圆形波传播。同样的,位于空气中的任何物体也会形成一个个圆,并使周围的空间充满无数自己的类似体,如是进行下去,进入各个地方。"

牛顿在 1704 年发表了《光学》,比《原理》迟 30 多年,这是一部关于光的权威性论著。对于光牛顿也同对待其他事物一样,感兴趣的是其本性而不是其效果。他让阳光射入一间暗室,令其射过一系列棱镜,得到了七色彩虹,并解释了白光为什么会因折射而分成不同的色光。达·芬奇在牛顿之前,也研究过棱镜产生的彩色光带的现象。达·芬奇的结果体现在简单而明白的素描上,牛顿的结果则体现在通过反复钻研最终得出的,具有精确数学内容的结论上。从此,艺术家和物理学家在科学和艺术这两个领域内不仅要探索光的本性,还要关注色的奥秘。

牛顿和达·芬奇都对自然界的"运动"现象感兴趣。牛顿运动三大定律奠定了经典力学的基础,决定宏观世界的运动法则,从航天飞机的宇宙航行到人们的日常起居。自然现象缤纷多彩,自然规律简洁、普适,这就是物理学所具有的,深邃而含蓄的内在美。在历史上,伽利略首先指出,如果一个物体能够没有摩擦地在一个水平面上滑动的话,它将能保持自己的运动速度不变,牛顿接受并发展了伽利略的见解,第一次用概括性的语言把惯性定律表达了出来。任何物体都要保持其静止或匀速直线运动状态,直到外力迫使它改变运动状态为止。

达·芬奇也曾努力去理解"运动与惯性""作用与反作用"这些关键性的力学概念,而且离科学意义上的成功仅有一步之遥。他有这样的话:"所有运动都倾向于保持下去,或者不如这样说:所有被弄得运动起来的物体,只要驱动它们进入运动状态的作用的影响依然存在,运动就会继续下去。"在达·芬奇关于鸟飞行的笔记中,我们可以看到其中一段的第一句话:"身体对空气施加的巨大压力就像空气对身体施加的压力一样。"这真是令人惊奇,这一论断比牛顿第三定律早了将近 200 年。当然,达·芬奇没有将这一概念应用于更广泛的场合,而且也没有建立起相应的数学公式来支持它,而牛顿却出色地完成了这些工作。达·芬奇对包括人在内的动物肌肉运动也进行了精细的研究,从而诞生了处于运动状态的人与动物解剖学。他在技术方面的发明草图,如飞机、坦克、机枪、降落伞、升降机等,至今令工程设计人员叹为观止。

两位巨人,分属不同时代;但他们所留下的东西,改变了历史。

如同牛顿和达·芬奇这样的例子还有许多,科学家与艺术家都在以他们自己的方式去理解并表现我们的世界,科学家是表现宇宙真实存在的艺术家,艺术家是表现情感世界真实存在的科学家。作为揭示宇宙和情感世界奥妙的探索者和创造者,科学家和艺术家的超然洞察力使得他们能够预知前人尚未认识的新世界,他们追寻的终极目标都指向了真善美的最高境域。

2.4　艺术中的物理学

很多人都喜欢欣赏艺术品:绘画、雕塑,还有音乐。另一方面,许多学生认为科学是一门有用但却相当枯燥的科目,和艺术没有多少关系。但是我们必须认识到,艺术家用来创作或演奏艺术作品的工具是物质的客体,如颜料、照相机、乐器以至声带等,它们遵从物理学定律。因此懂得一些科学知识能够加深我们对视觉艺术和音乐的欣赏和理解。

2.4.1　光和声

交流的最高形式是艺术,大部分艺术用光和(或)声作为它们的表达媒介。视觉艺术用光,因此能够看到艺术作品;音乐用声,因此能够听见它;而芭蕾、电影及伴有计算机图像的音乐视频作品则二者并用。

对于光和声的物理学以及眼和耳如何探测它们的深刻而易懂的分析,不仅在精神上令人愉悦,而且有助于理解和解释我们身在其中的世界和周围发生的一切现象以及如何感知它们。懂得光和声的物理学也能提高对艺术作品的欣赏能力,激励读者群中的艺术家加深他们关于所用媒介的知识。

物理学的英文名称 physics 来自希腊文自然界,它是研究自然发生的有关能量或物质现象的科学。如果我们能够理解一种自然现象,我们就对人类的总的知识做出了贡献;进一步我们常常还能利用它,用它为我们自己和地球上的其他人开发出一种更好的生活。我们认为这个令人激动的观念可以推广到艺术,通过理解支撑艺术产品的物理现象激励艺术作品的创作。

光和声二者都是波动现象,它们是不同类型的波动——声是力学波,而光是电磁波,但二者都像一块石头扔进水塘之后的水面那样振荡。牛顿首先造出可见光的光谱这个词,并把可见光分解为七种颜色。为什么是七种?这个选择完全是随意的,这是牛顿与音阶的七个音类比而选的。现在我们知道,正常的人眼能够分辨几乎一百万种不同的颜色!但是,我们仅把可见光分解为三种基本色:红、绿、蓝,后面我们将解释缘由。

你是不是曾感到过奇怪,为什么人眼对叫作"光"的特殊辐射灵敏?虽然太阳发出的辐射经过大气层过滤之后含有可见部分,但也还有大量的红外光和紫外光到达地球表面。为什么我们不能看到这部分呢?可见范围内的辐射能量与世界上的物体相互作用的效率最高,因此它最佳地告诉我们有关我们周围物体的结构和行为的信息。

可测量的电磁波谱从高能 γ 射线一直延伸到低频的无线电波。它的频率(或能量,或波长)覆盖了大约 30 个数量级。从我们所说的可见波段的开始到末端(从紫光到红光),频率的变化仅 2 倍。在音乐中,一个八度音程的频率就加倍。在可测量的电磁波谱中,频率加倍了 100 次($2^{100} \approx 10^{30}$)。用诗的语言说,我们仅能在一台理想化的有 100 个八度的电磁钢琴键盘上"看见一个八度"！但是在这个狭窄的区域里发生了这么多事情,因为这些能量的辐射与电子强烈地相互作用,产生出崎岖的、有趣的吸收光谱,后者又生成上百种我们能分辨的颜色。

与光相比,我们听到的声音的频率范围要大得多。可以听见声音的频率范围是每秒$20\sim20\,000$次振动或$20\sim20\,000$ Hz。更高的频率或超声用于医学成像(10 MHz),以及被海豚(170 kHz)、鲸类(最高到 200 kHz)和蝙蝠(最高到 120 kHz)用于交流。更低的频率或次声由地震、雪崩、火山爆发、核试验以至大象来产生——大象用来和 10 km 距离内的其他大象交流。

我们所感觉的颜色和声音不但依赖物理的、可测量的激励,还依赖于我们的眼睛、耳朵和大脑对这些激励的生理和心理响应。因此,颜色和声音有一些心理—物理参量最佳地描述。这些参量将在后面详细讲述,描述颜色的参量是色调、饱和度和亮度,描述声音的参量是音高(音调)、响度和音色。一听就可以区分长号和中提琴的演奏,哪怕它们演奏的是完全相同的音。区分它们的属性叫作音色("声音的颜色"——与光类比)或音品。

在艺术的享受中增添一种成分——物理学。了解乐器的形状和功能有助于欣赏音乐。类似地,了解颜色、色觉和混色法智慧扩展视觉艺术家的调色板功能和增加一切观看他们艺术的人的精神享受。

2.4.2　光和色

自然界是光的盛筵,一道道主菜就是色彩。科学家不断揭示光与色的本性;艺术家永远在追逐色彩的魅力。

色散是一个古老的课题,最引人注目的是彩虹现象。早在 13 世纪,德国有一位传教士叫西奥多里克,曾用阳光照射装满水的玻璃瓶,在实验中模仿天上的彩虹。他的观察创立了光的内部折射理论。牛顿首先意识到,不同颜色的光具有不同的折射性能,也就是说,色散的原因是由于光的本身,而非棱镜或水滴。牛顿以确凿的实验终结了中世纪以来关于色散现象本性的争论,但他倾向于光的本性是"微粒说"。和牛顿同时代的惠更斯一直坚持光是一种波动现象。因为当时的波动理论很不完善,缺乏数学基础,还没有建立起周期性和相位等概念,而牛顿力学在科学领域中正节节胜利。因此,用符合力学规律的粒子行为来描述光学现象,被认为是唯一合理的理论。

光谱学的历史从牛顿的色散实验开始,逐渐帮助人们在科学上揭示颜色的奥秘。德国物理学家夫琅禾费(J. Fraunhofer,1797~1826)在光谱学上做过重大贡献。他对太阳光进行了细心的检验。1815 年在慕尼黑学院展示了自己编绘的太阳光谱图,内有多条黑线,人称夫琅禾费黑线。这个工作当时没有受到重视,当然夫琅禾费本人也不太明白这些暗线的意义。

2.4.3　颜色

　　白光是许多不同波长的光的混合物。如果用一个棱镜或衍射光栅把来自太阳的白光分解,会看到一个从红色变到紫色的颜色序列。

　　棱镜之所以能把不同颜色的光分开,是因为每个波长(即每种颜色)的光折射率稍有不同。这个现象叫作色散。在白光照射一块棱镜时,光谱中各个颜色的光分开来并在光遇到的棱镜第一个和第二个表面上发生折射。折射光线在第一次折射时靠近法线,在第二次折射时偏离法线。如果棱镜是由玻璃做的,其对紫光的折射率 $n_{400\text{ nm}}=1.53$,而对红光的折射率 $n_{700\text{ nm}}=1.51$。从斯涅耳定律我们知道,折射率越大,光线偏折越多。因此,紫光折射比红光多,如图 2-1 所示。

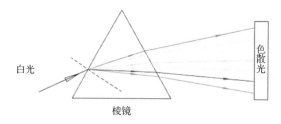

图 2-1　棱镜造成的色散

　　真实光谱中颜色的无穷序列(见图 2-2(a)的上图)叫作光谱色。从这无穷多种连续变化的颜色中,人眼能够分辨将近 100 万种颜色。图 2-2(b)是光谱的简化版本,在不同颜色之间有不连贯的、完全人为的分隔。不过在言语中,我们的确是把范围相当宽的波长等同于红色,另一范围的波长等同于橙色,如此等等。每个范围产生一种由我们的眼睛检测到的特别的感觉,每种颜色的静密波长范围在图 2-2(b)中标出。图 2-2(c)表示光谱的一种更为极端的简化。它只由红、绿、蓝三种颜色组成,计算机显示器和电视机普遍采用这种方式。这时将三种颜色组合起来以生成范围很广的各种颜色。你可能会注意到,许多在日常生活中知道的颜色并没有出现在这些光谱中,哪怕是图 2-2 的上图最完备的光谱色序列中。紫红、洋红、苯胺紫是光谱中缺失的一类颜色。其他缺失的颜色包括全部棕褐色和泥土色、橄榄绿和猎人绿(一种暗绿色,19 世纪的猎人常穿这种颜色的猎装),一切柔和的颜色如粉红、淡紫、蛋壳色、海蓝、天蓝、米黄等。它们分别是混合色、低强度颜色和低饱和度颜色,将在后面讨论。

　　通过一个衍射光栅或者用一台分光光度计来看一看不同种类的光源产生的光是很有趣的。这使我们能观察到光谱中有哪些波长出现以及以什么比例出现。一个标准的电灯泡发出的光显示出一切光谱色,但蓝光和紫光没有太阳光或卤素灯泡发出的光显示出一切光谱色,但蓝光和紫光没有太阳光或卤素灯泡发出的光中那么强。如果减小流过灯泡的电流,灯丝就会变得更冷,所发的光变得更暗,显得更黄。用分光光度计分析这种光时,明显地看到紫光和蓝光从光谱中消失了,这是灯光显得更黄的原因。

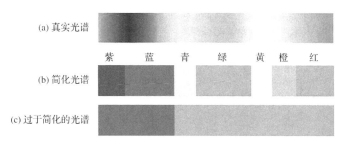

(a) 真实光谱

紫　　蓝　　青　　绿　　黄　橙　红

(b) 简化光谱

(c) 过于简化的光谱

图 2-2　光谱的颜色

另一方面,如果你用衍射光栅或分光光度计分析来自一只氖放电管的光,会发现只出现若干颜色。你会看见许多红线、两三条橙线、一条黄线、两条昏暗的绿线和几条昏暗的蓝线。

2.4.4　人眼的感色灵敏度

在眼球后壁的视网膜包含有视锥细胞和视杆细胞。视杆细胞提供分辨率低的、视网膜边缘部分的边缘视力,它即使在暗光下也能正常工作;而视锥细胞则提供有颜色感觉的、分辨率高的视网膜中心部位的中心视力,它只有在亮光下才起作用。你可以做一个有趣的实验:使房间的光照变得非常暗,等待着,直到你的眼睛习惯了黑暗(暗适应)。这时你又能看见东西了,但是你看不见颜色!

我们将注意力集中于对颜色灵敏的视锥细胞,因为它的功能解释了颜色感觉和混色的结果。对色觉的研究表明,有三种类型的视锥细胞,分别称为Ⅰ型、Ⅱ型和Ⅲ型。有时也把它们叫作对蓝光灵敏、对绿光灵敏和对红光灵敏的视锥细胞,但是这些名称并不准确。蓝色、绿色和红色并不是这些视锥细胞对之灵敏的唯一颜色。这三种类型的视锥细胞的灵敏度曲线如图 2-3 所示。

灵敏度曲线表示随着入射光波长的变化(光的强度保持不变)神经响应的强度如何改变。不同的神经响应意味着视网膜上的视锥细胞每秒钟传给视神经中的神经元轴突和大脑后部的视觉皮质的神经脉冲数目不同。在图 2-3 中,三种类型的视锥细胞使用罗马数字标示的,而不用常用的颜色名称来标示,以强调一个重要之点:三种类型的视锥细胞都是对宽阔的波长范围灵敏的。换句话说,它们都是对许多颜色灵敏。Ⅰ型视锥细胞对紫光、蓝光和绿光灵敏;Ⅱ型视锥细胞对蓝光、绿光、黄光和橙光灵敏;Ⅲ型视锥细胞对绿光、黄光、橙光和红光灵敏。

视锥细胞送到视神经的信息只是相继的一串电脉冲。送出电脉冲的速率既依赖于光的强度,也依赖于光的波长。

如图 2-4 所示,考虑四种不同颜色的光:A(青色光,波长为 500 nm),B(绿色光,522 nm),C(橙色光,波长为 590 nm),D(黄色光,波长为 580 nm)。从图 2-4 的灵敏度曲线可以得知Ⅱ型视锥细胞的响应。注意对 A 和 C 的响应是相同的,对 B 和 D 的响应也相同。

如果只有Ⅱ型视锥细胞,就不能区分青色和橙色或者绿色和黄色。但若有三种视锥细胞,大脑能够将来自每种视锥细胞的响应组合起来,此时就能识别出多种颜色了。

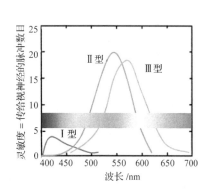

图 2-3   人眼中三种类型的视锥细胞的灵敏度曲线

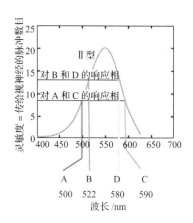

图 2-4   Ⅱ型视锥细胞对 4 种不同颜色的响应:
A(青色,波长为 500 nm),B(绿色,波长为 522 nm),
C(橙色,波长为 590 nm),D(黄色,波长为 580 nm)

猫的色觉很弱,因为它的眼睛中视锥细胞很少。它的眼睛是为了适应夜间的视觉而在几个方面被优化的。由于视锥细胞只是在亮光下才正常工作,而猫是夜间活动的动物,它已进化为具有大量的在暗光下工作良好的视杆细胞。人眼与猫眼之间的差异总结在图 2-5 中。

猫的眼睛经过优化适于在弱光下看物体
具有小 f(用竖直缝代替圆形瞳孔,以得到更大的孔径 D)
具有折射本领强的透镜(短焦距)和浅的眼球
具有反光组织把光反射回视网膜
大部分视觉细胞是视杆细胞(视锥细胞很少)

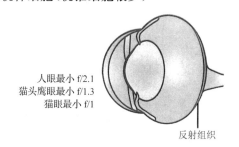

人眼最小 f/2.1
猫头鹰眼最小 f/1.3
猫眼最小 f/1

反射组织

图 2-5   猫的眼睛

猫的眼睛由竖直的狭缝做瞳孔,它比人类控制圆形瞳孔的虹膜径向肌和环状肌张得更开(在夜间),而且张开更容易。更大的孔径带来更高的亮度,因为有更多的光可以穿过晶状体,但是这也带来一个缺点,就是景深小。照相机镜头的最低档(最快的镜头,最高的亮度)是 f/1,人眼是 f/2.1,另一种夜间食肉动物猫头鹰是 f/1.3,而猫是 f/1。猫还有一种反光组织(Tapetum Lucidum ,是拉丁文"闪光的毯子"的意思),这是一层反射细胞,位于视网膜之后。视网膜是半透明的,它不能全部吸收照在它上面的光。部分光穿过视网膜,简单地损失了。夜间活动的动物具有反光组织,把这部分光反射回视网膜。反光组织的位置紧贴在视网膜之后,因此反射的光线离焦不大,使视网膜中的视杆细胞有第二次机会检测到它们。

许多人相信蛇能看见红外光,但事实并非如此。蛇的确在夜间通过舌头感觉到它的捕食对象辐射的热量(红外线),但并不是看到的。一个例外是响尾蛇,它有一个红外针孔系统,这个系统使它能够看见红外光。狗、蝇类和人一样能看见颜色。蜜蜂看不见红色,但是看得见人所看不见的紫外光。为了吸引蜜蜂,某些花的花瓣上具有只有在紫外光中才能看得见的结构,这些结构人是看不见的。许多别的昆虫能够感受紫外光,鸟类、蜥蜴类、龟类和许多鱼类也是。这些动物的视网膜中都有第四种视锥细胞,这种视锥细胞人类是完全没有的。

研究我们的眼睛是如何感受颜色的一种更直接的方式,是分析光的相加,或加法混色。

2.4.5 物理颜色与心理颜色

物理的、能测量的颜色与感觉道德、心理的颜色不一样。物理颜色仅由一个波长组成,又叫光谱色。

心理颜色,或色调,可以是单个波长,也可以是不同波长的叠加。比如黄色:我们看到的黄色可以是光谱黄,只有单独一个波长 570 nm,也可以是具有两个不同波长的红光和绿光的叠加,甚至还可以是宽带光谱,只要它看起来与 570 nm 的光谱黄具有同样的颜色。

2.4.6 色彩的三要素:色调、饱和度和亮度

光的物理参数不足以精确描述我们看到的颜色。对物理刺激的心理响应产生了视觉。因此,颜色最好是用一些心理——物理参数来描述,它们叫作色调(hue)、饱和度(saturation)和亮度(brightness)。这里给出这三个名词以及它们的同义词和反义词的定义。

给出任何一种颜色,可以通过将单一波长的光与白光组合在一起的办法,得到一种在正常的视网膜看来与给出的颜色完全相同的相匹配的颜色。匹配的颜色的波长叫作主波长。对应的视觉属性叫作色调(简称色)。减去匹配色中白光所占的比率叫作饱和度。饱和度也叫纯度(purity)。高饱和度的颜色要求匹配色中白光少,低饱和度的颜色要求白光多。后者包括淡粉色、天蓝色、淡黄色、米黄色和一切通常称为柔和色的颜色。因此形容词"饱和"和"淡"是反义词。为了匹配这些淡色,在匹配色中需要高比例的白光。亮度(也叫作明度,lightness)是颜色的另一个参数,意思是从一块面积发出的光的多少。因此形容词"亮"(或"明亮")与"暗"是反义词。在文献中有一种偏好,对发光的光源用亮度,对被照射的(反光的)表面用明度。

从心理感觉来说,纯黄色(含 0％的白光)似乎饱和度很低,显得颜色很淡,而红色、绿色和蓝色则显得饱和度高,与暗淡的黄色相比显得颜色味更足。这是因为Ⅱ型和Ⅲ型视锥细胞在黄色波段(不论是单个波长还是 500～700 nm 的宽带黄色)比在别的波长上的灵敏度更高所致,它完全是由对光和色的生理响应所引起,与被观察的物理色的实际强度或饱和度无关。

物理颜色的强度对应于心理颜色的亮度。感觉到的心理学亮度是不能测量的。它与强度的对数成正比,但是它因人而有巨大的不同,而且即使对同一个人,还与周围的照明以及眼睛对颜色和光强的适应有关。如果眼睛已经暗适应——即如果它们已经在黑暗中过了几分钟或更长时间,那么在灯再次拧亮时,一种暗颜色会显得比同一个人的同一双眼睛在没有暗适应时所感觉到的更亮。而这种颜色的物理强度(它是可测量的量)在这两种情况下并没有变化。

感觉到的一种颜色的亮度还依赖于周围的照明。我们感到室内的雪球是白色的,并且感到室外在阳光照射下的煤块是黑色的,虽然室内的雪球散射的光要比室外的煤块少得多! 亮度依赖与被观察的物体周围环境的照明。黑色物体在明亮的阳光下仍然能够反射大量的光,但是由于它周围的一切东西反射的光更多,我们感到它是黑色的。

观察图 2-6 中的棋盘。标有 A 和 B 的方格是浓淡程度相同的灰色。要检验这一点,可以用一张纸覆盖这个图,只开两个孔露出 A 和 B。可是看起来 B 比 A 要浅的多,因为它是被更深的灰色包围的。

2.4.7 光与物体的相互作用

照到物体上的光可以发生下述情况之一:

- 被吸收
- 被镜面反射
- 被散射或漫反射
- 透射穿过物体并折射
- 以上情况的组合

如果灯泡发出的照亮一个物体的光被该物体完全吸收,没有光反射,这个物体便呈黑色。如果只有某些波长的光被吸收而其他波长被散射,这个物体便显得有颜色。如果光被镜面反射,当物体是一面银镜或铝镜时,这时光根本不改变颜色,而是被反射到一个特定方向。反之,若灯泡发的光是被物体散射,光就被反射到一切方向,物体可以从任何角度看到。如果物体是透明的,光也会穿过它透射并发生折射。最常见的情况是吸收和不同波长的散射的组合。这个过程产生了我们周围一切物体的颜色。如果物体是光滑和发亮的,它也会镜面反射一部分光。

图 2-6　棋盘阴影幻觉

2.4.8　散射或漫反射

当光照射的物体的表面不是理想光滑和平坦时就会
发生散射(或漫反射)。我们看到,在镜面反射(如从一个反射镜或发亮的光滑物体的反
射)中,入射角等于反射角。在漫反射中这一点不成立。事实上,一个物体可以有任意的
表面粗糙度、质地和光洁度,通常我们能从任意角度看到它。光照到任何非镜面的物体
上,都从这个物体散射到任意方向上。于是散射的光线能够从这个物体周围的任意角度
看到。

大多数情况下,在微观层次上能满足镜面反射所要求的条件,但是在一个粗糙的、非
镜面的表面上有这么多的微观表面取向,其最终结果是光射向所有方向。

一个黑物体例如一块熔岩,在被白光照射时吸收大部分光强。只有少量的光被散射,
从这少量的光我们可以分辨出岩石的形状和大小。我们的眼睛能够看见少量的光,感觉
到它和周围的环境相比以及与照明光相比的极低的亮度,并把这种颜色解释为黑色。白
光中的一切颜色被黑岩石同等地吸收,每种颜色的光的一小部分(也是同等地)被散射。

一张白纸或是一个雪球的反射方式与之非常相似:一切颜色都被同等地反射。不同
之处是,这时没有光被吸收,全部照明光都被散射。蓝光、绿光
和红光分别被等量地反射,我们的眼睛看到了高亮度,纸和雪球
就呈白色。

一切有颜色的物体都吸收某些波长而散射其他的波长。图
2-7 中的苹果看起来是红色的,因为在被白光照射时,它吸收绿
光和蓝光而只散射红光。

图 2-7

它也是发亮的,在苹果表面精确定位的区域,相对于观察这
的眼睛发生镜面反射,就像一面镜子一样:照的是白光,反射的也是白光。

一个柠檬看起来是黄的,因为它吸收蓝光而散射红光
和绿光。我们的眼睛感觉到这些红光和绿光的波长,把它
们加在一起,并把柠檬的颜色解释为黄色。我们还可以用
另一种方式来想象所感觉到的颜色:物体总是显示与它吸
收的光互补的颜色。换句话说,柠檬看起来是黄的,因为
它吸收蓝光,蓝色是黄色的互补色。而且,柠檬的表面还
显得发亮(见图 2-8),因为一小部分(白光!)被镜面发射。
图 2-7 中的苹果道理相似。

图 2-8

柠檬呈黄色,因为它吸收蓝光,蓝色是黄色的互补色。

它也在满足镜面反射条件的区域反射白光。

互补色是　青⟷红

洋红⟷绿

黄⟷蓝

它们出现在图 2-9 中的相反的两边。有一条简单的规则用来记忆互补色:最常用的

两个序列是 RGB（red-green-blue，红-绿-蓝）和 CMY（cyan-magenta-yellow，青-洋红-黄），如计算机的 RGB 显示器和彩色打印机的 CMY 打印头，这两个序列中同一位置的颜色是互补色。

图 2-9

　　有趣的是，笛卡尔在 1630 年就已经把物体的颜色归因于物体反射照明光时对照明光的改变。一个红苹果是红的，因为它吸收照明光中除红色以外的所有颜色，并且散射红光。因此照明光和散色光是不同的，正像笛卡尔依照直观预言的那样。

　　三种颜色的光束红光、绿光和蓝光两两叠加生成青色、洋红色和黄色。

　　在本图的相反的两端的两个颜色互为互补色：红与青、绿与洋红、蓝与黄。

　　三个颜色叠在一起时得到的颜色是白色。

　　散色还依赖于发生散射的被照明粒子大小。如果散色粒子比光的波长大，那么对一切波长（光的一切颜色）的散射相同。如果粒子小于波长，散射便和波长有关。

第3讲

天文与宇宙

3.1 天文观测

3.1.1 天球

地球绕着通过地心的一根轴自转,地球上的一切物体都随着地球的自转做圆周运动。地球不同纬度上的自转速度是不一样的:赤道上的自转速度为 464 米/秒,纬度越高,速度越慢。生活在地球上的我们对地球如此快的自转毫无感觉,这如同我们在风平浪静的时候乘一艘大船顺风而下,如果不看船外的景物,便体会不到船在行走。那么地球外面的景物是什么呢? 那就是日月星辰。日月星辰每天在天空东升西落,这种运动叫天球的周日运动,是地球自转的反映。

在周日运动的过程中,星星之间的相对位置和星座的形状看不出有什么改变,因此人们认为整个天空是绕着一条轴线旋转的,这条轴线称为天轴。天球绕天轴做周日旋转时,有两点是固定不变的,这两点叫天极,北面的叫北天极,南面的叫南天极。实际上,南、北天极就是地球自转轴无限延长与天球的交点。把地球赤道面无限扩大,和天球相交的大圆,称为天赤道。它把天球拦腰分为南北两个半球。观测者的铅垂线与天球相交于天顶(即观测者头顶方向)和天底两点,它与天球相截的大圆就是地平圈。地平圈与天赤道相交于东点和西点。过天球两极和天顶的大圆称为天球子午圈,它与地平圈相交于南点和北点,如图 3-1 所示。

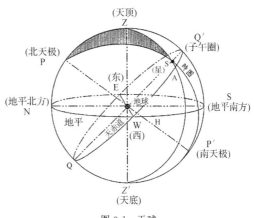

图 3-1 天球

　　地球除了自转,还绕太阳公转。从地球上看,太阳每天在天球上的位置自西向东差不多移动 1°,一年移动一周。太阳在天球上的运动路径叫黄道。黄道与天球赤道相交的两点称为二分点:太阳沿黄道由南向北经过天赤道的那一点叫春分点,太阳沿黄道由北向南经过天赤道的另一点叫秋分点。黄道上与二分点相距 90° 的两点称为二至点,天赤道以北的称为夏至点,天赤道以南的称为冬至点。

3.1.2　星座

　　当人类文化还处在摇篮时代,世界上一些古老民族就以其天马行空的想象力,对天空一群群星星做出妙趣横生的描述。登封观星台位于河南登封,建于元朝初年。在如何认识星空这个问题上,不同地域、不同民族的古代先民走的道路几乎是相同的:或首先认识天空中少数最亮的星,然后通过它们去认识更多的星;或是将一组星星看作一个图形,认识了这个图形再去熟悉其中的星星。这些图形就是星座。

　　世界上最早将恒星划分成群,分而治之的是生活在幼发拉底河和底格里斯河流域下游的迦勒底人。迦勒底人是游牧民族,喜爱占星。只要天气好,他们每天都要观察星空的变化,以此预卜人世间的凶吉祸福。为了占星的需要,迦勒底人把显著的亮星,用想象的虚线连接起来,描绘出各种动物和人物的形象,这就是世界上最初诞生的星座。因为最早的十二个星座都分布在黄道上,所以称它们为黄道十二星座。因为这十二个星座大多以动物命名,也称作兽带。地球公转轨道平面无限扩大而与天球相交的大圆,就是黄道。黄道经过 88 个星座中的 13 个,除了蛇夫座的一小部分之外,从春分点所在的双鱼座数起,分别是双鱼座、白羊座、金牛座、双子座、巨蟹座、狮子座、处女座、天秤座、天蝎座、人马座、摩羯座、宝瓶座,统称为黄道十二星座,也叫黄道十二宫。人类说星座,不过是当某人出生时太阳所处在黄道十二宫中的位置,即某一宫。

　　15 世纪前后,航海技术有了很大的发展,欧洲航海家不断到南半球探险,随之划分了一些南天星座。这些星座的命名完全脱离了神话,基本都与探险者的发现有关。17 世纪末,波兰著名业余天文学家赫维留在他编绘的一本精美星图上,在历史上已命名的星座间插入了一些小星座,如鹿豹、猎犬、狐狸、天鸽等。18 世纪,人类进入科学启蒙时代,法国天文学家拉卡耶又在南天“创造”了 14 个星座。这些星座的名称带有鲜明的时代气息,如望远镜、显微镜、圆规、罗盘等。至此,全天星座的格局已基本形成。

　　今天我们在星图上看到的 88 个星座是 1922 年国际天文学联合会正式确定下来的。这些星座是按照天球上的经纬线(赤经、赤纬)划分的:北天 28 个,黄道 12 个,南天 48 个。面积最大的星座是长蛇座,占整个天球面积的 3%,其次是室女座;面积最小的是南十字座,仅占整个天球面积的 0.16%。按肉眼可见的恒星数计算,拥有恒星最多的星座是天鹅座,有 6 等以上的恒星 191 颗;半人马座以一颗之差,屈居第二;星数最少的星座是小马座,6 等以上的恒星只有 10 颗。拥有亮星最多的星座是猎户座;其次是大犬座和大熊座;拥有亮星最少的星座是雕具座、山案座、显微镜座、六分仪座和狐狸座,在它们之中没有亮于 4 等的恒星。位置最北的星座是小熊座,北天极位于这个星座之中;位置最南的星座是南极座,南天极位于这个星座之中。

3.2 宇宙学

3.2.1 宇宙的层次结构

行星是最基本的天体系统。太阳系中共有八大行星:水星、金星、地球、火星、木星、土星、天王星、海王星(冥王星已被从行星里除名,降为矮行星)。除水星和金星外,其他行星都有卫星绕其运转,地球只有一个卫星——月球。土星的卫星最多,已确认的有 17 颗。行星、小行星、彗星和流星体都围绕中心天体太阳运转,构成太阳系。太阳占太阳系总质量的 99.86%,其直径约 140 万千米,最大的行星木星的直径约 14 万千米。太阳系的大小约 120 亿千米。有证据表明,太阳系外也存在其他行星系统。2 500 亿颗类似太阳的恒星和星际物质构成更巨大的天体系统——银河系。银河系中大部分恒星和星际物质集中在一个扁球状的空间内,从侧面看很像一个"铁饼",正面看去则呈旋涡状。银河系的直径约 10 万光年,太阳位于银河系的一个旋臂中,距银河系的中心约 3 万光年。银河系外还有许多类似的天体系统,称为河外星系,常简称星系。星系也聚集成大大小小的集团,叫作星系团。平均而言,每个星系团约有百余个星系,直径达上千万光年。现已发现上万个星系团。包括银河系在内约 40 个星系构成的一个小星系团,叫作本星系群。若干星系团集聚在一起构成更大、更高一层次的天体系统,叫作超星系团。超星系团具有扁长的外形,其长径可达数亿光年。通常超星系团内只含有几个星系团,只有少数超星系团拥有几十个星系团。本星系群和其附近的约 50 个星系团构成的超星系团叫作本超星系团。本超星系团(超星系团)构成的丝状结构是宇宙中目前已知的最大结构,一个典型丝状结构的长度是 70 百万光年~150 百万光年。丝状结构与空洞构成长城,空洞指的是丝状结构之间的空间,空洞与丝状结构一起是宇宙组成中最大尺度的结构。空洞中只包含很少或完全不包含星系。一个典型的空洞直径为 11 个百万秒~150 个百万秒的差距。长城是目前所知宇宙中被观察到的最巨大的结构。其中,史隆长城是目前所知最长的长城,距离地球约 10 亿光年,长达 13.7 亿光年。天文观测范围已经扩展到 200 亿光年的广阔空间,其被称为总星系。

3.2.2 宇宙的微观结构

宇宙由星系的巨大超星系团构成,星系周围是大团看不见的太空。每个星系又包含了数以十亿计的恒星,构成这些恒星的物质是一些小得看不见的粒子。质子、中子和电子是最普通的粒子,它们通常以原子的形式结合在一起。质子和中子由更小的粒子构成,它叫作夸克。

(1)基本力。宇宙由四种力及它们之间的相互作用支配,这四种力即引力、电磁力、强核力和弱相互作用力。这些作用力是由一团粒子带来的,这团粒子叫规范玻色子。它们在构成物质的粒子之间相互交换。物理学家一直试图证明这四种力也许实际上源自一种单一的基本力。

(2)引力。引力是一种既能将星系结合起来，又能引起一根针下落的力。两个物体的质量越大、相互越靠近，它们之间的吸引力就越强。科学家认为，引力是由一种叫作重力子的粒子携带的，但至今没有人在任何实验中找到它们。

(3)电磁力。电磁力作用于所有带电荷的粒子之间，比如电子。作用于固体原子和分子之间的电磁力使固体具有硬度，这种力也具有磁性和发光的特性。携带电磁力的粒子叫光子，也是产生光线的粒子。

(4)强核力。强核力存在于一个原子的原子核（核）内，它把原子内的中子和带正电荷的质子结合在一起。（质子经常试图互相推开，如果没有强核力，它们将相互飞开）载有强核力的粒子叫作胶子。

(5)弱相互作用力。弱相互作用力引起放射性衰变（原子的原子核破裂），称为β衰变。放射性的原子不稳定，是因为它的原子核容纳了太多的中子，当β衰变发生时，一个中子变成一个质子，释放出电子（这种情况下称为β粒子）。

(6)普适规则。"普适规则"认为所有力中引力、电磁力、强核力、弱相互作用力都是相互关联的，并且指出所有亚原子微粒都是由一种基本粒子产生的。

3.2.3 宇宙的宏观结构

"宇宙是有限的还是无限的？""宇宙有没有中心和边？""宇宙有没有生老病死和年龄？"这些恐怕是自从有人类的活动以来一直被关心的问题。为了有一个更清楚的答案，需要先了解宇宙的组成和结构。

1. 行星

地球是太阳系的一颗大行星。太阳系一共有八颗大行星：水星、金星、地球、火星、木星、土星、天王星、海王星。除了大行星以外，还有六十多颗卫星、为数众多的小行星、难以计数的彗星和流星体等。

2. 恒星和星云

晴夜，用肉眼可以看到许多闪闪发光的星星，它们绝大多数是恒星。恒星就是像太阳一样本身能发光发热的星球。银河系内有1 000多亿颗恒星。恒星常常爱好"群居"，有许多是"成双成对"地紧密靠在一起的，按照一定的规律互相绕转，这称为双星。还有一些是三颗、四颗或更多颗恒星聚在一起的，称为聚星。如果是十颗以上，甚至成千上万颗星聚在一起，形成一团星，这就是星团。

除了恒星之外，还有一种云雾似的天体，称为星云。星云由极其稀薄的气体和尘埃组成，形状很不规则，如有名的猎户座星云。

在没有恒星又没有星云的广阔的星际空间里，还有些什么呢？那里是绝对的真空吗？当然不是。那里充满着非常稀薄的星际气体、星际尘埃、宇宙线和极其微弱的星际磁场。

3. 银河系及河外星系

随着测距能力的逐步提高，人们逐渐在越来越大的尺度上对宇宙的结构建立了立体的观念。第一个重要的发展,是认识了银河。它包含两层含义:一是了解了银河的形状,二是认识了河外天体的存在。

银河系是太阳所属的一个庞大的恒星集团,约包括 1.6×10^{11} 颗恒星。这种恒星集团叫作星系。银河系中大部分恒星分布成扁平的盘状。银盘的直径为 25 kpc,厚度约为 2 kpc。银盘的中心有一球状隆起,称为核球。银盘的外部由几条旋臂构成。太阳位于其中一条旋臂上,距离银河系中心约 7 kpc。银盘上下有球状的延展区,其中恒星分布较稀疏,称为银晕。银晕的总质量约占整体的 10%,直径约为 30 kpc。太阳,就其光度、质量和位置讲,都只是银河系中一个极普通的成员。

星系的质量差别很大。银河系的质量约为 1 011 M⊙(太阳质量单位)。在明亮的星系中,这是典型的大小。质量很小的星系太暗,不易看到。小星系的质量可低达 106 M⊙。若对视星等在 23 等以内的星系做统计,星系总数在 109 以上。天文学家还找到一种在银河系以外像恒星一样表现为一个光点的天体,但实际上其光度和质量又和星系一样,被称为类星体。目前,已发现了数千个这种天体。

4. 星系团

星系的空间分布不是无规的,而是有成团现象的。上千个以上的星系构成的大集团叫星系团。大约只有 10% 星系属于这种星系团。大部分星系只结成十几、几十或上百个成员的小团。可以肯定的是,星系团代表了宇宙结构中比星系更大的一个新层次。这层次的尺度大小为百万秒差距,平均质量是星系平均质量的 100 倍。

5. 大尺度结构

人们把 10 Mpc 以上的结构称为宇宙的大尺度结构(观测到的宇宙的大小是 104 Mpc)。有迹象表明,星系在大尺度上的分布呈泡沫状。即有许多看不到星系的"空洞"区,而星系聚集在空洞的壁上,呈纤维状或片状结构。这一层次的结构叫超星系团。它的典型尺度为几十兆秒差距。

从演化理论来考虑,尺度大到一定程度,应不再有结构存在。这是否符合事实以及这个尺度多大,都是十分重要的,其需要由大尺度观测来回答。现今对宇宙在 50 Mpc 以上是否还有显著的结构存在,是人们争论的焦点。

总之,若把星系看成宇宙物质的基本单元,那么星系的分布状况就是宇宙结构的表现。现在看来,直至 50 Mpc 的尺度为止,星系的分布呈现有层次的结构。

3.2.4　恒星的演化

不同大小和颜色的恒星,实际上处于恒星演化的不同阶段。宇宙诞生的初期,到处均匀分布着主要由氢和氦组成的气体。在万有引力的作用下气体聚集成团,形成星体。聚集过程中它们的引力势能转化为热能,使原本很冷(温度约 100 K)的物质温度升高。如果聚集成星体的气体物质很多,多到相当于太阳质量或大于太阳质量时,引力势能转化成的大量热能可使星体内部温度升高到 10(1000 万 5)℃,从而点燃星体中氢的聚变反应。这时,一颗发光发热的恒星就诞生了。

恒星的存在,一方面依赖于万有引力把物质聚集在一起,不会漫天飞扬,另一方面则靠热核反应产生的热量,造成粒子迅速运动,产生排斥效应,使物质不会收缩到一点。正是万有引力的吸引作用与热排斥作用这对矛盾的存在,保证了恒星的存在。

3.2.5　黑洞的形成

黑洞很可能是由恒星演化而来的。当一颗恒星衰老时,它的热核反应已经耗尽了中心的燃料(氢),由中心产生的能量已经不多了。这样,它再也没有足够的力量来承担起外壳巨大的重量。所以在外壳的重压之下,核心开始坍缩,直到最后形成体积小、密度大的星体,重新有能力与压力平衡。

质量小一些的恒星主要演化成白矮星,质量比较大的恒星则有可能形成中子星。而根据科学家的计算,中子星的总质量不能大于三倍太阳的质量。如果超过了这个值,就会无力与自身重力相抗衡,从而引发另一次大坍缩。

根据科学家的猜想,物质将不可阻挡地向着中心点进军,直至体积趋向很小、密度趋向很大。而当它的半径收缩到一定程度(一定小于史瓦西半径),巨大的引力就会使光无法向外射出,从而切断恒星与外界的一切联系,进而诞生"黑洞"(图 3-2)。

图 3-2　黑洞

除星体的终结可能产生黑洞外,还有一种特殊的黑洞——量子黑洞。这种黑洞很特殊,其史瓦西半径很小,比一个原子还要小。与平常的黑洞不同,它并不是由很大质量的星体坍缩而形成的,而是由原子坍缩而成的,因此,只有在一种条件下才会创造出量子黑洞——大爆炸。在宇宙创生初期,超高的温度和巨大的压力将单个原子或原子团压缩成为许多量子黑洞。而这种黑洞几乎是不可能观测到或找到的,它只存在于理论中。

3.3　太阳系

3.3.1　太阳

在浩瀚的宇宙中恒星的数目就像是数学上的无穷大。在众星中,太阳的年龄、质量、亮度、体积、密度和温度并不突出。所不同的是,它离地球最近,而别的恒星离地球都非常遥远,即使是比邻星,与地球的距离也比太阳远 27 万倍。太阳光到达地球只需 8 分钟左右,而比邻星的光到达地球要花 4.22 年。在太阳系中,地球与太阳的距离适中。太阳给地球带来日夜和四季的轮回,控制着气候的变化,是地球的生命之源。人们享受着太阳带来的好处,同时也不断抵御着它的侵害。

对于天文学家来说,太阳的重要性在于它是唯一能够观测到圆面的恒星(其他恒星在望远镜里只是一个星点)。天文学家可以看清它的表面细节,对它的大气结构、化学成分、物理状态、磁场分布以及能量传输进行研究。太阳还是天体物理学和基础物理学的实验室,它提供的极端特殊的物理条件使科学家确定了宇宙丰度,验证了广义相对论,发现了天体磁场,找到了恒星内部的能源,探测到中微子,建立了天体发电机理论和磁重联的概念。

太阳是太阳系的头号天体。它的直径约 139.2 万千米,是地球的 109 倍;体积是地球的 130 万倍;质量约 2 000 亿吨,是地球的 33 万倍,占整个太阳系总质量的 99.8%。因此,太阳以强大的引力,牵制着太阳系所有的天体绕着它运行。太阳分为内部和大气两部分。太阳内部是无法观测的,天文学家根据理论模型,估计那里的温度高达 1 500 万摄氏度,压力是地球的 3 000 亿倍。在这样的情况下,氢原子和氦原子中的电子脱离了原子核的束缚,变成自由电子。失去电子的原子核携带了一定数量的正电荷,成为带正电的离子。这种过程称为电离,电离的气体称为等离子体。等离子体状态下的太阳气体通过质子反应和碳氮循环,把 4 个氢核聚变成一个氦核,释放出巨大的能量来维持太阳的平衡。太阳剖面结构示意图如图 3-3 所示。

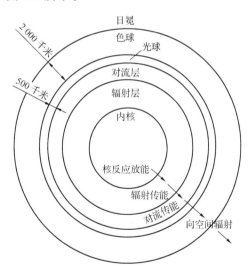

图 3-3　太阳剖面结构示意图

总体而言,太阳是一个稳定、平衡、发光的气体球,但它的大气层常处于局部的激烈运动之中,如标志太阳活动区生长和衰变的黑子群的出没、日珥的变化和耀斑的爆发等。此外,还有不断运动和变化着的米粒组织、谱斑、暗条等,它们随着太阳活动的总趋势而共同涨落。在太阳活动(11 年为一周期)峰年,所有活动现象都达到高潮,既大且多;在谷年,它们都处于低潮,既小又少。另外,它们的位置也经常是互相邻近的。譬如,黑子附近有光斑,耀斑通常出现在黑子旁边或上空。天文学家把一大群活动现象所占有的范围称为太阳活动区。太阳活动分为缓变型和爆发型。黑子和冕洞属于前者,耀斑和日冕物质抛射属于后者。在所有日冕活动现象中,太阳黑子是最基本的,也是最容易发现的。它们是太阳表面炽热翻滚的气体海洋中的一个个巨大的漩涡,漩涡的深度约 100 千米,直径可达几千到几万千米。太阳黑子温度超过 4 000 ℃,比太阳表面的平均温度低了 1 500 ℃左右。它们常常成群出现,由小到大,又由大变小,此生彼灭,时多时少。太阳黑子大约 11年由盛转衰,又从衰转盛,基本上代表了太阳总辐射量的变化。

3.3.2　水星

水星是离太阳最近的一颗行星,离太阳最近时只有 4 600 万千米,离太阳最远时差不多 7 000 万千米。如果用角度来表示的话,水星与太阳在视运动中的角距离从不超过28°。我国古代将 30°称为"一辰",因此也称水星为辰星。因为离太阳太近,在地面上很难看到水星。最好的观测机会是春季水星东大距时,黄昏时可以在西方低空看到它;或秋季西大距时,黎明时可以在东方看到它。由于黄昏和黎明时天色都比较亮,水星会很快伴着初升的红日消失在蓝天里或在绚丽的晚霞掩护下躲进地平线。即使在条件很好的情况下,每天能看到水星一二十分钟就相当不错了。

因为水星难以观测,在很长时间里人们对水星知之甚少。哪怕水星自转这么一个简单的问题,也直到 20 世纪 60 年代才得以解决。早先,天文学家以为水星质量小,会在太阳引力下做同步自转,也就是说像月球一样,自转周期和公转周期是一样的。1965 年,射电天文学家证实,水星的自转周期只是它公转周期的三分之二。现在我们知道水星精确的自转周期是 58.65 日,公转周期是 87.97 日,即水星自转 3 圈的同时,绕日公转两圈。水星上的一天相当于地球上的 176 天。如果把水星公转一周定为一个水星年,自转一周定为一个水星日,那么一个水星日等于两个水星年。然而,由于行星总是同时存在着自转与公转两种运动,一般情况下,自转周期并不是一日之长,而是比昼夜短,即:1/昼夜长度＝1/自转周期－1/公转周期。

太阳的潮汐作用会逐渐使水星降低自转速度,自转周期与日长的差别会越来越小。在太阳引力作用下,行星环绕太阳运动的轨道是椭圆的。但严格地说,行星之间也存在万有引力作用。因此,行星轨道不再是严格的闭合椭圆,而是一条与椭圆十分接近、长轴在空间不断移动的、非常复杂的曲线,致使行星轨道近日点有规律地改变位置。

水星是太阳系中最小的行星,半径为 2 440 千米,是地球半径的 38.3%。从地球上看水星,相当于站在 412 米处看一枚一元的硬币。虽然水星离太阳最近,但水星却是太阳系最暗的行星之一。这是因为水星离太阳太近。无法像它的近邻金星和地球那样拥有一层浓厚的大气。水星大气非常稀薄,其密度仅为地球大气的 12%。表面岩石的反射率只有8%。有天文学家设想,如果水星上有人,会看到在其他行星上看不到的奇景。由于水星公转轨道是一个偏心率达 0.206 的椭圆,所以在"水星人"眼里,太阳的大小在时时变化,而且太阳会像行星一样,走得快一阵慢一阵的,有时还会倒退。

3.3.3　金星

　　金星是除日、月之外,在天空中肉眼能看到的最亮的星了,比肉眼所见的最暗星亮一万倍。在春秋战国以前,金星被称为"太白"。太就是大,白是指它的颜色。"太白"便是它显著的外貌特征。金星之所以这样亮,一方面是因为它离太阳很近,只有 10 800 万千米,照到金星上的阳光比照到地球上的阳光多了一倍;另一方面因为金星被白中透黄的云层包裹着,云层将大约 75% 的阳光反射到空间。

　　金星与太阳的角距离不超过 48°,这使得它和水星一样总在太阳附近徘徊。从地球上看,金星有时在太阳西面,先于太阳出现在黎明前的东方地平线上,此时为晨星(称作启明,意思是东方破晓,开启光明)。到达西大距后,金星从西向东(顺行)逐渐和太阳接近,一直运行到太阳的另一面,与地球分别在太阳两侧(上合),被阳光淹没。此后,它继续顺行,移到太阳东面,日落后出现在西方地平线上,此时为昏星(称为长庚,意思是暮色降临,长夜将至)。到达东大距后不久,顺行停止,金星看似不动(留),以后改为从东向西(逆行),逐渐接近太阳。当来到太阳与地球之间时(下合),金星便看不见了。因此,人们只能于大距前后几个月的时间里在黎明之前或黄昏后有机会看到金星。

　　行星绕太阳旋转的轨道大都是拉长了的椭圆,唯有金星的轨道最接近完美的圆,偏心率仅为 0.007,轨道倾角为 3°24′,几乎和赤道重合。金星公转周期为 224.7 天,但金星的自转周期直到 20 世纪 50 年代末,还没有确切的结果。这是因为人们无法通过浓密的大气看见它的真容,找出地形上的特征作为标记来确定其自转周期。木星和土星虽然是气体行星,但它们的上面却有明显的斑点,可以用来测定自转周期。60 年代初,天文学家用射电望远镜发现金星的自转周期为 243±1 天,比公转一周还长。金星一昼夜相当于地球上的 118 天。金星自转方向与其他大行星相反,是自东向西的。在金星上不仅度日如年,而且太阳从西边出来,一年中太阳只西升东落两次。

　　空间探测前,人们一直把金星看成是地球的姐妹行星,因为它们有太多的相近之处,如地球的半径是 6 378 千米,金星的半径是 6 050 千米,仅差 300 多千米;地球的平均密度是水的 5.5 倍,金星的密度是水的 5.2 倍;金星的质量是地球的 81.5%。另外,金星和地球都有大气,表面重力加速度也相差无几。于是,人们把金星想象成史前期的地球,正处于恐龙时代,是一个有着温暖的海洋,生长着茂盛植物和野生动物的世界。

　　20 世纪 70 年代,苏联发射的金星 7 号和 8 号在金星上着陆,测出金星表面的气温高达 475 ℃,压强高达 90 个大气压,这样恶劣的环境让人不寒而栗。金星如此之热是因为金星拥有比地球浓密百倍的大气层,温室效应造成金星表面温度持续升高,于是金星成了一座炼狱,别说有生物,就是低熔点的金属也晒化了。在金星上没有昼夜温差,也没有季节更迭,常年高温使金星上的岩石发出暗红色的光,就像通了电的电炉丝。不少宇宙飞船一进入金星大气就出事了,因为一般的无线电元件耐不住金星的高温。

3.3.4 火星

火星是地球轨道外面的第一颗行星,它发出红色的光,飘忽不定,有时比天狼星还亮三四倍,有时仅比北极星稍亮些。它在恒星背景中的视位置也在变化,时而顺行,时而逆行,在从顺行变为逆行或从逆行变为顺行的时候,又好像是停留在原来的位置上不动。我国先秦时代称它为"荧惑",意思是说它荧荧如火,令人大惑不解。后来随着五行学说的盛行,才称它为火星。古人以为火星高悬在夜空中而且特别亮时,地球上就会有战争。多少世纪以来,不论东方人还是西方人,都把火星视为一颗预示凶兆的行星。

火星的亮度跌宕起伏是因为它与地球、太阳的位置有较大的变化。火星与太阳的平均距离为2.28亿千米,与地球之间的距离随着各自在公转轨道上的位置而有很大的变化,最近时只有大约5 600万千米,最远时可达4亿千米。火星比地球小差不多一半,直径只有6 790千米,体积、质量和密度分别是地球的15%、10.8%和71%。火星绕太阳公转的周期是687日,火星和地球的会合周期是780日,也就是说,每隔780日左右,火星有一次冲日的机会,此时它离地球最近。每隔15或17年,火星有一次非常接近地球的冲日,叫大冲。大冲前后一段时间,火星视面最大、最亮,是地面观测的最佳时机。空间探测之前,火星的许多重要发现都是在大冲时获得的。火星的自转周期与地球十分相近,为24小时37分22秒。火星上的一年有668.6个太阳日。如果火星上有人,他们制定的太阳历应该在每5年里有两年是668日,三年是669日。火星的公转轨道平面与赤道之间的交角,即所谓的黄赤交角为23°59′,与地球的仅相差半度。因此,火星也会像地球那样有寒来暑往,四季更迭。

因为火星公转周期差不多是地球的两倍,所以火星上的一个季节相当于地球上差不多两个季节的长度。另外,火星离太阳比地球离太阳远,每个季节的温度平均要低30℃以上。地球上根据气候状况不同,分成北寒带、北温带、热带、南温带、南寒带,火星也可以照此划分为五带,只是火星上热带和寒带延伸的范围比地球广一些。火星上也有移动的沙丘、大风扬起的尘暴,南北两极覆盖着由干冰构成的白色极冠。20世纪初,著名法国天文家、科普作家弗拉马利翁称火星是天空中的袖珍地球。在许多天文书刊上还把火星称为红色行星,这是因为火星表面的大部分地区都是由红色硅酸盐和其他金属化合物构成的沙漠,还有褐色的砾石和凝固的熔岩流。

3.3.5 木星

从距离太阳最近的水星排序,木星是第五颗行星,也是第一颗外行星(小行星带外面的行星)。木星与太阳的距离约7.8亿千米,相当于日地平均距离的5.2倍,但它在夜空中的亮度次于金星,冲日时亮度可达2.4等。春秋战国时代,各诸侯国都在自己的王公即位之初改变年号,国纪年不统一,不利于各诸侯国之间政治、经济、文化交流,于是统一用木星每年行经的星次来纪年。因此,木星又被称为岁星。

木星是太阳系中最大的行星。其体积是地球的1 316倍,其他七颗行星的质量加在一起还不到它的一半。但木星的平均密度很低，每立方米 1.33 克。木星的公转周期为 11.87 年，自转周期只有 9 小时 50 分 30 秒，是太阳系中自转最快的行星。因此，木星的形状有点扁，极半径比赤道半径小 4 600 千米。如果把木星拉圆，两极的位置要各加上一颗水星。

3.3.6　土星

　　土星是肉眼所能看见的最远的行星。八大行星里，土星的大小和质量仅次于木星。土星赤道半径大约为 6 万千米，能容纳七百五十多个地球，但质量却只有地球的 95 倍，因此其平均密度为每立方厘米 0.7 克，是太阳系中密度最小的行星。土星与太阳的平均距离为 14.27 亿千米，土星绕太阳一周需要 29 年 167 日，而自转一周只需要 10 小时 14 分。土星在冲日时的视星等为 0.4 等，可与天空中最亮的恒星相比。由于土星每 28 年绕行一周，恰好每年"坐镇"二十八宿之一，我国先秦时曾把土星称为"镇星"。

　　土星和木星一样，表面也是液态氢和氦的海洋，上方同样覆盖着厚厚的云层。土星云层中也有像木星那样的带状结构，呈棕黄色、黄色或橘红色，它们比木星云带中的条纹看上去更规则，但色彩不如木星的鲜艳。土星大气中有时也会出现亮斑、暗斑和白斑。有史以来最著名的大白斑是在 1933 年 8 月发现的，出现在土星赤道附近，呈椭圆状，最大时几乎扩展到整个赤道。土星大气十分活跃，气浪翻滚，风云迭起，气象万千。狂风肆虐时，沿东西方向的风速可超过每小时 1 600 千米。

　　土星最突出的特征是环绕其赤道的光环，虽说后来发现木星、天王星、海王星也都有光环，但土星的光环是最亮、最美丽的，就像一件能工巧匠精心打造的艺术品，美妙无比。人们虽然千百次地从望远镜中见过它，但每次见到时还是会发出由衷的赞美。土星光环是伽利略在 1610 年发现的。不久，人们就发现它不是一个固态的完整的环，由两条暗缝分割成三个环，靠外的 A 环与靠内的 B 环之间被一条称为卡西尼的缝隔开，C 环靠近土星本体，但很弱。1966 年人们在 C 环内发现了 D 环，它已到了土星大气层以内。1969 年在 A 环以外发现了 E 环。这两个环缝分别称为恩克缝和法兰西缝。由于土星的自转轴相对于公转轨道有一个 26.7° 的倾角，因而从地球上看去，有时它的北极斜对着地球，我们看不到它的南极；有时则是南极斜对着地球，地面上看不到北极；当光环的边缘与我们的视线趋向一致时，光环变得细如一线，在它与视线完全重合的一段时间，甚至看不到光环。这些变化表明土星的光环虽然很宽，但却很薄。

3.3.7　天王星

　　天王星位于土星轨道之外，它到太阳的距离是日地距离的 20 倍，直到 1781 年才由英国天文学家威廉·赫歇尔发现。在此之前，人们以为土星是太阳系的疆界。天王星的发现使太阳系的范围扩大了一倍。天王星的体积是地球的 65 倍，但在地球上看却很小，即使在大冲时视角直径也只有 4″。它绕太阳公转一周需要约 84 年，平均每天只移动 46′，很难与恒星区分，历史上曾多次被误当恒星载入星图。天王星也是一颗气体巨行星，但离地球太远,即使最先进的地基望远镜也只能将它分辨成一个小小的蓝绿色圆面,无法看清细节,因此对它的认识常常是似是而非的。

1986年1月,美国旅行者2号探测器飞临天王星,最近时距离它只有8万多千米,在短短的30多天中向地球发回7 000多幅天王星全景、近景和特写电视图像。旅行者2号接近天王星时,看到它横躺着,南极对着飞船。太阳系中的行星大多是侧着身子围绕太阳旋转的,也就是说,行星的自转轴与公转轨道面大致垂直。唯有天王星与众不同,黄赤交角只有不到8°,看上去就像躺在公转轨道上似的。自转轴这种奇特的倾倒是太阳系起源理论学说中一个难以解决的问题,科学家推测可能是天王星曾遭到一个大天体猛烈撞击所致。在天王星绕太阳公转的84年里,太阳轮流照射它的北极、赤道、南极、赤道。当太阳照射到北极时,北半球没有黑夜,进入漫长的夏季,而此时,南半球则处于黑暗的冬季,只有赤道南、北8°之间在春、秋分前后十几年内有昼夜变化。旅行者2号测出天王星表面的平均温度为212 ℃,由于距离太阳太远了,赤道与两极的温差不大。

地面射电观测发现天王星可能有磁场。旅行者2号在到达天王星最近距离之前,就探测出天王星发出的射电信号和带电粒子流,证明天王星确有磁场、磁层和辐射带。旅行者2号以磁场为参照,测得天王星的自转周期为17小时15分。旅行者2号获得的资料表明,天王星有数千千米厚的大气,其中80%是氢,氦不到20%,还有少量的甲烷和其他气体,平均气温176 ℃。平时天王星很平静,而一旦发起威来,也不得了,飓风的速度能超过声速,也就是说当听到呼啸的风声时,早已事过境迁,风平浪静了。

3.3.8　海王星

海王星是太阳系中离太阳最远的一颗行星。海王星绕太阳公转轨道的半长径是日地平均距离的30倍,转一圈下来需要大约165年。由于海王星太遥远了,地球上一架能放大300倍的望远镜才能看见海王星角直径不到4″的圆面。在美国旅行者探测器探测它之前,天文学家没有取得任何关于它的实质性的观测资料,对它的情况几乎是一无所知。

1989年8月24日,旅行者2号到达海王星。在探测器的“眼”中,海王星的身影足足占了1/4的天空。海王星的外貌、颜色和天王星很相像,构造也差不多,仅比天王星小3%。海王星大气的主要成分是氢、氦和甲烷,寒冷的大气层下是一层由水、氨和甲烷构成的液态的地幔,覆盖着一个含铁的岩石核心。地球上的风是由太阳加热变强的,其他行星上也如此。海王星离太阳那么远,得到的太阳能量只是木星的1/20,按说应该是幽静之所,但旅行者2号却发现海王星是大气活动最为剧烈的行星之一。地球上破坏力极强的十二级风的时速是118千米/小时~133千米/小时。但海王星上的风速最高可以达到1 930千米/小时。旅行者2号发现在海王星南纬21°有一个醒目的黑斑,东西长约12 000千米,南北宽约8 000千米,其形状、相对位置以及行星的比例都和木星大红斑如出一辙。但1995年哈勃空间望远镜拍摄海王星时,大黑斑已经消失了。

3.3.9　冥王星

冥王星于 1930 年 2 月 18 日由克莱德·汤博根据美国天文学家洛韦尔的计算发现。它曾经是太阳系九大行星之一,但后来被降级为矮行星。它与太阳的平均距离为 59 亿千米,直径为 2 300 千米,平均密度为 2.0 克/立方厘米,质量为 1.290×10^{22} 千克,公转周期约 248 年,自转周期 6.387 天,表面温度在 220 ℃以下,表面可能有一层固态甲烷冰。

在 2006 年 8 月 24 日国际天文学联合会大会上,以绝对多数通过决议 5A-行星的定义,以 237 票对 157 票通过决议 6A-冥王星级天体的定义。冥王星从此被视为太阳系的矮行星,不再被视为行星。

就长远来看,冥王星的轨道其实是混沌的。尽管电脑模拟可以预测数百万年的位置(在时间上向前和向后),但超过李雅普诺夫时间长达一千万至二千万年的计算是不切实际的。冥王星有着极难预测的因素,在太阳系中对微小细节也很敏感的不可测量性会逐渐破坏它的轨道。从现在开始的数百万年,冥王星可能在远日点、近日点或任何地点上,而我们是无从预测的。但这并非意味着冥王星本身的轨道是不稳定的,只是以它现在在轨道上的位置不可能事先预知和确定未来的位置。一些共振和其他的动力学效应维系着冥王星轨道的稳定,得以在行星的碰撞或散射中获得安全。

3.4　历　法

3.4.1　年

如果你以为地球的公转周期便是一年的长度,那就错了,太阳在天空中的周年变化是很复杂的,它同时涉及地球的公转与自转两种运动,所以不能与年简单地混同起来。平常说的"年"实际上是"历年",它包含的时间是整数日,平年 365 天,闰年 366 天,平均每一历年的长度是 365.242 5 日。这种人为规定的历年与太阳的实际运动并不完全一致,只是大体"合拍"而已。

地球的公转反映在天球上就是地面上的观测者看到太阳在一年内沿黄道自西向东转过一周,这就是所谓的太阳周年视运动。太阳沿着黄道转一周要花多长时间,要看对地球哪一点而言。天文学家根据不同的参考点,定义了各种年。

以春分点作为起算点,太阳沿黄道运动一周又回到春分点的时间间隔称为回归年,其长度为 365.242 2 平太阳日,即 365 日 5 小时 48 分 46 秒。回归年是寒暑变化的周期。日常生活中使用的公历就是按回归年的长度制定的。为方便起见,在制定历法时,除闰年为 366 日外,每年为 365 日。回归年比历年短 0.000 3 日,也就是 25.92 秒,过 3 333 年后春分就会提前 1 日,这就是现行公历尚不精确之处。

如图 3-4 所示,太阳圆面中心连续两次经过选作参考点的同一颗恒星所经历的时间间隔称为恒星年,其长度为 365.256 36 平太阳日,即 365 日 6 小时 9 分 10 秒。恒星年是地球绕太阳的平均公转周期,比回归年长 0.014 16 日,也就是 20 分 14 秒,这是因岁差引起的偏差。在天文观测中常用恒星年。地球公转轨道是个椭圆,椭圆有两个焦点,离太阳最近的一点为近日点。以近日点为参考点所定义的年,或者说,地球连续两次通过近日点所经历的时间间隔称为近点年,其长度为 365.259 64 平太阳日,即 365 日 6 时 13 分 54 秒,是五种年(历年、回归年、恒星年、近点年及交点年)中最长的年,比回归年长 25 分 07 秒。这一差异使得每过 58 年地球推迟一天过近日

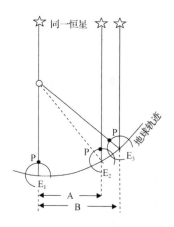

图 3-4   恒星日与太阳日

点。现在地球是在 1 月 3 日过近日点,到 2045 年将变为 1 月 4 日。近点年主要用于研究太阳运动。

太阳在天球上连续两次经过月球轨道的升交点的时间间隔称为交点年,又称食年。不难理解,只有日、月同时运动到这两个交点附近才有可能发生交食。食年的长度为 346.620 03 平太阳日,即 346 日 14 时 52 分 53 秒,比恒星年约短 20 天,是五种年中最短的年。古巴比伦人发现日、月食会在 18 年的 11 或 12 天后再次发生,实际上就是 19 个食年的长度。

3.4.2 月

月亮本身不发光,是靠反射太阳光才亮的。我们知道月亮是地球的卫星,它不仅绕地球运转,还和地球一道绕太阳运转。由于太阳、地球和月亮的位置不断变化,月亮被照亮的部分不同,因而看到的月亮也就不同,如图 3-5 所示。

图 3-5   月相变化图

每逢农历初一的时候,月亮运行到地球和太阳之间,日月相合。月亮被太阳照亮的一面正好背对着地球,这时看不见月亮,叫作"朔"。而后,月亮一天天远离太阳方向,向东移动,被照亮的一面逐渐转向地球,农历初三四,太阳下山不久就可以看到一弯蛾眉月斜挂在西边天空。它和太阳的角距离很小,太阳落山不久,它也跟着落下。此后,日、月的角距

离逐渐增大,月亮一天天变"胖",到了农历初七八时,可以看到月弓向西的半个明月,称为上弦。到了农历十五或十六时,地球走到了月亮和太阳之间,太阳落山,月亮刚好从东方升起,这通常叫作"望",意思是日月相望。此时,月亮把它整个明亮的一面对着地球,我们看到的月亮又圆又亮,故也叫"满月"。它傍晚从东方地平线升起,到次日晨曦时西落。此后,月亮又由圆变缺,到农历廿二,只能见到月弓向东的半个明月,称为下弦。到农历廿六,已成为一钩残月,出现在黎明前的东南方低空。蛾眉月和残月看上去似乎没有什么区别,只是月牙开口方向正好相反。此后,月亮与太阳的角距离越变越小,终于跑到和太阳相同的方向,角距离为 0,即又一次日月相合,朔又来临。月亮一圈圈地绕着地球转,它的形状也一遍一遍有规律地变化,由缺到圆,由圆到缺。这就是我们所说的月相变化。

不仅月球,位于地球轨道以内的水星和金星也有这种变化,只是它们离我们比较远,用肉眼看不出而已。当年地心说的卫道士曾经以此向哥白尼发难,他们说,如果水星、金星在地球轨道之内环绕太阳运行,它们便应表现位相。哥白尼回答说:"人类将发明仪器帮助视力,有一天,你们会看见这些位相的。"17 世纪初,意大利天文学家伽利略用望远镜观测到金星的位相变化,为哥白尼的日心说提供了有力的证据。

月有多长呢?这里的月是指以月球公转运动为基础的时间单位,它和年、季节一样,都是自然赋予人类的时间单位。月球和太阳一样,除了由于地球自转而引起的东升西落的周日视运动外,还有着相对于恒星间的运动,其运行轨迹称为白道。一个月里,月球在白道上运行一圈,与此同时,月相发生持续的变化。天文学家根据不同参考点计量月球运动的情况,会得出不同的"月"。

月球位于太阳和地球之间,其经度与太阳相同的时刻叫"朔";月球位于地球的另一边,而经度与太阳相差 $180°$ 的时刻叫"望"。从朔到朔,或从望到望的时间间隔称为"朔望月"。一个朔望月的平均长度是 29.530 6 平太阳日,即 29 日 12 时 44 分 3 秒。朔望月的长度是月亮盈亏的周期,我国传统的农历就是以朔望月的平均长度作为月的依据的。月球在星座间移动,如果某个时刻刚好是望,这时圆月附近有一颗较亮的星,我们记住圆月和这颗星星的相对位置,会发现月相变化的同时,月亮在恒星之间的位置也逐日东移 $13°$ 多。大约 27 天之后,月球又走到了原先与那颗星星相对的位置上,这一时间间隔称为"恒星月",其平均长度为 27.321 66 平太阳日,即 27 日 7 时 43 分 11 秒。月球在完成一个恒星月周期后,必须再过 2 天多才能完成一个朔望月周期。恒星月是月球绕地球旋转一周的真正周期。

除了朔望月、恒星月之外,还有回归月、近点月和交点月。回归月又称分点月,是月球连续两次过春分点的时间间隔,长度为 27.321 58 平太阳日,即 27 日 7 时 43 分 5 秒。近点月是月球连续两次经过近地点所需要的时间,长度为 27.554 55 平太阳日,即 27 日 13 时 18 分 33 秒。月球连续两次在地球上由南向北通过黄道升交点的时间间隔称为"交点月",长度为 27.212 22 平太阳日,即 27 日 5 时 5 分 36 秒。交点月与交点年是预报日、月食时必不可少的数据,从它们的长度可粗略地推算出日、月食发生的日期、时刻和周期等。

3.4.3 日

根据天球上不同参考点计量地球自转,同样会得到各种各样的"日"。太阳圆面中心连续两次上中天的时间间隔,被定义为一个真太阳日,它实际上相当于昼夜交替一次的时间间隔。倘若地球没有公转,只在原来的位置上运动,那么地球的自转周期就可以和日长画等号。但实际并非如此,地球在自转的同时,又绕太阳公转,当地球在位置 1 自转一周后,地面上的 A 点将连续两次对准太阳。但由于地球绕太阳公转的缘故,这时地球已不在位置 1 而移到位置 2。也就是说,原先地球在位置1时,地面上 A 点正对太阳,而当地球自转一周后到达位置 2 时,A 点还没有对准太阳,需等地球再自转一个角度,才能对着太阳,完成一个真太阳日。一个真太阳日显然比地球自转一周所经历的时间要长,至于长多少,那就要看地球每天多自转的那个角度大小了。

太阳除了周日视运动,还有不均匀的周年视运动。因而真太阳日的长度是不断变化的。一年中最长和最短的真太阳日可相差 51 秒。以真太阳日为单位的时间叫作"真太阳时"。日晷所表示的时间就是真太阳时。变化不定的真太阳时给人们的工作和生活带来不便,为此,天文学家规定平太阳(平太阳是天赤道上的一个假想点,按真太阳的平均速度均匀地运动)在天球上连续两次通过同一子午圈时所需要的时间为一个"平太阳日"。以平太阳日为单位的时间叫作"平太阳时"。我们日常使用的时间都是平太阳时。

真太阳时和平太阳时之间的差异称为"时差"。时差不是一个固定值,但是有规律可循。一年中有 4 天的时差为 0,这四天是:4 月 16 日、6 月 15 日、9 月 1 日和 12 月 24 日。有 4 次为极值:2 月 12 日前后达到 14.4 分,5 月 15 日前后达到 3.8 分,7 月 26 日前后达到 6.3 分,11 月 3 日前后达到 16.4 分。时差与观测者在地球上的位置没有关系,只与观测日期有关。《中国天文年历》中的"太阳表"里载有每天的时差值。

恒星在夜空中有规律地运行,使它们成为绝妙的自然计时器。正如白天太阳的移动与地球的自转有关一样,恒星在夜空中的移动也是由地球自转引起的。因此,一天也可以看作是恒星运转一圈的时间,用这种方法测定的一天,称为恒星日。因为它是春分点连续两次经过子午线的时间间隔,受岁差和章动的影响,而有真恒星日和平恒星日两种。真恒星日既受岁差的影响,又受章动的影响;而平恒星日只受岁差的影响。1 平恒星日相当于平太阳时 23 小时 56 分 4 秒。

古时还有以月亮中天为标准计量的,那就是"太阴日",长 24 小时 52 分 20 秒。大约在公元前 19 世纪以后,古巴伦人将一天分为 12 时(1 时相当于今天的 2 小时),每时分为 60 分,每分分为 60 秒。这种分与秒的 60 进位制一直沿用至今。把一天分成 24 小时的是埃及人。但他们创立小时制度差不多完全是出于宗教方面的原因,而且他们的 24 小时一天与现在的 24 小时一天有显著差异,他们每小时的长短随季节而变化。尽管这样,人们依然将创建 24 小时一天时制的功劳归于他们。今天,小时已成为人们生活和工作的基本时间单位。

3.4.4　儒略历

公元前 59 年,历史上赫赫有名的盖厄斯·儒略·恺撒成为罗马的执政官,即最高统治者。为了改变当时历法的混乱局面,他决心做一次大刀阔斧的改革。公元前 47 年,恺撒从埃及回到罗马,着手改历。他赞赏埃及人的太阳历既简单又方便。于是聘请埃及亚历山大城的索尔尼斯为首的一批天文学家制定新历。

公元前 46 年,恺撒颁布了改历的命令,规定每年设 12 个月,其中 5 个月安排 30 天,6 个月安排 31 天,1 个月安排 29 天。因为 2 月是行刑的月份,不吉利,于是就把 29 天的月放在 2 月份,以便让它早点过去。此外,还规定从新历实行的第一年起,每隔三年设一个闰年,即 366 天,多出的一天放在 2 月,也就是说闰年 2 月为 30 天。这个新历被称为"儒略历",从公元前 45 年 1 月 1 日开始实行。

改历成功后,恺撒决定用自己的名字命名他出生的月份——7 月,这就是英语 7 月(July)的由来。此风一开,给历法的严谨性带来了后患。公元前 44 年 3 月 15 日,恺撒被政敌谋杀。他遗嘱中唯一继承人屋大维在公元前 30 年击败所有对手,成为罗马新的统治者。公元前 27 年,罗马元老院把奥古斯都(神圣、庄严、崇高的意思)的称号授给屋大维。

罗马的僧侣把儒略历中规定的"每隔三年一闰",误解为三年一闰,结果从公元前 42 年置闰到公元前 9 年再闰时,已经多出了 3 个闰年。

奥古斯都纠正了这种错误,命令从公元前 8 年到公元后 4 年再置闰。并且从公元 8 年开始重新实行四年一闰。奥古斯都拨乱反正,功不可没,但他也像恺撒一样自命不凡,用自己的尊号命名出生的月份——8 月,并将 8 月改成了 31 天。由于 7 月、8 月都成了大月,为了保证一年 365 天不变,只好将 9 月份以后的大、小月全部调整,并在 2 月份扣除一天。这样 2 月份就成为 28 天,闰年时 29 天。儒略历的历年长度为 365.25 天,比回归年长 0.007 8天。这个差数看似很小,但每过 128 年,儒略历就比回归年长出一天。

3.4.5　公历

公元 325 年,欧洲基督教国家在尼西亚召开宗教大会,规定基督教国家一律采用儒略历。同时,根据天文观测,将春分日定在 3 月 21 日,并把复活节的日子也固定下来。由于儒略历的历年总是超前,到 1582 年春分日已移到了 3 月 11 日。如此下去,复活节要到夏天才能庆祝了,这显然和耶稣在春天复活的说法矛盾。为此,由罗马教皇格里高利十三世出面,组织了一个历法改革机构。

该机构经过一番论证,决定采用意大利业余天文学家、医学讲师卢吉·利里奥 1576 年提出的改历方案,稍加修改,作为新历于 1582 年 3 月 1 日颁布,后人称为格里历。格里历实际上只是在儒略历的基础上做了两项改动:一是把 1582 年 10 月 4 日以后的一天改为 10 月 15 日;二是把那些不能被 400 整除的世纪年,如 1700 年、1800 年和 1900 年不再算作闰年。

改动虽然不大,但很奏效。第一条规定把一千多年积累的老账一笔勾销了,从此春分日又回到了 3 月 21 日前后,解决了日期与节气不符的矛盾;第二条规定把历法的精度提高了。格里历的历年长度只比回归年长 26 秒,因而每 3 300 多年才出现一天的误差,从而避免了春分日再发生漂移的现象。格里历还将元旦恢复为原先的 1 月 1 日。

格里历很快被欧洲天主教国家采用,但新教国家却一直在排斥格里历。他们的信条是"宁愿偏离太阳,也不靠近教皇"。直到 1752 年,英国及其殖民地才开始采用格里历。由于在这一年要减去 11 天引起伦敦市民的骚动。他们走上街头游行,要求"还我 11 天"。富兰克林不无调侃地劝告他的读者不要懊悔损失那么多时间,反而应该为每个人可在本月 2 日平静地躺下,直到 14 日早晨才醒过来而感到高兴。不管怎么说,格里历还是被越来越多的国家接受,以致成为现今世界上通用的历法,被称为"公历"。

我国在辛亥革命的第二年,即 1912 年宣布,在使用传统历法的同时,采用公历,但用"中华民国"纪年。1949 年中华人民共和国成立后,规定用公元纪年。为了便于记忆,有人将公历月份天数编成这样一段顺口溜:一三五七八十腊,三十一天永不差,四六九冬三十平,独有二月二十八。这里"腊"和"冬"分别代表 12 月和 11 月,是借用了我国农历这两个月的叫法。

3.4.6　闰月

闰月是阴阳历中为使历年平均长度接近回归年而增设的月和日。阴阳历以朔望月的长度(29.530 6 日)为一个月的平均值,全年 12 个月,同回归年(365.242 2 日)相差约 10 日 21 时,故需要置闰,古时曾采用:三年闰一个月,五年闰二个月,十九年闰七个月。闰月加在某月之后叫"闰某月",如已经过去的公历 2009 年对应汉历闰月为己丑年闰五月(公历 2009 年 6 月 23 日—2009 年 7 月 21 日),又如公历 2012 年对用汉历闰月为的壬辰年闰四月(公历 2012 年 5 月 21 日—2012 年 6 月 18 日)等。

通常所说的一年 365 天,其实是个约数,准确的数字应是 365.242 2 日。那么一年 365 天,就与实际的一年相差 0.242 2 日,这样四年之后就比实际的一年少了近一天。为了弥补这个差值,历法中规定,四年设一闰,即能被 4 整除的年份为闰年,另附加规定,凡遇世纪年(末尾数字为两个零的年份),必然被 400 所整除才算闰年,其他的整百年不是闰年,即"百年不闰",如 1996 年即闰年,2000 年也是闰年,而 1700 年则不是闰年。阳历闰年的二月有 29 天,2 月 29 日为闰日,阳历闰年有 366 天。也就是说阳历闰年的二月不叫闰二月,闰月为汉历所特有。

关于中国的农历(实际应叫作汉历),许多人存在着误解,常常把农历混同于阴历。世界上的历法共有三类:第一类是阳历,就是以地球绕太阳运转一周的时间为一年,年的月数和月的日数可人为规定;第二类是阴历,就是以月球绕地球运转一周的时间为一个月,只有年的月数可以人为地规定;第三类是阴阳合历,就是以月球平均绕地球转一周的时间为一月,但通过设置闰月,使一年的平均天数又与地球平均绕太阳转一周的时间相等,如中国的汉历、藏历。所以,中国的汉历并不是阴历,而是阴阳合历。汉历中的阴历成分和阳历成分各有用处。阴历可以指明月亮的盈亏,还可以预告潮汐的大小。阳历的用处更大,二十四节气就是中国古代的一大发明,它表明了地球在轨道上的位置,反映了太阳的周年视运动,最适合指导农事活动,因此作为阴阳合历的中国传统历法才叫作农历。所以,农历并不等同于阴历,如果把农历称为阴历就不妥当了。太阳、月亮是人们挂在天上的日历。年复一年,地球围绕着太阳不停运转,地球上的万物也在日月轮回中生息繁衍。

闰月指的是阴阳合历中的一种现象。阴阳合历按照月亮的圆缺即朔望月安排大月和小月。一个朔望月的长度是 29.530 6 日,是月相盈亏的周期。阴阳合历规定,大月 30 天,小月 29 天,这样一年 12 个月共 354 天,阴阳合历的月份没有季节意义,这样十二个朔望月构成汉历年,长度为 29.530 6×12=354.367 2 日,比回归年 365.242 2 日少 10.88 天(即将近 11 天),每个月少 0.91 天(近 1 天)。一年与阳历的一年相差 11 天,只需经过 17 年,阴阳历日期就同季节发生倒置。例如,某年新年是在瑞雪纷飞中度过,17 年后,便要摇扇过新年了。使用这样的历法,自然是无法满足农业生产的需要的。所以我国的阴阳合历自秦汉以来,一直和 24 节气并行,用 24 节气来指导农业生产。如果改按十三个朔望月构成农历年,长度为 29.530 6×13=383.897 8 日,比回归年又多出 18 天多。

如果按上述规定制定历法,就会出现天时与历法不合、时序错乱颠倒的怪现象。这就是矛盾。为了克服这一缺点,我们的祖先在天文观测的基础上,找出了"闰月"的办法,保证农历年的正月到三月为春季,四月到六月为夏季,七月到九月为秋季,十月到十二月为冬季,也同时保证了农历岁首在冬末春初(以上均指农历季节)。

闰月记算法:农历年中月以朔望月长度 29.530 6 为基础,所以大月为 30 日,小月为 29 日。为保证每月的头一天(初一)必须是朔日,就使得大小月的安排不固定,而需要通过严格的观测和计算来确定。因此,农历中连续两个月是大月或是小月的事是常有的,甚至还出现过如 1990 年三、四月是小月,九、十、十一、十二连续四个月是大月的罕见特例。

那么多长时间加一个闰月呢?最好的办法就是求出回归年日数与朔望月的日数的最小公倍数:我们希望 m 个回归年的天数与 n 个朔望月的天数相等,也就是应有如下等式,即

$$m\times365.242\ 2=n\times29.530\ 6$$

在这个等式中不能直接求出 m 和 n,但可以求出它们的比例为

$$\frac{m}{n}=\frac{29.530\ 6}{365.242\ 2}$$

其近似值为

$$\frac{3}{37}\ \frac{5}{62}\ \frac{8}{99}\ \frac{11}{136}\ \frac{14}{173}\ \frac{19}{235}\ \frac{27}{334}$$

在这些分式中,分子表示回归年的数目,分母表示朔望月的数目。例如,第六个分式

$$\frac{19}{235}=\frac{19}{19\times12+7}$$

表示 19 个回归年中必须加 7 个闰月。

19 个回归年中加 7 个闰月的结果比较,即

19 个回归年=19×365.242 2=6 939.601 8(天)

一个朔望月有 29.530 6 天,235 个朔望月=235×29.530 6=6 939.691 0(天)

19 个回归年中加 7 个闰月后,矛盾消除得只差:6 939.691 0－6 939.601 8=0.089 2(天),

即 2 小时 9 分多,这已经是够精确的了。

所以,农历就采用了 19 年加 7 个闰月的办法,即"十九年七闰法",把回归年与农历年很好地协调起来,使农历的元旦(春节)总保持在冬末春初。古人把 235 个朔望月称之为"闰周"。农历置闰的方法可以使农历年的平均长度接近回归年,而农历中的月又有鲜明的月相特征,保持了公历和阴历两全其美的特点。置闰的方法是两个冬至之间,如仅有 12 个月则不置闰,若有 13 个月则置闰。置闰的月从"冬至"开始,当出现第一个没有"中气"的月份,这个月就是闰月,其名称是在前个月的前面加一个"闰"字。农历闰哪个月取决于一年中的二十四节气。

农历以月亮为周期(阴历),十二个月历总共约有 354 天。再配合年历(阳历),年历则是根据地球公转所形成的四季变化而得的周期所编制的。而月历较年历短,两者相差了 11 天,因此,便要每 19 年加多 7 个闰月来填补误差。而决定哪一个月做闰月,则依二十四节气而定。农历月份通常包含一个节气和一个中气,如惊蛰/春分等。若某农历月份只有节气而没有中气,历法便会把该月作为上个月的闰月。以 2006 年为例,农历七月之后正好有一个只有节气而没有中气的月份,因此便置闰七月来调整误差。

二十四节气在农历中的日期是逐月推迟的,于是有的农历月份,中气落在月末,下个月就没有中气。一般每过两年多就有一个没有中气的月,这正好和需要加闰月的年头相符。所以农历就规定把没有中气的那个月作为闰月。例如,2001 年 5 月 21 日,农历四月廿九日,是中气小满,再隔一个月后,6 月 21 日农历五月初一才是下一个中气夏至,而当中这一个月(2001 年 5 月 23 日—2001 年 6 月 20 日)没有中气,就定为闰月。因为它跟在四月后面,所以叫闰四月。

第4讲

航天科技

地球上的生命诞生于海洋，地球上的智慧生命——人类则诞生于陆地。古往今来，哺乳动物的活动空间从原始洞穴转移到广袤的大地，原始的人类也曾长期处于不断迁徙的生活之中。随着科学技术的不断进步，活动的领域不断扩大，陆、海、空、太空成为人类活动的四大疆域。2000多年前，船只的发明使人类活动由陆地延伸到了海洋，获取了大量宝贵的资源；100多年前，飞机的发明使人类活动延伸到了天空，方便了远距离的沟通和交流；60多年前，第一颗人造地球卫星的发射标志着人类活动进入太空领域。自此之后，空间探索和空间应用成为现代科学技术的重要领域之一，在一些国家得到了快速的发展。

航天科技是探索、开发和利用宇宙空间的技术，是研究如何使空间飞行器飞离大气层，进入宇宙空间，并在那里进行探测、研究、开发和利用等活动的一门高度综合性的技术。空间技术与能源技术、生物技术、信息技术、先进制造技术和材料技术等领域密切相关，其相互交叉，具有覆盖面广、带动作用大、影响力广泛等特点。一个国家空间技术的成就最能体现其科学技术的水平。它对一个国家的实力和进步起到重要的战略性作用，能产生很高的经济和社会效益。开发利用外层空间资源，其投资效益能达到1∶10以上。一个国家只要占有空间优势，就掌握了军事战略上的主动权。航天科技对提高一个国家在国际活动中的地位影响深远。一项重大空间成就往往成为国际谈判的重要筹码。它在科学技术上还能带动电子、自动化、遥感和生物等学科的发展，并形成包括卫星气象学、卫星海洋学、空间生物学和空间材料工艺学等一些新的边缘科学的发展。

4.1 航天科技简史

4.1.1 航天理论的形成

在有关飞天的神话中，最为人们熟悉的是"嫦娥奔月"。从这个民间传说中，可以看到:人们曾经想象飞天是件不容易的事,人们如果可以飞天,第一个目标就是月亮,但那儿十分荒芜,十分寒冷(所以月亮上的那座宫殿叫广寒宫)。在古代神话中并无事实依据的想象,竟惊人地被现代空间技术所证实。

19世纪末,俄国的齐奥尔科夫斯基用科学为人类打开了迈向太空的道路。齐奥尔科夫斯基1857年生于俄国一个贫苦的护林员家庭,经过努力成为一名中学教师。进入中年之后,他开始研究火箭原理和航天理论,其主要结论是:

(1)要实现太空飞行,必须解决发射装置的问题。他通过计算,认为在没有空气的太空中,利用喷气反作用力推进的火箭是实现太空飞行最有效的交通工具。

(2)单位时间里喷射的气体量越多,喷气速度越快,火箭获得的加速度也越大。长时间地喷射气体,火不断地加速,越来越快,等到气体喷完时,火箭可以达到很快的速度。如果气体喷射速度一定,那么为了提高火箭的最终速度,就必须提高火箭装满燃料后的总质量与燃料的装载量。但是,要增加燃料,燃料箱要造得够大,发动机必须制造得十分牢固,整个火箭的总质量和体积都会增加,结果火箭的最终速度不会增加到很大。因此,一枚火箭的质量是有限的。

(3)可采用多级火箭提高速度。多级火箭是将几个火箭串接起来组成的,通常是三级,每一级都像是独立的火箭,有自己的发动机和燃料系统。第一级点火发动,把整个火箭带到空中,一定时间后燃料耗尽,自动脱落;接着第二级点火发动,继续加速;经过三级点火,三级发动,不断脱落,不断加速,整个飞行器也就越来越轻,速度越来越快。

(4)火箭的喷气速度取决于燃气的温度和气体的相对分子质量。因此,他提出使用大推力液体火箭,用氧作为氧化剂,用液氢作为燃烧剂。

齐奥尔科夫斯基的多级火箭方案及其他的一些设想,为把人们飞天的梦想变成现实奠定了坚实的基础。因此,人们称颂齐奥尔科夫斯基为"航天之父"。

4.1.2 火箭的研制

火箭起源于中国,是中国古代的重大发明之一。北宋后期,民间流行的能升空的烟火"流星"(后称"起火")已经利用了火药燃气的反作用力。这类烟火就是世界上最早的火箭。到明朝初年,军用火箭已相当完善并广泛用于战场。明代晚期,兵书《武备志》中记载了20多种火药火箭,虽然没有现代火箭那样复杂,但已经具有战斗部(箭头)、推进系统(火药筒)、稳定系统(尾部羽毛)和箭体结构(箭杆),完全可以认为是现代火箭的雏形,其中"火龙出水"已是二级火箭的雏形。

20世纪初,美国、欧洲的一些科学家开始研制齐奥尔科夫斯基所设想的航天运载工具——火箭。其中,美国的戈达德被人们誉为"火箭之父",1913年他通过计算指出,一枚质量为90 kg的火箭,可以把质量为450 kg的物体推出大气层而送入太空。接着他又获得两项专利:火箭用的液体、固体推进剂;可飞入太空的多级火箭。1919年5月,戈达德发表了一篇震惊科学界的论文《一种达到极端高度的方法》。1926年3月16日,戈达德进行了一次正式实验:先支起一个金属框架组成的火箭发射架,发射架上放置一枚火箭。火箭有3 m多长,一个贮存箱里装有汽油,另一个贮存箱里装有液氧。下午14时30分点火,汽油和液氧混合燃烧,喷出了急速的火焰气流,火箭上升了 12.5 m 后,向左拐,向前飞行了 56 m,最后落在田野上,燃料燃烧时间仅 2.5 s。这就是世界上第一枚液体燃料火箭。它的试飞成功标志着人类在通向太空的道路上迈出了决定性的第一步。1935 年,他进行了一次极为成功的试验:火箭以超音速飞行,最大行程 20 km。

戈达德没能使自己的理想付诸现实,但是他那些开创性的工作启发了德国的奥伯特和布劳恩。奥伯特在戈达德首次成功发射液体火箭之后三年,也开始研制液体燃料火箭。1931 年,他研究的火箭升到了 91 m 的高度。20 世纪 30 年代,各国航天爱好者自发组织起来的火箭团体在开展活动的初期都遇到了困难,缺乏资金,受到社会人士的冷落。只有德国和苏联的青年火箭专家得到了国家的支持。德国人对于尚处在萌芽状态的火箭军事潜力寄予希望。德国当时负责火箭研制工作的多恩伯格把研制火箭的课题委托给太空旅行协会的青年专家布劳恩。布劳恩领导的火箭设计研究小组设计的第一代液体火箭 A-1 因结构不合理而遭到失败。但 A-1 的改进型 A-2 却于 1932 年 12 月试射成功,飞行高度达到 3 km。1935 年,德国开始研制第二代火箭 A-3,重 750 kg,推力达 14.7 千牛(1500 公斤力),采用再生冷却式燃烧室和燃气舵等新技术。1936 年 4 月,德国陆军增加拨款发展火箭技术,并在波罗的海海滨的佩内明德兴建火箭研究中心,同时研制 V-1 飞航式导弹和 V-2 弹道导弹。V-2 是在 A-3 试验火箭基础上改进而成的,因而还有 A-4 的代号。V-2 于 1942 年 10 月 3 日首次发射成功,飞行 180 km。它是历史上的第一枚弹道导弹。V-2 在工程上实现了 20 世纪初航天先驱者的技术设想,对现代大型火箭的发展起到了继往开来的作用。V-2 的设计虽然不尽完善,但它却是人类拥有的第一件向地球引力挑战的工具,成为航天发展史上一个里程碑。它打破了以往火箭在载重、速度、高度、飞行距离等方面的纪录。从 1944 年 9 月到 1945 年 3 月,德国制造了 600 枚 V-2,大部分用于袭击英国,使英国伦敦、考文垂等城市人民的生命财产遭受严重的损失。

第二次世界大战结束后,德国大部分火箭专家去了美国;苏联则占领了德国制造 V-2 的基地,将剩下的科技人员和火箭制造设备运往苏联。1957 年 8 月 26 日,苏联成功地发射了两级液体洲际弹道导弹 SS-6;同年 10 月 4 日,又发射了第一颗人造地球卫星——"斯普特尼克一号",开创了航天事业的新纪元。

4.1.3　空间技术发展的简要回顾

空间科技包括空间科学和空间技术两部分。空间科学是关于宇宙空间的物质特点及其运动规律方面的学问,主要包括空间物理、化学、生物等分支。空间技术则是人们探索空间奥秘、利用和开发空间条件为人类服务的方法和手段,是从事空间飞行的综合性技术,是包括空间飞行技术、控制与导航、通信与遥感、遥控、图像与数据处理以及火箭、卫星、飞船、航天飞机的制造与发射等在内的空间系统工程技术。这里主要讲解空间技术。

空间技术的形成以 1957 年 10 月 4 日苏联发射第一颗人造地球卫星——"斯普特尼克一号"为标志。从此,航天时代开始了。空间技术发展极为迅速,大体经历了三个阶段:

1. 第一阶段(1957－1964 年)是基础技术和实际应用试验阶段

向地球周围及太阳系发射了一些无人的探测卫星和探测器,了解这些地方的温度,宇宙线强度及其他一些环境条件。首先是检验电子仪器能否正常工作,然后再测试如果飞到那里去能否保证生命安全,并保持工作能力,要不要采取特殊的防护措施。这种探路的工作主要是由美国、苏联两国来完成的。此间的重要发射试验有:1959 年 1 月 2 日,苏联的"月球 1 号"飞行器第一个飞过月球;1959 年 3 月 7 日,美国的"先锋 4 号"进入绕太阳运行的轨道,成为人造行星;1960 年 8 月 11 日,美国首先从轨道上回收了"发现者 13 号"侦察卫星;1961 年 4 月 12 日,苏联宇航员加加林乘坐"东方 1 号"飞船在太空飞行 108 分钟后安全返回地面,实现了人类遨游太空的梦想。

2. 第二阶段(1964－1979 年)是实际应用迅速发展阶段

发展各种应用卫星技术,如通信卫星、地球资源探测卫星、导航卫星等。重要的应用成就有:美国和苏联在太空布置各种卫星网,为数众多的探测器飞向太阳系各大行星;1969 年 7 月 21 日,乘坐"阿波罗 11 号"的美国宇航员阿姆斯特朗第一个登上月球;1975 年 7 月 15 日,美国的阿波罗飞船和苏联的"联盟 9 号"飞船在太空中实现对接,进行联合飞行。

3. 第三阶段(1980 年至今)是空间技术的商业与军事化阶段

这一阶段的主要特点是:一系列的应用卫星投入商业及军事使用,整个社会进入了信息时代。这时候,一些第二世界的国家如西欧、日本积极发展空间技术;第三世界的国家如中国、印度等国也进入了航天国家的行列,建立了独立的航天事业,打破了美国与苏联的垄断。空间技术进入了既合作又竞争的新阶段。在这一阶段,最突出的成就是一次性使用的返地空间运载工具将被可重复使用的航天飞机取代。空间技术在短短几十年的时间里如此迅速地发展,一方面是科技本身的成就和发达的工业能力为其提供了基础;另一方面是军事竞争、科研和经济文化发展的需要,为其提供了动力。随着科技成果的积累,空间技术在不远的将来定将取得更具突破性的成果。

4.2　火　箭

火箭是把空间飞行器送入轨道的工具,是开发空间技术的前提条件,也是空间技术的重要组成部分。可以说,没有火箭技术的发展,就没有空间科技的蓬勃发展。火箭为人类打开了探索宇宙的大门。

4.2.1　火箭的原理

1. 火箭的基本原理

火箭是利用喷气的反作用力作为推力的飞行器。原始火箭最早起源于中国,这已为世界公认。今天的空间运载火箭在技术上有了划时代的改进,但喷气推进的基本原理同原始火箭仍是相同的。

现在,世界各国已研制出几十种运载火箭,它们把各种航天器送入预定的空间轨道,以完成各种任务。其中,巨型运载火箭质量达两三千吨,能把上百吨质量的载荷送上太空。用于发射航天器的火箭大多为三级火箭。火箭主要由箭体结构、推进系统、制导系统三大部分组成。

箭体结构的功能是安装与连接有效载荷(卫星、宇宙飞船)仪器设备和动力装置以及储存推进剂等,以构成一个结构紧凑、外形具有良好空气动力特性的整体。有效载荷在火箭的顶部,外面设有整流罩。整流罩用来保护有效载荷,在火箭飞出大气层后即被抛弃。

推进系统为火箭飞行提供动力,由发动机和推进剂输送系统组成。如今,运载火箭上使用的火箭发动机均为化学火箭发动机。化学火箭发动机有固体火箭和液体火箭之分。运载火箭大多采用液体推进剂。例如,第一级和第二级可用液氧和煤油作为推进剂,末级可使用液氧和液氢作为推进剂。推进系统能产生强大的推力,使运载火箭达到预定的速度,从而把卫星、宇宙飞船等有效载荷送入太空。

制导系统的作用是实时测量和控制火箭的飞行姿态、位置和速度,保证火箭姿态稳定,使火箭能按预定路线飞行,并控制火箭发动机关机,使卫星等航天器精确地进入轨道。制导系统的仪器大多要装在火箭的仪器舱内。现代火箭的构造如图 4-1 所示。

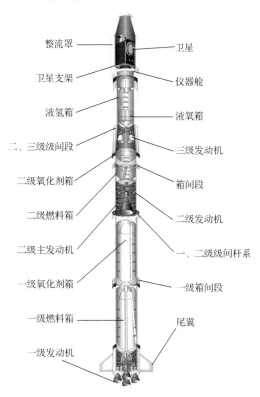

图 4-1　现代火箭的构造

2. 运载火箭的发射

火箭作为空间飞行器的运载工具,按照射程一般可分为近程、中程和远程三种,但是界限是不严格的。一般地说,近程火箭的射程在 2 000 km 以内,中程火箭的射程在 2 000～8 000 km,远程火箭的射程为 8 000 km 以上,其中射程在 10 000 km 以上的又叫洲际火箭。

运载火箭的射程取决于发动机熄火时火箭达到的速度。火箭熄火时速度并不与它所带的推进剂的绝对质量成正比,而是与推进剂的质量在火箭总量中所占的比例相关,或者说,火箭起飞质量与熄火质量之比,比值越大,速度就越快。所以要提高火箭的速度,不能一味增大火箭的尺寸,而是要提高推进剂的性质和减轻火箭结构的质量。采用多级火箭是提高起飞质量和熄火质量之比的好办法。

中程运载火箭由二级或三级火箭组成。下面以三级运载火箭为例,说明它的飞行过程。起飞时,火箭第一级发动机点火工作,垂直于地面离开,以尽快地飞离底层大气。起飞后不久,控制系统操纵火箭按预定速度拐弯,逐步增加水平方向的速度。第一级火箭推进剂烧完,熄火并脱落;第二级火箭接着燃烧、熄火、脱落。第三级火箭工作达到规定的高度和速度时,控制系统命令发动机熄火,运载物和运载火箭分离。

当运载物是卫星或飞船时,运载火箭熄火,运载物就在预定的高度上达到环绕地球或太阳及其他行星的飞行时所需要的速度,飞行方向与地面或太阳及其他行星的表面平行。

如果运载物是弹头,熄火时的速度与地面呈一个向上的角度。弹头就像炮弹一样,先爬高,然后落下来,再进入大气层,飞向预定的目标。

带有弹头的运载火箭实际上就是弹道式导弹。弹道式导弹按照射程的远近分为近程、远程和洲际导弹。通常,把卫星换成弹头,飞行程序随之变化,卫星运载工具就变成了远程和洲际导弹;反过来,将远程和洲际导弹更改飞行程序就可以用来发射卫星。图 4-2 为"长征"系列运载火箭。

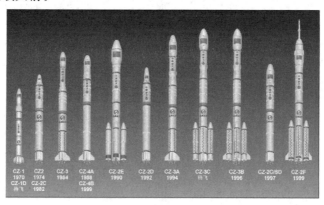

图 4-2 "长征"系列运载火箭

4.2.2 我国火箭技术的发展现状

作为古代火箭发明国,我国从 20 世纪 50 年代中期开始发展航天技术,在 1964 年 6

月 29 日成功发射了自行研制的第一枚液体火箭。1970 年 4 月 24 日,"东方红 1 号"人造地球卫星从酒泉飞上太空,使中国成为继苏、美、法、日之后世界上第五个独立研制火箭并发射卫星的国家。这颗卫星质量为 173 kg,比上述 4 个国家第一颗卫星的质量和还多 33 kg,这标志着中国真正航天时代的到来。

此后,中国新式导弹取得了相当可观的成绩,有"红旗""红樱""海离""鹰击""上游"(舰舰导弹)等。与战略武器和卫星相关的巨型火箭更引人注目,因为它是洲际核导弹和卫星的运载工具。中国战略火箭最有名的是"长征"系列运载火箭,即"长征 1 号"、"长征 2 号"、"长征 3 号"、"长征 4 号"等。其中"长征 1 号"适合发射小型卫星;"长征 2 号"适合发射低轨道卫星;"长征 3 号"是一种在第三级采用低温燃料的太空运载火箭,适合发射同步卫星。现在这三种火箭都已开始进入世界发射市场。"长征 4 号"是一种大推力火箭。

继第一颗人造地球卫星上天之后,1971 年 3 月 3 日中国又发射了一颗科学试验卫星"实践 1 号"。它重 211 kg,在空间正常工作达 8 年之久,这在 20 世纪 60 年代国外发射的卫星中是少见的。中国的洲际火箭也于 1971 年基本试验成功。在不断进行发射试验的过程中,1975 年 11 月 26 日,中国又成功地发射了一颗可回收的人造地球卫星,成为继苏、美之后世界第 3 个掌握卫星回收技术的国家。1981 年 9 月 20 日,中国首次实现了用一枚火箭同时发射 3 颗科学试验卫星,成为世界上第 4 个用一枚火箭发射多颗卫星的国家。1982 年,由潜艇在水下发射运载火箭获得成功,这是中国拥有海基战略武器的开端。1984 年 4 月 8 日,中国成功发射了地球同步试验通信卫星,成为世界上第 5 个能独立发射地球同步卫星的国家,表明中国的运载火箭技术和卫星通信技术均接近了世界先进水平。这是中国加强航天技术在通信和军事应用的第一步。1987 年 8 月 5 日,中国用"长征 2 号"运载火箭发射的第 9 颗返回式卫星,首次为国外公司提供了卫星搭载服务,获得了许多国家科学家的一致赞誉,使包括美国在内的许多国家和中国签订了租用火箭发射卫星的合同。1988 年 9 月 7 日,中国发射了一颗地球同步轨道试验性气象卫星"风云 1 号"。卫星给地面上的几个接收站发回了清晰的地球上空云图照片,提高了天气预报的准确度。1990 年 4 月 7 日,"长征 3 号"火箭在西昌基地把美国制造的"亚洲 1 号"卫星送入轨道,这在技术、经济、政治上都有深远的意义,表明中国已加入了国际卫星发射市场的竞争。1990 年 9 月 3 日,太原卫星发射基地发射了一颗"风云 2 号"气象卫星。同年 10 月,发射的一颗卫星舱内装有试验性的动物和植物,说明中国已开始了太空生物学的研究。自 20 世纪 80 年代以来,原来保密的航天工业界因改革开放政策而带来了生机,加大了与国外同行的接触。到 1992 年 11 月,中国共发射了 30 多颗不同类型的卫星。1992 年 8 月 14 日,中国利用长征 2 号 E 捆绑式运载火箭在西昌卫星发射中心成功地为澳大利亚发射了一颗美国制造的通信卫星,再次向世界表明了中国火箭技术已达世界一流水平,中国的空间技术已经走向世界。1992 年 12 月 21 日 19 时 31 分,长征 2 号 E 捆绑式运载火箭将第二颗"澳星"送入预定轨道。在发射"澳星"之前,中国没有火箭捆绑的先例,在合同要求的 18 个月里,长征 2 号 E 捆绑式运载火箭的设计师王德臣主持攻克了 20 多项技术难题,仅图纸就用了上百万张。如今,中国已计划研制更大推力的运载火箭,以发射自己的航天飞机和空间站。

与火箭和卫星技术并行发展的还有一个完整的卫星测控系统。测控系统的中心在古城西安。中国的卫星测控技术也达到了世界先进水平。2005年9月16日,中国已回收了22颗科学探测与技术试验卫星,成功率为100%。这标志中国的卫星回收技术已经成熟,居世界先列。现在中国的回收型微重力试验台已开始为国内外用户服务。

目前,中国正式改进现有的运载火箭,以提高其运载能力。从近期来看,要把低轨道运载能力提高到9吨,同步轨道的运载能力提高到2.5~4.5吨。从长期来看,要研制更大型的运载火箭,以发射中国的空间站。我们相信,随着中国火箭技术参与国际发射市场的成功,中国的火箭技术必将跃上新台阶。

4.2.3 火箭技术的发展前景

目前使用的运载火箭几乎都是利用推进燃料的化学反应获得推力的。由于能够得到很大的推力,所以它可用来发射人造地球卫星或者宇宙飞船和航天飞机等。但它却不能进行以火星或木星等行星为目标的旅行。因此,发射大型火箭需要大量的燃料,且进行以太阳系以外的宇宙为目标的银河旅行时,其速度又不够。作为弥补这些缺点的火箭,迫切需要一种能够飞往银河系以外的新式的火箭,因而提出了离子火箭、原子能火箭等设想,其中一部分已进入研究阶段。

离子火箭正被研究用于去太阳系的其他行星旅行。它虽比化学火箭的推力小得多,但可长时间地保持推力,所以适合长期旅行用。利用它的高比推力,还可将其作为一个寿命很长的小型火箭用来控制人造卫星的姿势或修正轨道。离子火箭是把水银等金属原子离子化,以极快的速度,边喷射边飞行。对气体状态的阳离子或阴离子施加强电压或电磁之后,即从火箭喷嘴向后喷射。虽说进行了一次离子化,但若不在喷口附近再次消灭电荷,实现中性化,其推力就会降低。

原子能火箭的主要方式是在核反应堆内加热液氢,然后从尾部喷出它所产生的氢气。缺点是当载人飞行时,需要有防止射线照射的厚防护墙,火箭本身会变得很重。

4.3 人造地球卫星及其应用

人造地球卫星是指在地球大气层以外空间环绕地球飞行的人造天体。它是迄今为止人类开发和利用空间资源最主要的手段。人造卫星的发射与应用是现代空间技术的重要内容之一,这方面的技术水平是衡量一个国家科技现代化程度的重要标志。到目前为止,世界上近20个国家组织发射了近千颗卫星,其中,完全依靠本国力量独立发射的只有苏联、美国、法国、中国、日本、印度等少数国家。

4.3.1 人造地球卫星的发射

用运载火箭发射人造地球卫星时,运载火箭从地面起飞到进入预定的轨道分为三个阶段。在加速飞行阶段,运载火箭由地面垂直起飞,在发动机推力的作用下,运载火箭飞出稠密的大气层,到达预定高度及速度时熄火,然后进行星箭分离。有时为了进入地球同步轨道,运载火箭熄火后进入滑行阶段,此时靠已获得的能量做惯性飞行。最后,运载火箭再一次点火,将卫星加速,弹射入预定的轨道。将卫星送入地球轨道的方法有三种:第一种是用运载火箭发射。第二种是用航天飞机发射。航天飞机的货舱能容纳两颗卫星。当航天飞机进入地球轨道后,利用机械手将卫星从货舱中取出,直接送入太空轨道。如果轨道上运行的卫星出了故障,航天飞机可以伸出机械手把它抓回来,放进货舱,修好后再送入太空。第三种方法是用飞机发射。用飞机发射卫星费用较低。因为火箭在空中已从飞机获得了一定的初速度,这就节约了一部分昂贵的燃料费用;而且,飞机发射不需要有设备齐全的地面发射基地,随时可以从世界上任何一个机场起飞发射。不过,用飞机发射卫星也有局限性:一是卫星不能太重,二是轨道不能太高。

4.3.2　人造地球卫星的回收

卫星上的部分有效载荷是需要回收的,这种卫星在太空中完成任务后就要返回地面。卫星返回之前先要调整飞行状态,即脱离原运行轨道。要脱离运行轨道,必须降低卫星的运行速度,而且再入速度方向要往下偏,与地平线形成一个俯角,这个俯角称为再入角。对再入角的要求十分严格,一般控制在 $3°\sim5°$。再入速度与再入角的准确性取决于制动火箭的点火时间、推动方向、推力。这些分别由卫星上的程序控制系统、姿态控制系统、计算机程序控制决定。

卫星脱离原来的轨道以后,沿弯向地面的路线向下降落。当它降到离地面 $60\sim70$ km,与大气层摩擦产生大量的热能,致使表面燃烧起来,整个卫星像一团火。为了减少卫星受热,卫星的头部会包上一层轻质耐烧蚀材料,任它烧掉,带走大量热量,保护卫星本体不受损害。

卫星降落到离地 $10\sim20$ km 时,尽管速度已经大减,但还有 200 m/s 的速度。卫星以这样快的速度撞击地面,必然粉身碎骨,所以还要降速。此时,卫星上的高度表和钟表机构会发出命令,先打开一顶较小的减速伞,稳定卫星态以便初步减速。卫星降落到离地 5 km 高度时,打开主伞,使降落速度低于 10 m/s。降落伞开伞机构的工作必须准确、可靠。降落伞如果打不开或开晚了,都将导致返回失败。

卫星降落后,地面人员必须立即进行搜索。为了搜索方便,卫星上必须有标位手段。标位手段有两种:一种是卫星上装有信号标记,在离地面 20 km~30 km 时发出无线电信号,地面接到信号后测定卫星的方位和距离;另一种是卫星上装有灯光信标,在着陆时发出强烈的闪光,以引起搜索人员的注意。

当地面人员利用标位搜索系统发现卫星后,必须不失时机地回收。回收方式有三种:第一种是陆上回收。第二种是海上回收。卫星是密封的,掉入海中会浮出水面,同时卫星带有染色剂,遇水后立即溶解,将海水染成一片彩色,便于搜索飞机发现它。一旦发现,就通知附近的船艇迅速打捞。第三种回收方法是空中打横。当卫星带着降落伞在空中向下降落时,就用飞机将之回收。飞机下面挂一根长绳,绳子末端带一个钩子,用钩子将卫星的伞绳钩住,吊进飞机。

4.3.3 人造地球卫星的应用

卫星技术已从试验阶段步入实用阶段，根据卫星的功能与作用，可将卫星分为多种类型。

1. 通信卫星

早在 20 世纪 40 年代中期，就有人设想，利用人造卫星来实现地面远距离通信。到 60 年代中期，这个设想就实现了，人们开始利用通信卫星作为空间的中磁站和转发站来进行地球上各地之间的通信。从此，人类进入了信息时代。

目前，通信卫星大多运行在地球同步轨道上。一颗运行在赤道上空约 36 000 km 的地球同轨通信卫星，其通信范围能覆盖地球表面 1/3 以上的地区。如果在赤道上空均匀地分布着三颗这样的通信卫星，就能实现全球范围（除两级地区外）的卫星通信。人造卫星如图 4-3 所示。

图 4-3   人造卫星

通信卫星实际上是一个太空的中转站。它能把地面传送来的信号进行中转，使两个地面站之间进行通话、数据传输、图文传真、电视传播等信息传递工作。如上海与北京两地要求通信，则上海地面站通过信息转换机构，把发信者的信息，如声音、文字、图像等转变为电波信号。由无线电设备进行调频（或调幅）处理和功率放大，然后由发射机把电波发向卫星；卫星上的天线收到上海卫星地面站的电波信号后，由转发器对它进行处理并放大，再转发到北京卫星地面站。北京卫星地面站将接到的电波信号进行功率放大和解调，还原成声音、文字、图像等，传输给受信者接收，这就完成了单向通信。如果北京的卫星地面站也向卫星发射电波信号，经通信卫星中转给上海卫星地面站，这就实现了双向通信。

2. 导航卫星

一种专门用于给船舰航行和飞机导航的卫星叫导航卫星。导航卫星是继通信卫星之后升起的一颗新"星"。它把无线电信标机装在导航卫星上，信标机不断地向海上和空中目标发出无线电信号，由于船舰或飞机等已预先知道导航卫星的运行轨道，船舰或飞机上安装的无线电接收设备根据接收的卫星无线电信号，用专门计算机便可计算船舰或飞机的位置坐标。以往的导航都用天文导航、无线电导航或惯性导航，这些导航方法有的受气象条件影响,传播距离有限;有的不能保持长期的导航精度。而用卫星导航,不受气象条件和航行距离的限制,导航精度也较高。目前,国际上使用的导航卫星网是由美国发射的5 颗子午仪——新星导航卫星组成的。不论气候和电离层的条件如何,在任何时间、地点,都能由卫星给出既均匀、良好的三维定位导航信息,又能给出航向和速度,为船舰和飞机导航。

● 中国北斗卫星导航系统(BeiDou Navigation Satellite System,BDS)是中国自行研制的全球卫星导航系统,是继美国全球定位系统(GPS)、俄罗斯格洛纳斯卫星导航系统(GLONASS)、欧洲伽利略卫星导航系统(GSNS)之后第四个成熟的卫星导航系统。

北斗卫星导航系统由空间段、地面段和用户段三部分组成,可在全球范围内全天候、全天时为各类用户提供高精度、高可靠定位、导航、授时服务,并具短报文通信能力,已经初步具备区域导航、定位和授时能力,定位精度为 10 米,测速精度为 0.2 米/秒,授时精度为 10 纳秒。

2017 年 11 月 5 日,中国第三代导航卫星顺利升空,它标志着中国正式开始建造“北斗”全球卫星导航系统。

3. 天文观测卫星

如图 4-4 所示,1990 年 4 月 24 日由美国发射的哈勃太空望远镜,被人们称为最重要的天文观测卫星。哈勃太空望远镜是迄今为止口径最大的轨道天文台,在主镜焦平面上装有多台科学仪器,拍摄了大量宝贵的天文照片,如图 4-5 所示。

图 4-4　哈勃太空望远镜　　　　　　图 4-5　哈勃太空望远镜拍摄的天文照片

经过两次在轨修理,哈勃太空望远镜开始走向事业的顶峰。从太阳系的行星大气,到新诞生或将死亡的恒星,直至 100 多亿光年以外的星系和类星体。哈勃太空望远镜向人们揭示了地面望远镜依稀难辨的细节,使人类辨别天体的能力提高了 40 亿倍。1997 年10 月 7 日美国宣布,哈勃太空望远镜发现了比太阳亮 1 000 万倍的一颗恒星,这可能是全宇宙最大和最亮的星体,有望为了解恒星的形成和演化提供线索。此后,它又首次观测到超新星气尘寰与高速中微子流剧烈碰撞,这一结果对加速了解恒星的形成、演化和衰亡过程及超新星的外围结构意义重大。

除哈勃太空望远镜之外,美国于 1991 年发射了康普顿伽马射线望远镜(GRO)。它是目前太空中最敏感的伽马射线的探测器,把宇宙射线的可观测范围扩大了 300 倍,取得了不少成果。1997 年年底,美国曾借助它观测到了银河系中喷射出来的反物质粒子云,在天文界引起轰动。

4.4 载人航天技术

载人航天是航天技术发展的一个新阶段。实现载人航天需要解决的主要问题是：研制出高度可靠而推力又足够大的运载工具；获得关于空间飞行环境的足够信息，对人所能承受的极限环境条件做出正确的判断；研制出能确保航天员生活、工作和安全飞行的生命保障系统和救生系统；能对飞行中的航天员的器官功能和健康进行监测；研制出航天器的人工驾驶和自动控制系统；使地面与航天员之间保持可靠的、不间断的通信联系；掌握航天器载入大气层和安全返回的技术。

4.4.1 宇宙飞船

宇宙飞船是一种体积大并能载人从事多种实验活动的太空飞行器。目前这种飞船分为两种：一种是环绕地球轨道飞行的飞船；一种是脱离地球轨道，以载人登月为目标的飞船（如"阿波罗"宇宙飞船）。

一、环绕地球轨道飞行的宇宙飞船

首次载人遨游太空的飞船是苏联发射的"东方1号"。它于1961年4月12日，由宇航员加加林乘坐发射入轨，环绕地球一周安全返回地面，从此揭开了载人太空飞行的序幕。直至1963年6月16日，东方2、3、4、5、6号飞船相继发射，都获得了成功。继"东方号"之后，苏联又发射了"上升号""联盟号"，共进行了十几次太空飞行和试验。

美国最先上天的载人飞船是1961年5月5日发射的"水星号"。它自1958年10月计划到1963年5月期间共进行了6次不载人（其中3次失败）飞行，2次载物飞行，6次载人飞行。飞行目的是考察人在宇宙空间环境中的适应性，并试验飞船上各种工程设备系统的工作性能。美国第二代宇宙飞船是"双子星座号"飞船，它自1961年11月计划至1966年11月共进行14次飞行试验，其中3次无人飞行（失败1次）。它所肩负的使命是探索、解决两个飞行器的轨道交会、对接、宇航员舱外活动和变轨飞行等问题，为"阿波罗"载人登月做好技术上的准备。在"水星号""双子星座号"多次载人实验的基础上，终于在1969年7月16日成功地发射了载人登月的"阿波罗11号"宇宙飞船。

二、"阿波罗"宇宙飞船

"阿波罗11号"宇宙飞船经过100小时的飞行，首次在月球上的静海着陆。1969年7月21日格林尼治时间3时51分，"阿波罗11号"指令长阿姆斯特朗首先走出舱门，站在小平台上，面对这个陌生而又满目荒凉的新世界凝视了好几分钟，然后伸出左脚走下扶梯。扶梯有5 m高，共9级，阿姆斯特朗竟花了3分钟！他说出了等待已久的第一句话："对一个人来说，这是一小步，但对人类来说，这是一次飞跃。"

阿姆斯特朗和奥尔德林在月面上共停留了21小时36分，其中舱外月面活动只有

2 小时 24 分。月面活动结束后,他们回到登月舱休息和睡觉。醒来后,他们准备飞离月球。

三、航天飞机的出现

运载火箭将人造卫星、空间探测器、载人飞船、航天站等航天器送入轨道后,就被遗弃在太空直至坠入大气层焚毁,这是航天活动耗费巨大的一个重要原因。20 世纪 60 年代各种航天器发射频繁,降低单位有效载荷的发射费用就显得日益重要,为了降低费用,提高效益,科学家们提出了研制能多次使用的航天飞机的设想,美国、苏联、法国、日本、英国等国都曾对航天飞机的方案做过探索性研究工作。

四、我国的"神舟号"宇宙飞船

1999 年 11 月 20 日 6 点 30 分,中国在酒泉卫星发射中心成功地进行了第一次载人航天飞行试验。江泽民同志为试验飞船题名为"神舟号"。自此,伟大的中华民族开启了自己的载人航天梦想,圆满地完成了多项科学考察任务,通过载人航天事业的发展大大地提升了我国的综合国力。

神舟 1 号

飞船名:神舟 1 号飞船

发射时间:1999 年 11 月 20 日 6 时 30 分 7 秒

发射火箭:新型长征 2 号 F 捆绑式火箭

返回时间:1999 年 11 月 21 日 3 时 41 分

发射地点:酒泉卫星发射中心

着陆地点:内蒙古自治区中部地区

飞行时间/圈数:21 小时 11 分/14 圈

飞船简介:

神舟 1 号飞船是中华人民共和国载人航天计划中发射的第一艘无人实验飞船,于 1999 年 11 月 20 日早晨 6 点在酒泉卫星发射中心发射升空,承担发射任务的是在长征-2F 捆绑式火箭的基础上改进研制的长征 2 号 F 载人航天火箭。在发射点火十分钟后,船箭分离,并准确进入预定轨道。飞船入轨后,地面的各测控中心和分布在太平洋、印度洋上的测量船对飞船进行了跟踪测控,同时,还对飞船内的生命保障系统、姿态控制系统等进行了测试。

神舟 2 号

飞船名:神舟 2 号飞船

发射时间:2001 年 1 月 10 日 1 时 0 分 3 秒

发射火箭:新型长征 2 号 F 捆绑式火箭

返回时间:2001 年 1 月 16 日 19 时 22 分

发射地点:酒泉卫星发射中心

着陆地点:内蒙古自治区中部地区

飞行时间/圈数:6 天零 18 小时/108 圈

飞船简介:

神舟 2 号飞船由轨道舱、返回舱和推进舱三个舱段组成。与神舟 1 号飞船相比,神舟 2 号飞船的系统结构有了新的扩展,技术性能有了新的提高,飞船技术状态与载人飞船基本一致。首次在飞船上进行了微重力环境下空间生命科学、空间材料、空间天文和物理等领域的实验,其中包括:进行了半导体光电子材料、氧化物晶体、金属合金等多种材料的晶体生长;进行了蛋白质和其他生物大分子的空间晶体生长;开展了植物、动物、水生生物、微生物以及离体细胞和细胞组织的空间环境效应实验等。

神舟 3 号

飞船名:神舟 3 号飞船

发射时间:2002 年 3 月 25 日 22 时 15 分

发射火箭:新型长征 2 号 F 捆绑式火箭

返回时间:2002 年 4 月 1 日

发射地点:酒泉卫星发射中心

着陆地点:内蒙古自治区中部地区

飞行时间/圈数:6 天零 18 小时/108 圈

飞船简介:

与神舟 1 号、神舟 2 号飞船相比,神舟 3 号从外形和结构上并没有什么区别,所不同的只是在内部所做的一些改进。具体来说,神舟 3 号飞船是由轨道舱、返回舱和推进舱三部分组成。返回舱在飞船的中部,为密闭结构,其前端有舱门,供宇航员进出轨道舱使用。其外形为大钝头倒锥体的钟形。据介绍,神舟 3 号的返回舱容器是世界上已有的近地轨道飞船中最大的一个。返回舱是航天员的座舱,是飞船唯一可再入大气层返回着陆的舱段,舱内设置了可供 3 个宇航员斜躺的座椅,座椅下方设有仪表盘和控制手柄、光学瞄准镜。

神舟 4 号

飞船名:神舟 4 号飞船

发射时间:2002 年 12 月 30 日 0 时 40 分

发射火箭:新型长征 2 号 F 捆绑式火箭

返回时间:2003 年 1 月 5 日 19 时 16 分

发射地点:酒泉卫星发射中心

着陆地点:内蒙古自治区中部地区

飞行时间/圈数:6 天零 18 小时/108 圈

飞船简介:

神舟 4 号是我国载人航天工程第三艘无人飞船,除没有载人外,技术状态与载人飞船完全一致。在这次飞行中,载人航天应用系统、航天员系统、飞船环境控制与生命保障分系统全面参加了试验,先后在太空进行了对地观测、材料科学、生命科学试验及空间天文和空间环境探测等研究项目;预备航天员在发射前也进入飞船进行了实际体验。飞船在轨飞行期间,船上各种仪器设备性能稳定,工作正常,取得了大量宝贵的飞行试验数据和科学资料。中国载人航天工程专家称,神舟 4 号飞船的成功发射和返回,表明我国载人航天工程技术日臻成熟,为最终实现载人飞行奠定了坚实基础。

神舟 5 号

飞船名:神舟 5 号飞船

航天员:杨利伟

发射时间:2003 年 10 月 15 日 9 时整

发射火箭:新型长征 2 号 F 捆绑式火箭

返回时间:2003 年 10 月 16 日 6 时 28 分

发射地点:酒泉卫星发射中心

着陆地点:内蒙古中部阿木古朗草原地区

飞行时间/圈数:21 小时/14 圈

飞船简介:

"神舟"5 号飞船是在无人飞船的基础上研制的我国第一艘载人飞船,乘有 1 名航天员——杨利伟。飞船在轨道运行了 1 天。整个飞行期间为航天员提供必要的生活和工作条件,同时将航天员的生理数据、电视图像发送地面,并确保航天员安全返回。飞船由轨道舱、返回舱、推进舱和附加段组成。飞船的手动控制功能和环境控制与生命保障分系统为航天员的安全提供了保障。飞船由长征-2F 运载火箭发射到近地点 200 km、远地点 350 km、倾角 42.4°初始轨道,实施变轨后,进入 343 km 的圆轨道。飞船环绕地球 14 圈后在预定地区着陆。"神舟"5 号飞船载人航天飞行实现了中华民族千年飞天的愿望,是中华民族智慧和精神的高度凝聚,是中国航天事业在新世纪的一座新的里程碑。

神舟 6 号

飞船名:神舟 6 号飞船

航天员:费俊龙、聂海胜

后备宇航员:刘伯明、景海鹏、翟志刚、吴杰

发射时间:2005 年 10 月 12 日 9 时整

发射火箭:长征 2 号 F

返回时间:2005 年 10 月 17 日

发射地点:酒泉卫星发射中心

着陆地点:内蒙古四子王旗

在轨时间:115.5 小时

飞船简介:

神舟 6 号载人飞船是中国"神舟"号系列飞船之一。"神舟 6 号"与"神舟 5 号"在外形上没有差别,仍为推进舱、返回舱、轨道舱的三舱结构,重量基本保持在 8 吨,用长征-2 号 F 型运载火箭进行发射。它是中国第二艘搭载太空人的飞船,也是中国第一艘执行"多人多天"任务的载人飞船。

神舟 7 号

飞船名:神舟 7 号飞船

航天员:翟志刚(指令长)、刘伯明、景海鹏

发射时间:2008 年 9 月 25 日 21 时 10 分 4 秒

发射火箭:长征 2 号 F

返回时间:2008 年 9 月 28 日 17 时 37 分

发射地点:酒泉卫星发射中心

着陆地点:内蒙古四子王旗

飞行时间:2天20小时27分钟

飞船简介:

神舟7号是中国第三个载人航天器,是中国"神舟"号系列飞船之一,在北京时间2008年9月25日21时10分4秒988毫秒由长征-2F火箭发射升空。神舟7号上载有3名宇航员分别为翟志刚(指令长)、刘伯明和景海鹏。翟志刚出舱作业,刘伯明在轨道舱内协助,实现了中国历史上第一次的太空漫步,令中国成为第三个有能力把太空人送上太空并进行太空漫步的国家。神舟7号飞船于北京时间2008年9月28日17时37分成功着陆于中国内蒙古四子王旗。神舟7号飞船共计飞行2天20小时27分钟

神舟8号

飞船名:神舟8号飞船

发射时间:2011年11月1日5时58分10秒

发射火箭:改进型"长征2号"F遥八火箭

返回时间:2011年11月17日19时32分30秒

发射地点:酒泉卫星发射中心

着陆地点:内蒙古四子王旗

飞船简介:

神舟8号是中国神舟系列飞船的第八个,飞船为三舱结构,由轨道舱、返回舱和推进舱组成。飞船轨道舱前端安装自动式对接机构,具备自动和手动交会、对接与分离功能。神舟8号为改进型飞船,全长9 m,最大直径2.8 m,起飞质量8 082 kg。神舟8号飞船在前期飞船的基础上,进行了较大的技术改进,全船一共有600多台套的设备,一半以上发生了技术状态的变化,在这中间,新研制的设备、新增加的设备就占了15%。它发射升空后,与天宫1号对接,成为一座小型空间站。

神舟9号

飞船名:神舟9号飞船

航天员:景海鹏(指令长)刘旺、刘洋(女)

发射时间:2012年6月16日18时37分24秒

发射火箭:长征2号F运载火箭

返回时间:2012年6月29日10时03分

发射地点:酒泉卫星发射中心

着陆地点:内蒙古四子王旗

飞船简介:

神舟9号飞船是中国航天计划中的一艘载人宇宙飞船,是神舟号系列飞船之一。"神舟9号"是中国第一个宇宙实验室项目921-2计划的组成部分,天宫与神舟9号飞船载人交会、对接将为中国航天史上掀开极具突破性的一章。中国计划2020年建成自己的太空家园,中国空间站届时将成为世界唯一的空间站。2012年6月16日18时37分,神舟9号飞船在酒泉卫星发射中心发射升空。2012年6月18日11时转入自主控制飞行,14时与天宫1号实施自动交会、对接,这是中国实施的首次载人空间交会、对接。

神舟 10 号

飞船名:神舟 10 号飞船

航天员:聂海胜(指令长)、张晓光、王亚平(女)

发射时间:2013 年 6 月 11 日 17 时 38 分 02.666 秒

发射火箭:长征 2 号 F 运载火箭

返回时间:2013 年 6 月 26 日 8 时 7 分

发射地点:酒泉卫星发射中心

着陆地点:内蒙古中部或四子王旗

飞船简介:

神舟 10 号飞船是中国"神舟"号系列飞船之一,是中国第五艘载人飞船。神舟 10 号飞船由推进舱、返回舱、轨道舱和附加段组成。升空后再和在轨运行的目标飞行器天宫 1 号对接,并对其进行短暂的有人照管试验。

任务标志:

(1)为天宫 1 号在轨运营提供人员和物资天地往返运输服务,进一步考核交会对接、载人天地往返运输系统的功能和性能;

(2)进一步考核组合体对航天员生活、工作和健康的保障能力以及航天员执行飞行任务的能力;

(3)进行航天员空间环境适应性、空间操作工效研究,开展空间科学实验、航天器在轨维修试验和空间站有关关键技术验证试验,首次开展面向青少年的太空科学讲座科普教育活动等。

神舟 11 号

神舟 11 号飞船是指中国于 2016 年 10 月 17 日 7 时 30 分在中国酒泉卫星发射中心发射的神舟载人飞船,目的是更好地掌握空间交会、对接技术,开展地球观测和空间地球系统科学、空间应用新技术、空间技术和航天医学等领域的应用和试验。神舟 11 号由长征 2 号 FY11 运载火箭发射。

飞行乘组由两名男性航天员景海鹏和陈冬组成,景海鹏担任指令长。神舟 11 号飞船由中国空间技术研究院总研制,入轨后经过两天独立飞行完成与天宫 2 号空间实验室自动对接形成组合体。

神舟 11 号是中国载人航天工程"三步走"中从第二步到第三步的一个过渡,为中国建造载人空间站做准备。

神舟 11 号飞行任务是我国第六次载人飞行任务,也是中国持续时间最长的一次载人飞行任务,总飞行时间达 33 天。2016 年 10 月 19 日凌晨,神舟 11 号飞船与天宫 2 号自动交会、对接成功。

任务进程

(1)为天宫 2 号空间实验室在轨运营提供人员和物资天地往返运输服务,考核验证空间站运行轨道的交会、对接和载人飞船返回技术;

(2)与天宫 2 号空间实验室对接形成组合体,进行航天员中期驻留,考核组合体对航天员生活、工作和健康的保障能力以及航天员执行飞行任务的能力;

（3）开展有人参与的航天医学实验、空间科学实验、在轨维修等技术试验以及科普活动。

4.4.2　空间基地

在空间建立适合人们长期生活和工作的基地既是航天先驱者的理想，也是进一步开发和利用太空的需要。第一步是建立可长期工作的航天站。1984 年，进入近地轨道的航天站有 3 种：美国的"天空实验室"、苏联的"礼炮"号航天站和欧洲空间局的"空间实验室"。

1."天空实验室"

美国国家航空航天局利用"阿波罗"工程节余的"土星"5 号运载火箭的末级，将它改造成为试验型航天站，即"天空实验室"。"天空实验室"于 1973 年 5 月 14 日发射进入 435 km 高的轨道。先后有 3 批共 9 名航天员登上"天空实验室"进行生物学、航天医学、太阳物理、天文观测、对地观测和工程技术试验，拍摄了约 1 000 万 m² 地球表面近 4 万多张照片。"天空实验室"取得的另一重大成果是观察到一次中等程度的太阳耀斑爆发的全过程，并进行了录像，这是研究太阳耀斑的极可贵的资料。

2."礼炮"号航天站

20 世纪 60 年代以来，苏联共发射了 6 艘"东方"号飞船和 2 艘"上升"号飞船，完成了第一阶段的载人航天任务。苏联根据这些航天实践得出结论，在轨道上建立可长时间工作的航天站，比每次携带一套电源、生命保障系统和通用设备的单个飞船更为经济有效。因此决定发展能为军用和民用等较大规模科学试验服务的"礼炮"号航天站，并用"联盟"号飞船作为接送航天员的工具。同时，研制专为"礼炮"号航天站运送物资的不回收的"进步"号飞船。

3."空间实验室"

20 世纪 70 年代初，美国曾计划在航天飞机上装备一个能进行精密加工，制造高强度材料，提炼高纯度中晶体和某些生物制品的航天器。后因经费不足，遂与欧洲空间局达成协议，由西欧国家按照美国航天飞机货舱的尺寸和承载能力研制"空间实验室"。"空间实验室"由一个圆柱形增压舱和一个敞开的仪器舱组成。前者是航天员的生活和工作的场所，装有生命保障系统、数据处理设备和小型专用仪器设备。1983 年 11 月 28 日"空间实验室"1 号由"哥伦比亚"号航天飞机运送入轨。德国专家也参加了实验室的工作。"空间实验室"的研制成功为美国国家航空航天局提供了一个重要的航天器，也使西欧国家开始直接参与载人航天活动。

第5讲

力与运动

5.1 力

力的世界非常神奇,力时时刻刻都在发挥着作用,无处不在。运动是由力引起的,一切物体都在运动,它是我们生活中最亲近的朋友。

5.1.1 力的概念的起源

力的概念最初是人类在劳动过程中通过肌肉紧张的感觉而产生的,后来被自然科学家借用而成为物理学的基本概念。

中国古代的墨翟(公元前478-392)及其弟子所著的《墨经》,总结力的概念是"力,刑之所以奋也。"就是说,力是使物体奋起运动的原因。墨家还将力和重联系起来,将重看成一种力,可以说这是人类对力的最早的理性认识。

在西方,力的概念首先在哲学中发生争论。古希腊宇宙论学派的泰勒斯(Thales)等人认为自然是有生命的,像人体一样是自己运动的活的组织。在这种哲学思想的指导下,不会产生运动的起源命题,也没有"力"的概念。后来帕门尼德从逻辑推理中提出了运动并不存在的观点,他的反对者提出了运动的源泉是"力"来证明运动是存在的。这就意味着承认了"力是因,运动是果"的原始的因果论观点。

柏拉图的力的概念基本上是非物质的,他认为自然之所以赋予运动的本性,是因为有一个不朽地活着的精灵。自然间的所有力的最后源泉都是隐藏着的世界灵魂,是一切物理活动的根源。当然,这种形而上学的观点很难用来解释像万有引力所产生的那种运动。

在亚里士多德的著作中,力被看作是从一个物体发射到另一个物体中去的。这种发射的力本身不是物质,而是一种"形式",是依赖于物质而存在的。根据这种力的概念,其作用只限于相互接触的物体;只有通过推或拉,才能相互影响。亚里士多德的这种力的概念完全否定了彼此不接触而通过远距离作用的力的存在。于是只能假设行星自我发力驱使其运动;恒星也是有生命的。亚里士多德提出了"运动定律",认为运动物体的速度和通过介质时受到的阻力成正比。不过他并没有提出所用的量的度量单位,也没有测量这些量的方法。亚里士多德认为物体的重量是表示"自然运动"的,即表示物体有返还其自然位置的倾向,而不是表示物体受迫运动的原因。这种认识排除了把重量作为度量力的单位的可能性。

伽利略对经典力学的建立有重要的贡献。但是他关于质量的定义是模糊的,不能给出清晰的既适用于静力学,又适用于动力学的力的定义。伽利略的惯性原理指出,物体在不受外力作用的条件下,能连续做匀速运动。将把力和速度的变化联系在一起。破除了亚里士多德将力和速度联系在一起的长期的思想束缚,为牛顿将力和加速度联系在一起开辟了道路。

力的概念在牛顿力学中占有最根本的位置。牛顿总结出力具有大小、方向和作用点三要素,发现牛顿三大定律。根本上把握了惯性定律、力的大小和动量的变化率成正比以及作用力与反作用力等大反向。从此,力的定量概念就逐渐明确起来。

牛顿的万有引力理论,使超距作用力的概念推广到物理学的其他分支中。但是,牛顿并不能从物理上说清超距作用的实质,直到爱因斯坦于 1905 年提出狭义相对论,指出一切物理作用传播的最大速度是光速,人们才认识到牛顿有关超距作用力的概念有极大的局限性。1915 年爱因斯坦在他的广义相对论里明确指出,万有引力的传播速度不可能大于光速。

至今,力的概念仍然难以被人们所理解,这是因为力的物理意义不够明确、其本质也没有被揭示出来。尽管人们知道力是物体间的相互作用,是物体运动状态发生变化的原因,但人们无法进一步弄清力是一种什么样的作用,力产生的具体原因究竟是什么。

因此,力的精确定义至今仍未彻底解决,这也是力的统一问题长期攻克不了的根本原因。

5.1.2 科学上的力

1.力的定义

力本身是看不见的,我们只能看见力的作用所产生的效果。物体受到力的作用,则物体的形状或者运动状态、方向发生改变。例如,我们看见一辆被撞凹的汽车(如图 5-1 所示),那么就能肯定地说,一定有力作用在这辆汽车上。因为如果没有力的作用,物体是不可能变形的。因此我们可以得出这样的结论:人们可以通过力的作用留下的痕迹,来推断力的方向和大小。力的一个重要作用在于,它可以改变物体的运动。物体可以在力的作用下加速。例如,在高尔夫运动中,人们必须用力才能使静止的高尔夫球运动起来。(如图 5-2 所示)同样,力也会改变迎面飞来的网球的运动方向(如图 5-3 所示)。

图 5-1　形状的变化撞凹的汽车

图 5-2　静止的高尔夫球运动了

图 5-3　迎面飞来的网球被打回

科学上(物理学上)的力,是指物体的相互作用。力的国际单位是牛顿(N)。此单位以英国伟大的科学家和数学家艾萨克·牛顿的名字命名。当你拿起一个柠檬时,你所用的力大约就是 1 N。

力的大小和方向可以用有向线段来表示。力的大小、方向、作用点合称为力的三要素(如图 5-4 所示)。

2. 力的合成

当几个力共同作用在物体上产生的效果,与一个力单独作用在物体上产生的效果相同,那么,这个力称为几个力的合力。合力决定了物体的运动状态以及运动的方向。求几个力的合力叫作力的合成。

几个力如果都作用在物体的同一点,或者作用线相交于同一点,那么,这几个力叫作共点力。如果有两个以上的共点力作用在物体上,可以用平行四边形定则求出它们的合力,即合力的大小和方向就可以用这两个邻边之间的对角线表示出来(如图 5-5 所示)。

图 5-4　力的三要素

几个力作用在同一物体上,如果这些力的合力不为零,称这些力为非平衡力。非平衡力使物体开始运动、停止、改变运动速率或方向。

作用在同一个物体上,合力为零的力称为平衡力。平衡力不会改变物体的运动状态。分别作用于同一物体的相反方向的力,其大小一样,则物体不会发生运动状态的改变,叫作"力的平衡"。此时合力

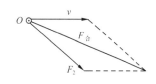

图 5-5　平行四边形定则

为零。例如：两个人掰腕子时，力量差不多，不倒向任意一边；拔河比赛时，双方势均力敌，难分胜负。（如图 5-6 所示）

(a)

(b)

图 5-6 力的平衡的事例

5.2 牛顿运动定律

牛顿运动定律是经典力学的基本定律。在前人研究的基础上，牛顿创立了经典力学。他在《自然哲学的数学原理》著作中，提出了具有严谨逻辑结构的力学体系，使力学成为一门研究物体机械运动基本规律的学科。在这部著作中，牛顿定义了时间、空间、质量和力等基本概念，同时揭示了物体运动的基本规律。牛顿以这些基本概念和规律为基础，通过形式逻辑和数学分析方法建立了力学的公理体系。这些公理体系的基础是牛顿三大定律：牛顿第一定律、牛顿第二定律以及牛顿第三定律。

牛顿第一定律表示任何物体都保持静止的或匀速直线运动的状态，直到其他物体的作用迫使它改变这种状态为止。

这里的物体是指质点，或作平动的物体，而不考虑它的转动。由这一定律得知，只有其他物体作用于一物体时，才能改变这一物体的运动状态。物体保持它原有运动状态不变的性质称为物体的惯性，牛顿第一定律又称为惯性定律。惯性定律是由伽利略发现的，因此牛顿第一定律又称为伽利略惯性定律。牛顿在第一定律中没有说明静止或运动状态是相对于哪种参照系。按牛顿的本意，这里所指的运动是在绝对时间过程中的相对于绝对空间的某一绝对运动。牛顿第一定律成立的参照系称为惯性参照系。

惯性定律不能直接用实验去证明，除非先有这个定律，否则无法回答什么是自由质点或自由系统，也就是说无法知道该质点或系统是否受其他物体的作用。这样也就无法选择作为描写相对运动的惯性参考系，所以与其说惯性定律还不如说惯性原理。它实际上是一个假说，事实上这个假说反映了所处空间的"平直"性质。若空间是"弯曲"的，那么由质点将沿"弯曲"空间运动，不再是沿直线运动。

牛顿第二定律表示物体的动量对时间的变化率同该物体所受的力成正比，并和力的方向相同。

这里的物体指的是质点。物体运动的动量定义为物体的质量同它的线速度 v 的乘积。若作用于物体上的力为 F,选择质量、速度和力的适当单位,使比例系数为 1,则牛顿第二定律可写成 $F = dP/dt$。第二定律建立了力和动量的变化之间的关系,因此,它又称为质点运动定律。在这里,质量是物体惯性的量度;而力是改变物体运动状态的原因,这是力的动力学表现。

在经典力学中,质量 m 是常数,令物体的加速度为 a,则第二定律可写成 $F = ma$,它可表述为:物体运动的加速度 a 同作用于该物体上的力 F 成正比,而同物体的质量 m 成反比;力和加速度的方向相同。若几个力同时作用在一个物体上,实验证明:物体的加速度是这些力单独作用时所产生的加速度的矢量和,称为力的独立作用定律;它表示一组力同时作用于一物体时所产生的加速度 a 等于某一单力 F 作用于该物体时所产生的加速度。

牛顿第二定律是大量实验观察的总结,它不能由理论推导出来。当物体不受力作用时,物体保持其惯性运动。因此,第一定律可看成是第二定律的特殊情况,但第一定律又可看成是第二定律的基础。牛顿第二定律只在惯性参照系中的物体运动速度远小于光速时才是正确的。当物体的速度 u 接近于光速 c 时,牛顿第二定律不再成立,物体运动规律由狭义相对论决定。对于绝大多数的工程实际问题,用牛顿第二定律求出的结果和实际情况是相当符合的。

力的概念在经典力学中占有重要的位置,牛顿在 1664 年提出了力的定义是动量的时间变率(动量等于质量乘速度)。牛顿第一定律即惯性定律是力的定性的定义,它规定力的存在条件和在什么条件下它的作用不存在的定性的条件。牛顿第二定律给出了力的定量的定义,即力等于动量的时间变率,当质量不变时,力等于质量乘以加速度。牛顿第二定律既可以看作是质量的定义,也可以看作是力的定义。前者把力看作是基本量,把质量看作是第二定律的导出量;后者则反之。

牛顿第三定律表示一物体对另一物体的作用同时引起另一物体对此物体的大小相等、方向相反的反作用,而且这两个作用在一条直线上,即两物体间的一对相互作用,永远等值反向,且在同一直线上。

这个定律又称作用和反作用定律。牛顿提出第三定律时,曾做过如下解释:"事实上,如果某一样物体压在其他物体上(或者是拉它),那么该物体本身也受到后者的压力(或拉力)。如果某一个人用他的手指按在石头上,那么他的手指也要受石头的压力。"由第二定律可知,力是使物体的运动发生变化的原因。因此,如果物体 A 撞击了物体 B,使物体 B 的动量发生了变化,那么,物体 B 也必然使物体 A 的动量发生同样的变化,但它们的方向相反。所以,第三定律是研究质点系运动规律的基础。由第三定律可知,当两物体不受外力作用而只有相互作用时,它们的总动量的变化为零。这个结论对于由任意多个物体组成的封闭系统也成立,即,构成一封闭系统的各物体的动量的矢量和在整个运动期间内保持不变。这就是动量守恒定律,它是物理学的基础定律之一。这个定律不仅对于宏观的物体之间的相互作用成立,对于微观的质点(即原子、原子核和电子)之间的相互作用也是成立的。几个物体组成的物体系统(或质点系)彼此间的相互作用力称为内力。由于内力满足牛顿第三定律,因此,在内力作用下,任一系统的总动量不变,内力只能改变系统内某一部分的动量。

5.3   控制天体运动的主要相互作用——万有引力

5.3.1   万有引力定律的建立

牛顿万有引力定律的发现,是人类探索自然界奥秘的历史长河中最为光辉灿烂的成就之一,它对物理学、天文学乃至整个自然科学的发展产生了极其深远的影响,堪称物理学规律普适性的经典楷模。

据传说,苹果落地引起了牛顿的注意,他进而思索,为什么月亮不会掉下来呢?从而导致了万有引力的发现。不管这个故事的真实性如何,牛顿确实把地面附近物体的下落与月亮的运动认真地做过比较。当我们站在地面上,沿着水平方向抛射出一个物体时,物体的轨道将是一条抛物线,物体的落地点与抛射地点的距离与物体的初速度成正比。由于地球表面是弯曲的,当物体的抛射速度大到一定的量值时,物体将围绕地球运动而永远不会落地。牛顿认为,落体的产生是由于地球对物体的引力,并认为如果这种引力确实存在的话,它必然对月亮也有作用。月亮之所以不掉下来,是因为月亮具有相当大的抛射初速度。进一步联想到行星绕太阳的运转和月亮绕地球的运动十分相似,那么行星也必定受到太阳的引力作用。这使牛顿领悟到宇宙间任何物体之间都存在引力,这种引力称为万有引力。两个质量分别为 m_1 和 m_2 的物体,相距 r 时,它们之间的万有引力可表示为

$$\boldsymbol{F} = -G\frac{m_1 m_2}{r^2}\boldsymbol{e}_r$$

式中:G 称为引力常量,$G = 6.6726 \times 10^{11} \text{ N} \cdot \text{m}^2 \cdot \text{kg}^{-2}$。

牛顿的万有引力定律指出:任何两个质点之间都存在引力,引力的方向沿着两个质点的连线方向,其大小与两个质量 m_1 和 m_2 的乘积成正比,与两质点之间的距离 r 的二次方成反比。

5.3.2   海王星的发现

万有引力定律建立以后,经历了几次重大的考验,如准确地预言了彗星的出现等,从而建立了它的权威。然而,在解释天王星的运动时却遇到了空前的危机。

自 1781 年英国的弗里德里希·威廉·赫歇尔(F. W. Herschel)发现了天王星以后,经过几十年的观测,积累了较多天王星"行踪"的资料。在这期间,在万有引力定律基础上建立起来的引力理论,能够较好地解释由行星间的相互引力作用造成的行星运动偏离椭圆轨道的摄动现象,如木星、土星等行星的运动,理论计算与观测资料完全吻合,唯独天王星总是对不上号,新的观测资料表明天王星的运动与理论计算的误差与原有观测资料相比是有增无减。于是,有人对万有引力的权威产生怀疑,如果它不能用来解释天王星的运动,岂可称为宇宙间的普遍规律?

很多学者大胆设想,既然原先认为土星是太阳系的边界,后来被新发现的天王星所突破,那么天王星也未必是最后的边界,在天王星外面可能还有一颗未知行星,由于它的引力作用,使天王星受到摄动而偏离了它应有的轨道。但要根据天王星的运动轨道,通过计算来寻找这颗未知行星的信息包括它的质量很难。只有两位年轻人:英国的约翰·亚当斯(J. Adams)和法国的勒维烈(J. Le Verrier)分别勇敢地承担起了这项工作,经过无数次的失败之后,他们都完成了这项艰苦的工作。

亚当斯在 1845 年计算出未知行星的轨道和质量,当他把研究成果送交格林尼治天文台天文学家爱勒时,竟遭冷遇。拖了九个月才开始寻找,且不认真,最后还是让新行星从他们的望远镜视场中溜掉。而勒维烈却幸运得多,由于巴黎没有详细的星图,因此他把自己计算的结果写信给柏林天文台的天文学家伽勒(J. Galle)。伽勒很快(1846 年 9 月 18 日)复信给他,并高兴地宣布:

"先生,你给我们指出位置的新行星是真实存在的。"

消息一经传出,全球为之轰动。新行星被命名为海王星。这个被誉为"笔尖上的发现"不仅揭开了天王星"越轨"之谜,也宣告了牛顿引力理论的彻底胜利。后来,美国天文学家洛威耳(P. Lowll)和皮克林(W. Pickering)根据类似的计算,预言海王星之外还有一颗新行星,直到 1930 年由汤博(C. Tombaugh)在照片中发现,命名为冥王星,长期来把它作为太阳系的第九颗行星,但按行星的新定义,它已被归属为矮行星。

5.3.3 万有引力定律在航天中的应用

人们依据万有引力定律,发现了太阳系行星的卫星、彗星、小行星,并计算了它们的轨道、质量和大小,这使人们对太阳系的了解更加广泛深入;1957 年,苏联发射了第一颗人造地球卫星;1969 年,美国"阿波罗号"载人飞船登月成功,使人类第一次将足迹留在地球以外的星球上,为对月球的探测与开发和人类向宇宙进军开创了新的起点;1990 年发射的"哈勃"太空望远镜,已经在太阳系内工作了十几年,发回了令天文学家惊叹不已的图像。它发现了确凿的证据证明在活跃的星系中心存在着"黑洞","黑洞"是一些坍塌的星体,密度非常大,最大的"黑洞"质量可以达到太阳质量的 3 亿倍以上,光也无法逃脱其引力;它提供了给星系中各个星球分类的最准确的手段,首次看到了宇宙大爆炸后 20 亿年形成的早期星系;在 1996 年,清楚地看到了 100 亿光年外的星云经 50 亿光年重力透镜在"哈勃"望远镜上的成像,证实了爱因斯坦关于宇宙中存在巨大引力场透镜的预言,验证了广义相对论。1993 年,俄罗斯"进步号"宇宙飞船施放了"旗帜"太空反射镜,其直径为 22 米,黑夜中它向欧洲地面反射一道宽 10 公里、亮度相当于月亮 3 倍的光带,持续时间为 7 秒钟,这种人造月亮将使人类得到更多的光明;1997 年 7 月 4 日,美国发射的"火星探路者号"宇宙飞船成功地在火星上着陆,并向地球发回信号。

万有引力是一种宇宙力。对于那些用天文望远镜不能观察到的星系和黑洞,万有引力定律是发现和了解它们的最重要的理论依据。万有引力定律是天文学中最基本的定律之一,它将引导人类走出地球,走出太阳系,走向宇宙。万有引力的研究,对基本粒子物理学是不可缺少的,它是四种相互作用之一。它对统一场理论、规范场理论的研究和探索都非常重要。

5.4 角动量守恒定律及其应用

5.4.1 角动量守恒定律

1. 质点或质点系的角动量守恒定律

当质点或系统所受外力对某参考点的力矩的矢量和为零时,质点或系统对该点的角动量保持不变,这一结论称为质点或质点系的角动量守恒定律。

若 M,则有 $L = F \times mv =$ 常矢量。

2. 刚体对定轴的角动量守恒定律

当刚体所受的外力对转轴的力矩的代数和为零时,刚体对该转轴的角动量保持不变。

若 $M_2 = 0$,则有 $L_2 = J\omega =$ 常矢量。

5.4.2 角动量守恒定律的应用

1. 碟状星系的形成

角动量守恒定律是自然界的一条普遍定律,它有着广泛的应用。若质点所受的力的作用线始终通过某固定点,则该力称为有心力,此固定点称为力心。由于有心力对力心的力矩恒为零,因此,受有心力作用的质点对力心得角动量守恒。行星绕日运动、卫星绕行星运动、微观粒子的散射运动等都是在有心力作用下运动。根据质点系的角动量守恒定律,可以解释宇宙中许多星系都呈现出的扁盘状旋转结构。以银河系为例,最初它可能是一个缓慢旋转着的球形气体云,具有一定的初始角动量,由于自身万有引力的作用向内逐渐收缩,垂直与转轴的径向,因为角动量守恒,当气体云收缩时,其旋转速率必然增大。旋转的星系并非惯性参考系,星系的物质除受到引力作用外,还受到一个与引力方向相反的惯性力作用,该力称为惯性离心力,星系的旋转速度增大,必将引起惯性离心力增大,并抵抗住引力的收缩作用,然而在转轴上并不存在惯性离心力的抗拒,于是银河系就演化成一个垂直于轴的高度旋转的扁盘性结构(如图5-7所示)。

图 5-7 银河系

2. 回转仪

(1)回转仪原理

安装在轮船、飞机或火箭上的导航装置回转仪,也叫陀螺仪,是通过角动量守恒的原理来工作的。回转仪 D 是绕几何对称轴高速旋转的边缘厚重的转子(如图 5-8 所示)。为了使回转仪的转轴可取空间任何方位,设有对应三维空间坐标的三个支架 AA′,BB′,OO′。三个支架的轴承处的摩擦极小,当转子高速旋转时,由于摩擦力矩基本上可以忽略,因而在一个较长的时间内都可认为转子的角动量守恒。由于转动惯量不变,因而角速度的大小、方向均不变,即 OO′轴的方

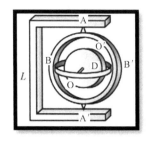

图 5-8　回转仪原理图

向保持不变。此时无论怎样移动底座,都不会改变回转仪的自转方向,从而起到定向作用。在航行时,只要将飞行方向与回转仪方向核定,自动驾驶仪就会立即确定在航行方向与预定方向间的偏离,从而及时纠正航行实现导航作用。

(2)陀螺仪在手机中的作用

2010 年,苹果公司发布的手机 iPhone 4 是第一款采用了陀螺仪传感器的手机。用于测量和维持方向的 MEMS 陀螺仪用在手机上有什么作用呢?

首先相比于传统重力感应器只能感应左右两个维度的(多轴的重力感应是可以检测到物体竖直方向的转动,但角度很难判断)变化,陀螺仪通过对偏转、倾斜等动作

图 5-9　手机中的陀螺仪的作用

角速度的测量,可以实现用手控制游戏主角的视野和方向。比如在飞行游戏中,手机即可作为方向盘控制飞机,只需变换不同角度倾斜手机,飞机就会相应做出上下左右前后的联动。

其次,可以帮助手机摄像头防抖。在我们按下快门时,陀螺仪测量出手机翻转的角度,将手抖产生的偏差反馈给图像处理器,用计算出的结果控制补偿镜片组,对镜头的抖动方向以及位移做出补偿,实现更清晰的拍照效果。如图 5-9 所示,为手机中的陀螺仪的作用。

(3)陀螺仪的进化

最早的陀螺仪都是机械式的,里面有高速旋转的陀螺,由于机械式的陀螺仪对加工精度有很高的要求,因此以机械陀螺仪为基础的导航系统精度不高。于是,人们开始寻找更好的办法,逐渐发展出激光陀螺仪,光纤陀螺仪以及微机电陀螺仪(MEMS)。它们虽然还叫陀螺仪,但是原理和传统的机械式陀螺仪完全不同。

光纤陀螺仪利用的是萨格纳克(Sagnac)效应,通过光传播的特性,测量光程差计算出旋转的角速度,起到陀螺仪的作用,替代陀螺仪的功能。

激光陀螺仪通过计算光程差来计算角速度,替代陀螺仪。微机电陀螺仪则是利用物理学的科里奥利力,在内部产生微小的电容变化,然后测量电容,计算出角速度,替代陀螺仪。智能手机里面所用的陀螺仪,就是微机电陀螺仪(MEMS)。

除了我们熟悉的智能手机以外,汽车上也用了很多微机电陀螺仪,在高档汽车中,大

约采用 25 只～40 只 MEMS 传感器,用来检测汽车不同部位的工作状态,给行车电脑提供信息,让用户更好的控制汽车。在游戏机里,各种体感操作功能的背后都是微机电陀螺仪(MEMS)。在无人机、穿戴式设备,物联网,工业 4.0 以及互联网＋等方面同样离不开它,只要是需要检测运动状态的地方,就有微机电陀螺仪(MEMS)。

陀螺仪使我们的生活有了翻天覆地的改变,如果没有它,就没有飞机,没有火箭,没有现代生活,这恐怕是它的发明者都没有想到的。小小的陀螺仪,让我们的世界变得更美好。

3. 生活中的角动量守恒定律

在生活中,角动量守恒解释的例子包括溜冰员、芭蕾舞蹈员、空中飞人和高台跳水员等的旋转运动。

物体绕定轴转动时,若物体上各质元相对于转轴的距离可变,则物体的转动惯量 J 可变,此时物体绕定轴转动的角动量守恒意味着转动惯量与角速度的乘积不变即 $J\omega$＝常量。如果物体的转动惯量 J 增大,其角速度 ω 将减小;反之,如果物体的转动惯量 J 减小,则其角速度 ω 将增大。

花样滑冰运动员站在冰面上,在开始时,她的双臂张开,并以一定的初角速度绕竖直轴转动,当她收拢双臂时,由于系统的转动惯量在变小,与此同时,ω 相应地增大,人的转速加快,如图 5-10 所示,如果再伸出双臂,转速又将变慢…。这一过程中,由于重力作用于人体的重心,与转轴重合,因此对转轴的力矩为零,人的双臂用力产生的力矩是人体系统的内力矩,因此满足角动量守恒的条件。又如跳水运动员在空中翻筋斗时(如图 5-11 所示),尽量将手臂和腿蜷曲起来以减小转动惯量,获得较大的角速度,在空中迅速翻转、改变造型;当接近水面时再伸开手臂和腿以增大转动惯量,减小角速度,以便于竖直的进入水中而压住水花。

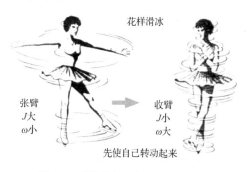
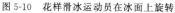

图 5-10 花样滑冰运动员在冰面上旋转   图 5-11 跳水运动员在空中翻转

在人们的身体中也蕴含着角动量守恒的"神奇力量"。散步的时候可以把整个身体看作是一个匀速运动的系统,当迈出左脚时,整个身体就以右脚为转轴,身体有向右转动的趋势,为了保持平衡,能一直向前直线行走,这时就需要伸出右手,给身体一个向左转动的趋势,这样人就不会旋转了。当然,你一定也注意到了,摆手的幅度总是大于脚,这又是为什么呢? 显然,这个有趣的问题也可以用角动量守恒定律来解决。

5.5　生活中的流体力学

　　流体力学主要是研究流体本身的静止状态和运动状态以及流体和固体界壁间有相对运动时的相互作用和流动的规律的一门力学的分支科学。流体力学是一门很有实用性的科学,不管是在航空还是航海领域、医学以及其他很多领域都离不开流体力学。没有流体力学的支撑,万吨级轮船不可能安然航行于大海,飞机不可能飞行于蓝天,医生甚至无法测量我们的血压等。

5.5.1　理想流体

　　液体和气体统称为流体。流体的主要特征是具有流动性,它的各部分很容易发生相对运动,因此流体没有固定的形状,其形状随容器的形状而异。我们把不可压缩,又没有黏性的流体,称为理想流体。显然,理想流体也是一种物理模型。

　　由于理想流体是不可压缩的,则其密度为常量,又因理想流体没有黏性,故在流动时相邻流层之间不存在相互作用的切向力(内摩擦力)。这样,运动的理想流体内部的压强与静止的实际流体内的压强具有相同的性质,即对于理想流体,无论运动与否,其内部某一点的压强沿各个方向都是相等的。

5.5.2　理想流体定常流动的伯努利方程

　　1738 年,瑞士物理学家、数学家伯努利(D. Bernouli)在他的《流体动力学》一书中,给出了反应理想流体做定常流动时能量关系的伯努利方程,它是流体力学中的基本方程之一,即

$$\frac{1}{2}\rho v^2 + \rho gh + p = 恒量$$

　　在惯性系中,当理想流体在重力作用下作定常流动时,一定流线上各点的量为一恒量 $\frac{1}{2}\rho v^2 + \rho gh + p$。其实质是流体的机械能守恒。即:动能＋重力势能＋压力势能＝常数。其最为著名的推论为:等高流动时,流速大,压力就小。这一规律称为伯努利定律。伯努利定律可以用来解释飞机是怎样起飞的、烟囱里的烟雾为什么总是往上升、喷雾器是如何工作的以及球类比赛中的"旋转球"等问题。

　　我们拿着两张纸,往两张纸中间吹气,会发现纸不但不会向外飘去,反而会被一种力挤压在了一起,如图 5-12 所示。因为两张纸中间的空气流动的速度快,压力小,而两张纸外面的空气没有流动,压力就大,所以外面力量大的空气就把两张纸

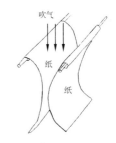

图 5-12　伯努利原理演示实验

"压"在了一起。这就是"伯努利原理"的简单示范。

5.5.3　飞机的升力

在气体和液体中,流速越大的位置压强越小,流速越小的位置压强越大。人们把这个规律应用在飞机机翼的设计上,将它们制成特殊造型,可以让飞机在航行时获得升力。

飞机的升力绝大部分是由机翼产生,尾翼通常产生负升力,飞机其他部分产生的升力很小,一般不考虑。如图 5-13 所示,我们可以看到:空气流到机翼前缘,分成上下两股气流,分别沿机翼上、下表面流过,在机翼后缘重新汇合向后流去。机翼上表面比较凸出,流管较细,说明流速快,压强小。机翼下表面,气流受阻挡作用,流管变粗,流速减慢,压强大。于是机翼上、下表面出现了压力差,垂直于相对气流方向的压力差的总和就是机翼的升力。这样重于空气的飞机借助机翼上获得的升力克服自身因地球引力形成的重力,从而翱翔在蓝天上了。

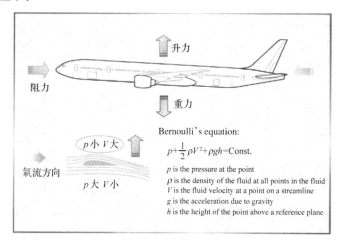

图 5-13　飞机的升力

那么怎样使空气高速流过机翼呢?这就需要飞机有一个较大的相对空气的速度,人们发明了螺旋桨和后来的喷气发动机,它们都能使飞机产生向前的运动,于是空气与飞机就有了相对运动,产生了相对速度。过去航空母舰上的飞机为了在较短的跑道上起飞,通常是调整航空母舰的航向,使飞机迎风起飞,这样机翼上方可以获得较大的空气流速,使起飞距离缩短。当然,现代的航空母舰上加装了起飞的"弹射器",其作用也是为了获得较大的机翼空气流速。如图 5-14 所示,为航空母舰上利用弹射器起飞的战机。

5.5.4　神奇的"香蕉球"

在足球比赛中,防守方的五六个球员在球门前组成一道"人墙",挡住进球路线。进攻方的主罚队员,起脚一记劲射,球绕过了"人墙",眼看要偏离球门飞出,却又沿弧线拐过弯来直入球门,让守门员措手不及,眼睁睁地看着球进入了大门。那么这神奇地"香蕉球"是怎样形成的呢?

图 5-14　航空母舰上利用弹射器起飞的战机

　　回答这个问题之前,先看看图 5-15,图中的线代表的是空气流动的情形,在没有旋转只有水平运动,当足球向前运动时,四周的空气会被足球向后运动。只有旋转而没有水平运动时,如图 5-16 所示,当足球转送时,四周的空气会被足球带动,形成旋风式的流动。对于球水平和旋转两种运动同时存在时,如图 5-17 所示,也即是"香蕉球"的情形。

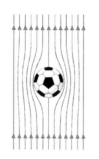

图 5-15　足球在没有旋转时　　　　图 5-16　足球只有旋转没有　　　　图 5-17 足球水平运动和
　　水平运动的情形　　　　　　　　　水平运动的情形　　　　　　　　旋转运动同时存在的情形

　　这时候,足球右面空气流动的速度相对于足球左面空气流动的速度小。根据流体力学的伯努利方程,流体速度较大的地方气压会低,足球左面的气压相对于足球右面的气压低,产生了一个向左的力,结果足球一面向前走,一面承受一个把它推向左的力,因此,造成了"香蕉球"(如图 5-18 所示)。

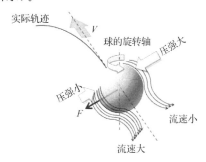

图 5-18　"香蕉球"的形成原理

5.5.5　高尔夫球的奥秘

大多数的高尔夫球有 300～500 个小坑,每个坑的平均深度约为 0.025 厘米。阻力及升力对凹坑的深度很敏感,即使只有 0.002 5 cm 小的差异,也可以对轨迹和飞行距离造成很大的影响,凹坑通常是圆形,但其他的形状也可以有极佳的空气动力性能。

高尔夫球表面之所以设计有许多凹坑,其目的是减少空气的阻力,并增加球的升力,从而让高尔夫球飞得更远。根据统计发现,一颗表面平滑的高尔夫球,经职业选手击出后,飞行距离大约只是表面有凹坑的高尔夫球的一半。那这到底是什么原因导致的呢?

球的飞行轨迹不仅受到自身重力的影响,还会受到来自空气的阻力。因此,如何降低空气阻力便是关键。高尔夫球手在击球时,每个球都获得一种向后的旋转力,这与凹痕密切相关,好像在球的下方形成一个厚的气枕一样。一颗高尔夫球被打出后会高速地飞行,其前方会有一高压区。空气流经球的前缘再流到后方时会与球体分离。同时,空气在球的后方会形一个紊流尾流区,在此区域气流起伏扰动,导致后方的压力较低。尾流的范围会影响着阻力的大小。通常说来,尾流范围越小,球体后方的压力就越大,空气对球的阻力就越小。球上的凹坑可使空气形成一层紧贴球表面的薄薄的紊流边界层,使得平滑的气流顺着球形多往后走一些,这时后方的气流更平滑,从而减小尾流的范围。因此,有凹坑的球所受的阻力大约只有平滑圆球的一半。小凹坑也会影响高尔夫球的升力。一个表面不平滑的回旋球,会像飞机机翼般偏折气流以产生升力。球的自旋可使球下方的气压比上方高,这种不平衡产生向上的推力。高尔夫的自旋大约提供了一半的升力,另外一半则是来自小凹坑,一个带有凹坑的球会通过偏折气流从而获得近一倍的升力。

5.5.6　列车提速的隐患

近年来,高铁大大提高了人们的出行速度,方便了人们的生活。然而,列车提速也带来了一些隐患。如列车侧向力、升力和倾覆力矩均随着时速的增加而增大;列车快速行驶时,两侧处于负压状态,随着时速的增加负压程度也增强,垂直于列车方向的压强梯度不断增大,轨道沿线两侧的行人或其他物体被卷入的可能性增;两车交会时中间的压力非常低,列车的倾覆力矩明显增大,车体对内侧轨道的作用力也随之增大,列车运行危险性增加。

当火车快速行驶时,火车周围的空气的流速很快,以至压强很小,而相对于火车较远的空气基本上静止不动,所以压强较大,如果人靠火车太近,就会因为压强差产生一种力将人推向火车,发生事故。所以人不能离高速行驶的火车太近,那么,在行驶的列车旁人受到的力为多大呢?

列车疾驰所致的高速气流的流线分布比较复杂,如图 5-19 所示,大致可划分为Ⅰ、Ⅱ、Ⅲ 3 个区域:

● 水平方向($A_1 \rightarrow A_2$):

$$\boxed{P_1 + \frac{1}{2}\rho V_1^2 = P_2 + \frac{1}{2}\rho V_2^2} \xrightarrow[V_1 \approx 0, P_1 \approx P_0]{} \boxed{P_2 = P_0 - \frac{1}{2}\rho V_2^2}$$

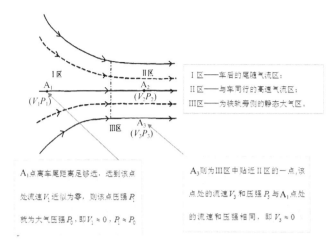

图 5-19　列车疾驰所致的高速气流的流线分布

这就是说,由于 A_2 点处的空气流速由原静态 0 增加到列车时速 V_2,则该处的压强就由原静态 P_0 减小为 $P_0 - \frac{1}{2}\rho V_2^2$,减小量为 $\frac{1}{2}\rho V_2^2$

● 垂直方向($A_3 \rightarrow A_2$):

列车驶过,就会在压强为 P_0 的点 A_3 与点 A_2 之间出现一压强差 ΔP。

$$\boxed{V_3 \approx 0, P_3 \approx P_0} \longrightarrow \boxed{\Delta P = P_3 - P_2 = P_0 - (P_0 - \frac{1}{2}\rho V_2^2) = \frac{1}{2}\rho V_2^2}$$

该压强差施加于截面积 ΔS 上的推力为

$$F = \Delta P \times \Delta S$$

其中,空气密度为 $\rho = 1.29\ \text{kg/m}^3$,列车速率为 $V = 200\ \text{Km/h} = 55.5\ \text{m/s}$,即

$$\Delta P = \frac{1}{2}\rho V_2^2 = \frac{1}{2} \times 1.29 \times 55.5^2 = 1\,986.8\ \text{Pa}$$

即Ⅱ区因列车的驰过,压强由原来的 101 kPa 降低为 99 913.2 Pa,减少了 1 986.8 Pa。

设某人身高 1.70 m,平均宽 0.2 m,则该人截面积为:

$$\Delta S = 1.7 \times 0.2 = 0.34\ \text{m}^2$$

$$F = \Delta P \times \Delta S = 1\,986.8\ \text{Pa} \times 0.34\ \text{m}^2 = 675.5\ \text{N}$$

相当于质量为 69 kg 的人所受到的重力,但方向不是垂直向下,而是由Ⅲ区指向Ⅱ区。

这种增加流体流速,降低该处压强,使该处对周围高压区气体或液体产生的吸入作用,称为卷吸作用或空吸作用。所以,当火车(或大货车、大巴士)飞速而来时,不可以站在离路轨(道路)很近的地方,因为疾驶而过的火车(汽车)对站在它旁边的人有一股很大的吸引力。在列车(地铁)站台上都划有黄色安全线(如图 5-20 所示)。看懂"伯努利"原理后,等地铁再也不敢跨过那条黄线了吧!

图 5-20　地铁站的黄色安全线

5.5.7　船吸现象

1912 年秋天,"奥林匹克"号轮船正在大海上航行,在距离这艘当时世界上最大远洋轮的 100 米处,有一艘比它小得多的铁甲巡洋舰"豪克"号正在向前疾驶,彼此靠得比较近,平行着驶向前方。忽然,正在疾驶中的"豪克"号好像被大船吸引,竟一头向"奥林匹克"号撞去。"豪克"号的船头撞在"奥林匹克"号的船舷上,撞出个大洞,酿成一件重大海难事故。

究竟是什么原因造成了这次意外的船祸? 在当时,谁也说不上来,据说海事法庭在处理这件奇案时,也只得糊里糊涂地判处"豪克"号船长操作不当。

原来,当两艘船平行着向前航行时,在两艘船中间的水比外侧的水流得快,中间水对两船内侧的压强比外侧对两船外侧的压强要小。于是,在外侧水的压力作用下,两船渐渐靠近,最后相撞。由于"豪克"号较小,在同样大小压力的作用下,它向两船中间靠拢时速度要快的多。因此,造成了"豪克"号撞击"奥林匹克"号的事故。现在航海上把这种现象称为"船吸现象"。

鉴于这类海难事故的不断发生,而且轮船和军舰越造越大,一旦发生撞船事故,危害性很大,因此,世界海事组织对这种情况下航海规则都做了严格的规定。包括两船同向行驶时,彼此必须保持多大的间隔,在通过狭窄地段时,小船与大船彼此应怎样规避等。这样,大家就会理解为什么有些海峡和运河看起来比较宽,而航运管理方却仍说:"不适合两船并排或相向而行"了吧!

5.5.8　伯努利在医学上的应用

伯努利曾经是个医生,由于职业的需求,他开始关心人类的呼吸和血液循环的问题。由于深受哈维血液循环的影响,在他的流体力学研究过程中,在管道流动的研究中引用血液的流速和血压的关系的例子来研究问题。他设计出了量血压的仪器,他的研究贡献为以后的水银血压计的发明奠定了理论基础。

一、血压

下面用伯努利方程中的"重力项"解释一下血压:当人体平卧时,各处大动脉的血压平均值约为 1 000 mHg,大静脉的血压平均值约为 5 mmHg。当人体直立时,伯努利方程中的重力项就变得重要了。以一身高为 1.8 米的人为例,脚大约在心脏下 1.2 m 处,因此,脚处血压将比心脏附近的动脉血压高出约 90 mmHg,(如图 5-21 所示)即

$$\rho g h = (105 \ \mathrm{kg/m^2}) \times 9.8 \times 1.2 \ \mathrm{m} = 90 \ \mathrm{mmHg}$$

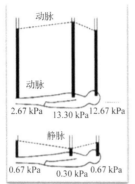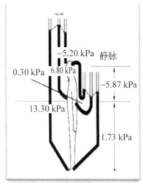

图 5-21　人体平卧与站立时的血压

由于脑血管位置比心脏高出约 0.4 m,故脑动脉血压会大约降低 30 mmHg。

通过计算可知,身体各部位距心脏水平高度每升高 1.3 cm,则升高部位的血压将降低 0.13 kPa(1 mmHg)。

临床全麻手术过程中,为了使手术区域局部的脉压降低,减小出血,将尽量使手术部位高于心脏。

测血压时,为避免体位对血压的影响,一般选定心脏为零势能参考点,人取坐位测定肱动脉处的动脉血压。如果将手臂抬高,测得的血压就偏低;如果低于心脏,测得的血压就偏高。

二、血管堵塞

如图 5-22 所示,当动脉发生硬化时,动脉的内膜沉积了斑块样的脂类物质,显然,血管内的横截面积大大减少了。由伯努利原理可知,当血液流过正常血管时,流速快,压力小;流过附近有硬化的血管时,流速小,压力大。这样两处产生一个压力差即伯努利力,它将导致斑块脱落。

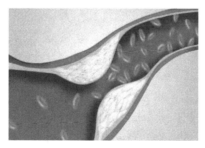

图 5-22　血管中的血栓

斑块脱落后,可导致动脉阻塞;发生在脑血管即会造成偏瘫;发生在冠状血管即为心肌梗塞突发。

第6讲

地球资源

地球,我们的家园! 人类能够舒适地进行着自己的生活几乎全部依赖于地球在长期的变迁中演化出的自然环境,享受着地球母亲赐予我们的一切优质资源,而今天的人类已经清楚地认识到任何的资源都是有限的。全人类正在进行一场非常危险的游戏,那就是我们能否在有限的地球资源被耗尽之前用科技和道德实现人类的可持续发展。以今天人类科技进步的迅猛发展而言,再发展百年甚至千年,我们的生活将不可想象,也许科幻电影中的诸多情景将在现实中一个个上演。但是地球上很多资源的储备量仅能够维持几十年内人类的需求,战争、自然灾害、人口的膨胀、人为的浪费、工业化的进程等诸多因素产生的资源矛盾,已经越来越多、越来越具体地体现在了人类生产生活的各个领域。了解地球资源的现状,增强节约资源的意识,对当代人来说十分重要。

6.1 地球概况

6.1.1 地球圈层结构

地球的起源问题实际上就是太阳系的起源问题。太阳系形成后,诞生了地球。地球是在46亿年前,由原始的太阳系星云物质经分馏、塌缩、凝聚而形成的。最初由于星子聚集形成地球胎(行星胎),然后不断增生形成原始地球。聚集时受下列效应作用:

(1)冲击效应:星子以高速运动的形式落在原始地球上,这种能量是由冲击能转化为热能。

(2)压缩效应:由于星子的降落并堆积在原始地球的外部,使其外部重量增加,内部受到压缩,这种能量的转化是由压缩能转化为热能。

（3）放射性衰变效应：由于放射性元素（铀、钍、针等）的衰变而产生的，这种能量的转化是由放射能转化为热能。

一、地球内部圈层的形成

如图 6-1 所示，地球内部的圈层主要是指地壳、地幔、地核。原始地球的内部在热能条件下，使其局部熔融并超过铁的熔点，原始地球中的金属铁、镍以及其他的硫化物、硅化物熔化，并因其密度大而流向地球的中心部位，从而形成具有金属特性（超固态）的地核。比母质轻的熔融物质向上游动，当移动至地表经冷却后又向下沉淀。这种在温度差、压力差、密度差等引起的对流作用控制下的物质移动，使原始地球产生全球性的分异，并逐渐演化成它的分层现象，即中心为超固态的地核，表层为低熔点的较轻物质形成的最原始的陆核，陆核进一步增生，扩大形成地壳。地壳与地核之间为地幔。在原始地球的形成中，内部的分异作用最为重要。多年来人们一直试想用深井钻探来了解地球的内部状况，但目前世界上已知最大的深井记录只有 12 300 m（俄罗斯科拉半岛），是地球半径的 1/530，无法直接观察其内部结构。通常人们采用地球物理方法，主要是利用地震波的传播变化来研究地球结构，地震波分为纵波（P 波）和横波（S 波），纵波可以通过固体和液体，速度较快；横波只能通过固体，速度较慢。根据地震波在地球内部的变化可将地球内部划分为地壳和地核。

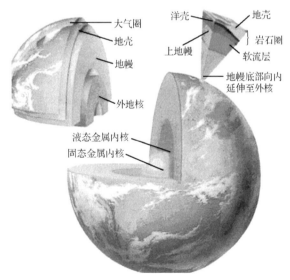

图 6-1　地球圈层结构

1. 地壳

地壳是地球表面的一层薄壳，其厚度大致为地球半径的 1/400，大陆部分的平均厚度为 37 km，而海洋部分的平均厚度则只有 7 km，地壳平均厚度为 33 km，它由硅酸盐岩组成，质量为 5×10^{19} t，约占地球质量的 0.8%，体积占整个地球体积的 0.5%。

2. 地幔

地幔深度从地壳底到 2 900 km，其体积占地球总体积的 82%，质量为 4.05×10^{21} t，占地球总质量的 67.8%，物质密度大约从 3 320 kg/m³ 递增到 5 700 kg/m³，压力随深度而增加,界面上压力可达约 1.5×10^{11} Pa,温度也随深度而增加,下部约为 3 000 ℃。

在深度为 60 km～400 km,地震波速度明显减小,部分物质可变成熔融状态,具有较大的塑性和潜柔性;这个圈层称为软流圈。它是岩浆的主要发源地,同时地壳运动、岩浆活动、火山活动以及热对流等皆与此圈有关,软流圈之上的固体岩石部分称为岩石圈,即包括地壳和上地幔的部分,平均厚度为 60 km,如图 6-2 所示。

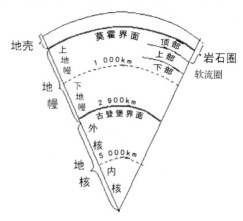

图 6-2　地壳、地幔、地核

3. 地核

地核是位于地球 2 900 km 以下直到地心的部分。地核物质非常致密,密度为 9 700 g/m² ～13 000 g/m²,地核总质量为 1.88×10^{21} t,温度为 3 000 ℃,最高可达 5 000 ℃ 或更高。地核又可分为外核、过渡层和内核。外核只有 P 波才能通过,呈液态。过渡层和内核有 S 波出现,呈固态。组成地球物质的主要元素有 O、Si、Al、Fe、Ca、Na、F、Mg 等 8 种,占总元素的 98% 以上,而组成地核的元素则是 Fe 和 Ni。

二、地球外部圈层的形成

地球的外部圈层指的是大气圈、水圈、生物圈。原始的地球形成后,地球表面无水,在分异过程中氢和氧结合形成的水潜藏于一些矿物中,当原始地球变热并部分熔融时,水释放出来并随熔岩运移到地表,大部分以蒸汽状态逸散,并逐渐形成海洋,这一过程大致需要 8 亿年时间。

在原始地球从其内部释放水的同时,地球内部的气体也随之释放出来,形成原始的大气圈。早期地球的大气圈是缺氧的大气圈,大气成分以水蒸气、二氧化碳、二氧化硫、硫化氢、氮、甲烷、氯化氢等为主,由于紫外线辐射的能量促使原始大气成分之间发生反应,加之原始的藻类植物的日益繁盛,使大气圈中 CO_2 的含量逐渐减少,O_2 的含量增加。这一过程持续约 40 亿年。

1. 大气圈

从地表(包括地下相当深度裂隙中的气体)到 16 000 km 高空都存在气体或基本粒子,总质量达 5×10^{15} t,占地球总质量的 0.000 09%。其主要成分为氮(78%)和氧(21%),还包括二氧化碳、水汽、惰性气体、尘埃等占 1%。大气圈是地球的重要组成部分,它对地球上万物的形成、发展和演化起着重要的作用:大气圈可以供给地球上生物生活所必需的碳、氢、氧、氮等元素;大气圈可以保护生物的生长,使其避免受到宇宙射线的危害;防止地球表面发生剧烈的变化和水分的散失;天气的变化(如风、雨、雪、雷等)都发生在大气圈中;大气圈环境质量的好与坏,直接影响着人类的健康与否。

2. 水圈

水圈包括地球上水的液态部分和固态部分。它包括海洋、江河、湖泊、冰川、地下水等,形成一个连续而不规则的圈层。水的质量为 $1.41×10^{11}$ t,占地球总质量的 0.024%,其中海水占水圈总质量的 97.2%,陆地水占水圈总质量的 2.8%,陆地水中冰川占水圈总质量的 2.2%。水既分布于大气圈中,也分布于生物圈和岩石圈中,生物体的 3/4 是由水组成的;地下岩石和土壤中也有一部分水。水圈对地球的发展和人类的生存主要有几方面的作用:水圈是生命的起源地,没有水也就没有生命;水是改造与塑造地球面貌的重要动力;水是多种物质的储藏库;水是最重要的物质资源与能量资源,水的多少与水质的好坏直接影响着经济发展与人类的生存质量的好坏。

3. 生物圈

地球表面有生物存在并感受到生命活动影响的圈层叫生物圈,整个生物圈的总质量仅仅是大气圈质量的 1/300,生物圈的厚度包括大气圈的下层、岩石赤道圈的上层和整个水圈,最大厚度可达数万米。它对地球的发展起着重要的作用:改变大气的成分,如植物的光合作用,不断从大气中吸收 CO_2,在反应中放出 O_2;生态平衡,促使自然环境良好发展;主要能源矿床形成的物质基础,如煤、石油、天然气;生物促使某些岩石和土壤的形成,如生物形成含有机质的土壤;生物的发展与人类的生存、经济的发展相关。

6.1.2　地球的基本状态和物理性质

在太阳系的八大行星中,离太阳由近而远来看,地球是第三颗行星。地球与太阳的平均距离约为 $1.496×10^8$ km。地球围绕太阳自西向东公转,轨道是椭圆形的。公转轨道运动的平均速度是 29.79 km/s。地球的自转方向也是自西向东旋转。赤道的自转线速度最高约为 464 m/s。南北纬 60° 的自转线速度是赤道上的半数,即 232 m/s。地球绕太阳公转一周的时间为一年,自转一周的时间为一日。

一、地球的基本状态、形状与大小

地球的形状指全球静止海面的形状,也就是大地水准面的形状。站得越高,就越能清楚地看到地球的球形。宇航人员在宇宙飞船上看到的地球是滚圆的,在月球、火星以及人造地球卫星上拍摄的地球照片中地球是球形的。近年来航天技术的发展,大大推动了关于地球形状的深入研究,并取得了一些新的数据:

地球赤道半径(ra):6 378.137 km

地球极半径(rc):6 356.752 km

赤道标准重力加速度:9.780 320 m/s^2

地球平均半径:6 371 km

子午线周长:40 008.08 km

赤道周长:40 075.24 km

地球面积:$5.1×10^8$ km^2

海洋面积:$3.61×10$ km^2

陆地面积:$1.49×10^8$ km^2

地球体积:$1.083×10^{12}$ km^3

地球质量:5.976×10^{24} kg

地球平均密度:5 517 kg/m³

物体脱离地球的临界速度:11.2 km/s

赤道上点的线速度:465 m/s

大陆最高山峰(珠穆朗玛峰):8 846.27 m

大陆平均高度:825 m

海洋最深的海沟:-11 034 m

海洋平均深度:-3 800 m

其中,海洋面积占地球总面积的 70.8%,陆地面积占地球总面积的 29.2%,陆地和海洋的平均高度为-2 448 m(即若全球表面无起伏,则将被 2 448 m 厚的海水所覆盖)。

通过人造地球卫星的进一步观测,得到以下几方面的认识:

(1)大地水准面不是一个稳定的旋转椭球面,而是有的地方隆起,有的地方凹陷,相差可达 100 m 以上;

(2)地球赤道横截面不是正圆形,而是近椭圆形,长轴指向西经 20°和东经 160°方向,长短轴之差为 430 m;

(3)赤道面不是地球的对称面,从包含南北极的垂直于赤道的纵剖面来看,其形状与标准椭球体相比较,位于南极的大陆比基准面回进 24 m,而位于北极的没有大陆的北冰洋却高出基准面 14 m。从赤道到南纬 60°之间高于基准面,而从赤道到北纬 45°之间低于基准面。

近年来,中国科学院院士马宗晋首次明确提出一个有趣的科学推论:地球并非理想的椭球体,而是从内到外普遍存在着扩张。相对而言,北半球是陆半球、冷半球、压缩的半球;南半球是洋半球、热半球、膨胀的半球;地球的"热量中心"可能偏于南半球,而"质量中心"则偏于北半球。

二、地球的物理性质

1. 地球内部的放射性

地球内部有些元素具有天然的放射性,即放出射线,放射线主要为 α、β、γ 三种射线。放射性元素所产生的热称为放射热。放射性元素对地球改造的重要性在于它具有放射热。放射性元素经过地壳运动和地球化学过程在某地聚集之后,将直接影响到地下岩石温度的变化,放射热能是地球内能的主要来源,是地球演化的一个重要动力。

放射性元素的原子在衰变过程中具有半衰期,根据半衰期这种性质可以确定含放射性元素岩石的年龄,也可以测定月岩、陨石的年龄,所以地球内部的放射性元素可以用来研究地球的历史,是地球的一个地质时钟。

2. 地热

人们对气温的变化是敏感的,它主要是太阳能作用的结果。气温变化的范围主要是大气圈和地球的表层。当从地表向下达到一定的深度时,其温度不随外界温度的变化而变化,这一温度层叫作常温层,它的深度因地而异。在常温层以下,地磁场的温度随深度的增加而增加,一般来说,每增深 100 m,温度增加 3 ℃。

关于地热的来源,目前普遍认为有三种:

(1)地热的残余热

地球形成时是在压力增大过程中进行的,地球内部的物质受到压缩而增温。

(2)重力位能降低产生的热能

地球形成后,其内部由于增温、放热过程而发生轻物质上升,重物质下降,重力位能降低从而产生热,据测算,这部分热能可提高地球温度 1 500 ℃。

(3)放射性元素产生的热能

放射性元素产生的热能是指放射性元素衰变而产生的热能,如铀(U,2U)、钍(2Th)、钾(K)等衰变产生的热能。地球上部比下部放射性元素含量高,由它产生的热能主要集中在地球的上部圈层。从地球史上看,放射性热能是日趋减少的。主要是由于放射性元素经过衰变以后将逐渐变成稳定的同位素。据估计,40 亿年前地球的放射热大约是现代的 4 倍。这也可以解释早期岩浆活动比现在强烈的现象。

目前,全世界对地热的利用还主要限于地表和地下热水方面。但近年对"高温岩体"的利用已引起人们的重视,如日本已在进行开发高温岩体热能试验。其方法是在岩浆岩的岩体上开凿一破碎井,在井下采取措施,使下面岩体产生龟裂,然后注水到地下岩体龟裂处,同时在地面另凿一生产井,提取利用基岩热产生的蒸汽,推动涡轮机发电。由此可见,通过对于热的研究可以为人类提供清洁安全的能源。目前,地热研究已取得了很大进展,具体表现在以下一些方面:

①地热观测资料和大地热流数据有大幅度的增长。目前全球已有实测大地热流数据 24 639 个,并以每年新增约 500 个数据的速率在不断增长。

②研究的层位越来越深。从地表到地壳、地幔并深入地核。

③地热的研究正在和多门学科进行交叉,以解决难度较大的问题和取得某些突破。如与气象、水文、计算机技术的交叉。

3. 地磁

地球周围存在着巨大的地磁场。早在公元前 3 世纪的战国时期,我国就发明了指南仪器——司南。后来还发现地磁极与地球地理极的位置是不一致的。

关于地磁场的形成原因,目前人们倾向于这种认识:地核的外核部分是液态的铁、镍物质,是一种导电的流体,在地球旋转过程中,产生感应自激,形成地球磁场。在地球转动过程中,流体地核比固体地幔略有滞后,因此产生地球磁场并逐渐向西漂移。

地磁场是变化的,磁场强度和磁偏角的变化可分为短期变化和长期变化。短期变化是由地球外部原因引起的,如日变化即每天的磁场强度变化约为几十毫安每米,磁偏角的变动约为几分。另外每年也有轻微的年变化。有时会突然出现磁暴,每年平均发生十几次,每次持续时间为几小时到几天,强度变化可达几千毫安每米,可引起磁针摆动不止,而使罗盘无法使用,无线电通信中断,高纬地区出现极光。这是由于太阳强烈活动时放出大量的地磁辐射,使地球大气强烈电离引起的(后面还要详述)。地磁的长期变化是磁场的西向漂移,向西迁移速度每年约为 0.18°。

近年来,人造地球卫星在地球外层空间探测发现:地球磁场在地球上空形成一个磁层。磁层朝向太阳,距离地球有 10 个地球半径远,而尾部可拖到几百个地球半径远。磁层可以保护地球上的生物免受宇宙射线和粒子袭击的危害。

6.2 地球的资源

地球经过 46 亿年的物质演化,创造了人类赖以生存的、储量丰富的自然资源。联合国环境规划署将自然资源定义为:在一定时间条件下能够产生经济价值以提高人类当前和未来福利的自然环境因素的总称。这个从经济角度理解的定义相当准确。它首先定义了它是自然的,而非人为的。其次它限定了必须在"一定时间条件下",因为资源与我们所利用的技术和需求有很大的关系。需求就是动力,没有需求就很难称之为资源。现在不是资源的东西在未来的技术条件或需求下可能就成为另一种资源。"福利"是对人类有益的东西,它强调资源的有用性。

《英国大百科全书》把自然资源定义为人类可以利用的自然生成物以及生成这些成分的环境功能。前者包括土地、水、大气、岩石、矿物以及林木、草地、矿产和海洋等,后者则指太阳能、生态系统的环境机能、生物地球化学循环机能等。这个定义同样明确表示它是"自然生成物",而非人类加工合成的产品。同时定义还提到"生成这些成分的环境功能",这是把自然资源拓展到环境中的最重要进展。在自然界相当多的自然资源与它所处的空间环境特征是密不可分的,如地球上的水圈与水资源、生物圈与生物资源、岩石圈与矿产资源、土壤圈与土地资源等。在资源的开发和利用中不能破坏与资源相关的环境功能,如果利用不当就有可能对相应的环境质量产生影响,从而影响可再生资源的再生能力。因此,这个定义大大拓展了传统的仅仅把自然资源作为一种生产原料、生活原料的概念,建立一个可持续发展的发展观,即人类社会不仅能从地球系统中获得发展所需的生产资料的初始投入,而且能够获得它的服务功能(生态服务)。人类在进行自然资源开发的同时不能破坏对人类生存和对资源再生起重要作用的生态系统,因为这种生态系统对人类的可持续发展起到至关重要的作用,甚至比直接提供矿产等自然资源所产生的价值还大。

综上所述,自然资源是指在一定社会经济条件下能够产生生态价值或经济效益,以提高人类当前或可预见未来生存质量的自然物质和自然能量的总和。在对所居住的地球的产生、发展、演变的认识还不够全面的今天,对自然资源概念的认识和理解是随着时代的进步、科学的发展而变化的,因而具有明显的动态特征。另外,值得注意的是自然资源具有各种政治属性。资源是一个国家发展的基础,通常国家政治版图决定了国家的领土、海域和领空,从而使资源存在于这样一个具有政治属性的三维立体空间中。政治版图决定了资源的利用战略,现在国际上的种种矛盾、纠纷和战争,背后通常有着资源的占有和争夺,因此对资源政治属性的了解能更好地处理资源问题和优化资源利用。

6.2.1 土地资源

土地是在地球表面一定范围内,由气候、地貌、岩石、土壤、植被、水文和人类活动等自然、人文要素共同作用下所形成的自然历史综合体。与矿产资源、植被资源、水资源等单项自然资源相比,土地资源是人类发展中最重要也是最基本的一种综合性自然资源。土地的定义可以概括为:土地是地球陆地表面由地貌、土壤、岩石、水文、气候和植被等要素组成的自然历史综合体,它包括人类过去和现在的各种活动结果。

从土地的概念及其内涵可以知道,土地资源既包含了自然特征,也包含了经济特征,具有自然和社会经济双重性的土地资源的自然特征表现为面积有限、利用永续、位置固定、质量差异。对于一个国家或地区来说,土地资源的面积是有限的,因此在土地利用中就要对土地资源倍加珍惜。由于土地资源是一种可更新资源,因此它在利用上具有利用永续的特征,如果在合理利用的情况下土地资源是不存在折旧、损耗等情况的。当然这种利用永续性是建立在合理的利用强度上的,如果利用强度超出了它的更新能力,土地的性质就会发生变化,从而影响土地利用的永续性(如土地退化)。在空间位置上,土地资源的位置是固定的,这和其他流动性资源(如水资源)是不同的。因此,在商品的流通中土地属于不动产范畴。由于土地资源的位置固定,使得土地与其所在的气候、地貌等自然特征相一致,从而表现出它所具有的自然综合体的特征。此外,受自然和人文因素的空间、地域分异规律的影响,土地资源本身存在质量上的差异。然而,土地资源的优劣性与土地资源的利用方式有关,如农业用地和建设用地所考量的指标就存在着巨大的差异。因此,从国家或区域发展的角度来说,要因地制宜地开发和利用各种土地资源,在可持续发展的基础上实现土地资源整体利益的最大化。

与土地资源的自然特征相对应,土地资源的经济特征表现为供给稀缺性、用途多样性、土地价值的增值性以及报酬递减性。由于土地资源的面积是有限的,而随着人口和经济的发展对土地的需求却是不断上升的,土地资源需求的压力与其供给的有限性的矛盾决定了土地资源在供给上的稀缺性。从土地资源的利用方式看,土地的用途是多样的,它与其他多项自然资源存在很大的差异。也就是说对于某块土地,它既可以发展农业、牧业、渔业,也可以用来发展旅游业,或者用于城镇与交通建设用地。尽管土地资源具有多种用途,并在一定程度上具有相互的转换性,但对于某些转换来说是单向的、不可逆的。例如,耕地可以转变成城镇建设用地,但当土地变成城镇用地后,要想将其再转变成耕地却是不行的。因为作为耕地所必备的土壤理化属性的形成需要相当长的时间。对于中国这种人口众多、人均耕地资源贫乏的国家来说,各级政府在制定土地利用规划时除了要考虑它现行的经济利益以外,还要考虑耕地转化为城镇用地以后的不可逆性。土地资源的增值性是由于土地是有限的,同时又是稀缺的,随着人口的增多以及经济的发展,土地的价值具有增值性。此外,土地还具有报酬递减性的特征。在一定的空间、时间以及强度内,适度地增加土地在人力、物力、财力等方面的投入,相应地增大土地报酬。但如果继续增大对它的投入,土地的产出增长的速度要小于投入增长的速度从而导致土地报酬是递减的。最明显的例子是适度增加农业土地的施肥量可以明显提高作物的产量,但施用量超过一定范围时,增产的效果就会减少,继续增大还可能造成环境污染,从而造成负面的影响。

土地资源在质量上存在很大的差异,因而对土地资源进行科学的评价非常重要。土地资源评价是针对一定的土地利用目的,对土地资源的性状进行质量鉴定的过程。它大致可以分为土地潜力评价、土地适宜性评价以及土地经济评价。其中土地潜力评价侧重从土地生产能力角度来评价土地质量,而土地适宜性评价则侧重于从相对适宜性评价土地质量。在土地适宜性评价中,通常采用的步骤包括:确定评价目的;确定资料以及工作计划;确定土地利用种类和明确土地利用要求;调查评价区的土地性质和土地质量;针对土地与土地用途的比较;针对土地适宜性进行分类,并提交评价成果。

土地利用方式和强度与自然灾害的关系密切。由于承灾体脆弱性的差异性造成在同样的自然灾害面前,不同类型的土地利用的损失程度不一样。除此之外,随着经济的发展,人们在土地利用的范围上逐步向高风险区发展,导致了灾害发生时灾害的损失量增大(人类活动对灾情具有放大机制)。

中国是一个人口超过 13 亿的发展中国家,但耕地资源的人均占有量相对较少,从而使得中国耕地资源与粮食安全问题成为国内外关注的焦点。中国耕地资源的基本状况是:耕地总体质量差,生产水平较低;耕地退化现象严重;耕地资源分布不均衡;后备耕地资源缺乏。因此,切实保护耕地是解决中国未来粮食安全的基础。

6.2.2 水资源

一、水资源概述

到目前为止,什么是水资源还没有一个公认的非常严谨的概念。广义的水资源包括自然界一切形态的水。由于不加处理的海洋水并不适合人类和工农业生产的利用,因此,对于水资源的概念来说更偏向于"淡水"。狭义的水资源是指地球上可利用的或者可能被利用的、具有一定数量和质量保证的、在一定时间内可以更新的那部分淡水。

地球上有两大水体,即海洋水和陆地水,海洋水总蓄水量占全球水量的 97.2%,陆地水占 2.8%。在陆地水中,极地冰川占 2.15%,而容易被人类利用的地表水和地下水分别占 0.017% 和 0.632%。此外,大气中的水汽含量占总水量的 0.001%。

评价水资源的供应量不能仅仅看水体的平均蓄水量,还要看水体的更新速率。由于水资源是一种可更新的资源(不可更新的地下水除外),它的供给总量与水体的周转时间关系密切。如大气水汽所占的水量尽管很少,但由于它更新速率最快,因而对于水资源来说非常重要。又如,当前人类每年利用的水资源总量为 3 800 km^3,而河流总的蓄水量仅为 2 000 km^3,如果考虑河流水的更新速度,河流每年的径流量达到 45 500 km,也就是说,从全球的角度来看,人类每年需要的水资源量还不到河流每年径流量的 10%。再如,虽然地下水总蓄水量远大于河流湖泊等地表水,但由于地下水中只有一部分是通过降水或融水来补充的(可更新地下水),而其他大部分地下水是在长期的地质过程中形成的,其更新速度非常缓慢(不可更新地下水),因此,这部分地下水资源是有限的、可耗竭的资源。

从狭义水资源的概念中可以看出,水资源虽然在一定时间内是静态的,但在社会发展的历史长河中是可以改变的。也就是说,地球上可利用或可能被利用的水资源与社会经济发展、技术条件以及区域水资源的状况密切相关,因而它是动态变化的。如海水淡化就是其中一个正面的例子。由于海冰在冻结过程中将大量盐分排出,因而海冰盐度大大低于海水,从而在相关技术设备的支撑下通过海冰资源间接地将原来的咸水(非水资源)转化成可用的淡水资源,为缓解中国北方的春旱起到非常重要的作用。然而,在水资源方面也不乏负面例子(如水污染)。1993 年中国城市生活和工业废污水已达 355.6×10^8 m^3,其中工业废水排放量为 219.5×10^8 m^3,达标排放量只有 54.9%,也就是说近一半的工业废水以污水的形式进入河道或地下,污染了原有的水资源,使得可利用的水资源量受到影响。因此,从长远来看,水资源是可变量。

二、水资源的特征

从人类活动和可持续发展的角度来看,水资源有以下几方面特点:

1. 循环性与流动性

水循环是指地球上的水在太阳辐射和重力的作用下,以蒸发、降水和径流等方式进行的周而复始的运动过程,如图 6-3 所示。水循环是地理环境中最重要、最活跃的物质循环之一。水的三态(固态、液态、气态)转化特性是产生水循环的内因,而太阳辐射和地心引力作用是这一过程的外因或动力。水循环过程通常由 4 个环节组成:①蒸发,指太阳辐射使水分从海洋和陆地表面蒸发,通过植物蒸腾变成水汽,成为大气组成的一部分;②水汽输送,指水汽随着气流从一个地区被输送到另一个地区,或由低空被输送到高空;③凝结降水,指进入大气中的水汽在适当条件下凝结,并在重力作用下以雨、雪和雹等形态降落;④径流,指降水在下落过程中,除一部分蒸发返回大气外,另一部分经植物截留、下渗、填洼及地面滞留水,并通过不同途径形成地面径流、表层流和地下径流,汇入江河,流入湖海。

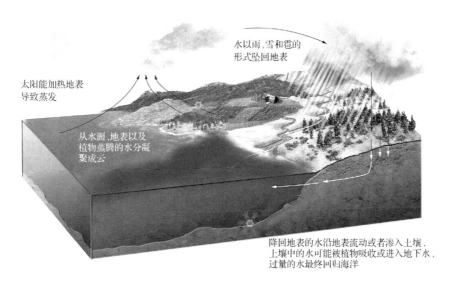

图 6-3　地球水循环示意图

从水循环类型来看,它包括水分大循环和水分小循环两类。水分大循环即水分在海陆间循环。海洋蒸发的水汽被气流带到大陆上空,凝结后以降水形式降落到地表。其中一部分渗入地下转化为地下水;余下的水分则沿地表流动进入江河而注入海洋。小循环,即海洋或大陆上的降水同蒸发之间的垂向交换过程。其中包括海洋小循环(海上内循环)和陆地小循环(内陆循环)两个局部水循环过程。不同水体的水循环速度(更新周期)存在很大的差异。其中,大气水分平均每年更新约 40 次,河川径流的更新期约为 16 天。沼泽和湖泊的循环更新期较长,分别为 5 年和 17 年。而深层地下水更新期为 1 400 年,极地冰川更新期可达 9 700 年。由于不同水体在更新速度方面存在很大差异,因此在水资源的优化配置中,除了考虑可利用淡水的总量外,也要充分考虑其更新周期。

2. 时空分布不均匀性

由于各地自然条件不同,水资源在全球范围内分布极不均匀。以世界各洲为例,南美洲的年径流量是非洲的 4.4 倍,地球上外流区的平均径流量是内流区平均径流量的 11.7 倍,相差非常悬殊。中国径流地区分布不均现象也很显著。黄河流域以北地区土地面积占全国 60% 以上,而其径流量仅为占全国土地面积为 19% 的长江流域的一半,海河、河流域耕地面积占全国 11%,人口占全国 10%,而水资源占全国 1.5%,成为全国人水、地水矛盾的重点地区。

3. 多用途性

水资源在自然界呈现出多种多样的功能特征。即它具有多用性,这些用途包括生活、农业、工业、生态、水电、航运等方面。其中生活用水包括城镇居民用水与公共用水以及农村居民用水和牲畜用水等方面。农业用水包括农田灌溉用水以及林牧渔业用水。由于水的流通性和较强的溶解能力,再加上热容量大等特点,工业生产的很多方面都需要用水。工业用水的领域表现在冷却用水、工艺用水、锅炉用水、洗涤用水、空调用水等方面。水是维持正常生态系统过程的基本要素,它是生命活动不可缺少的物质,是生态系统进行物质循环和能量交换的载体。水资源的另一项用途是水力发电。中国地域宽广,河流众多,且多源于山区或高原,流量大、坡降陡,水能蕴量十分丰富。此外,水是提供航运能力的基础。在很久以前,人们就在江、河、湖、海上发展了水上航运,输送游客和物资。

4. 利弊两重性

水资源与其他资源(如生物资源)的一个重要区别在于它的利弊双重性。也就是说,作为自然资源的水在数量上不是越多越好,过多或过少都可能造成负面影响。当某时段水量过大,超出了河道蓄水能力,则很容易形成水涝灾害。相反,如果过少,则会形成旱灾。中国大部分地区受东亚季风影响,降水的年(或季节)变化较大,水旱灾害比较频繁。因此,兴建水利工程有助于水资源在时空方面的再分配,从而兴利除害,最大效率地利用水资源。

三、缺水问题的解决措施

水资源短缺对社会、经济活动的制约问题,尤其是华北及胶东地区、辽宁中南部、西北地区以及一些沿海城市的长期供水短缺问题,严重地制约了我国经济的可持续发展。在中国,农业和城市缺水问题已经非常严重,资源型缺水、工程型缺水、污染型缺水和给水设施不足缺水等四种缺水类型并存。要从根本上解决中国水资源短缺问题,需要因地制宜,根据缺水的类型制定相应的措施。

中国部分地区缺水的主要原因是资源型缺水(如京津华北地区、西北地区辽河流域、辽东半岛、胶东半岛等地区)。造成资源型缺水的主要原因是当地水资源总量少,不能适应经济发展的需要,形成供水紧张。对于这些地区,缓解水资源短缺的方法包括传统的地下水资源开发与区域间调水,也包括虚拟水贸易发展策略。

中国部分地区缺水的根源是工程型(设施型)缺水。也就是说,这些地区缺水的主要原因不是水资源总量不足,而是受水资源季节变化的影响,导致某些时段出现水资源短缺,相反在丰水季节水资源的供应超过了需求量,导致水资源浪费。因此,工程型缺水的特点是:从地区的总量来看水资源并不短缺,但由于工程建设(如水库)没能跟上,造成供水不足。这种情况主要分布在中国长江、珠江、松花江流域、西南诸河流域以及南方沿海等地区。对于工程型缺水最好的解决办法就是加强水利建设,合理调节水资源。

此外,中国还有部分地区的缺水根源既不是受资源总量的限制,也不是受水利工程的限制,而是由于人为的污染造成水资源的水质达不到开发利用的条件,从而出现有水但不能使用的现象,这种类型的缺失又称为水质型(污染型)缺水(如长江三角洲与珠江三角洲地区)。对于水质型缺水的最佳解决方案就是对各种污染源进行排污控制,改善水质状况。

不管是资源型缺水还是工程型缺水,还有一项有效的解决办法就是加强节流措施,提高水资源的利用率,通过合理确定水价,避免社会对水资源的不必要浪费。如当前日本工业用水在再利用率方面已经接近 80%。

1. 地下水开采

由于地下水蓄积总量较大,加之受污染的程度要小于地表水,因此,在地表水资源短缺的地区,开采地下水常常成了解决区域水资源短缺的首选方案。目前,中国北方地区地下水开采利用程度较高,在地下水的使用中城市生活用水的比例呈上升趋势。从中国地下水开采潜力来看,华北地区地下水超采比较严重,而在华南地区地下水开采潜力较大。

虽然地下水的开采可以在一定程度上缓解地表水量的不足,然而,过度的地下水开采也带来诸多负面影响。对于不可更新的地下水来说,由于其更新周期长,过度开发将使后代受影响,从而影响水资源的持续利用。同时,对于某些地区来说,局部超采或持续过量开采会导致地面沉降与海水入侵。

2. 跨流域调水

跨流域调水是改变中国水资源时空分布不均衡的重要举措。在中国,水资源在空间分布上具有北方少、南方多,在时间分配上具有夏秋多、冬春少的特点。因此不同流域之间水资源的调度是缓解中国水资源的重要工程。据不完全统计,全球已建、在建或拟建的大型跨流域调水工程有 160 多项。最早的跨流域调水工程可以追溯到公元前 2 400 年前的古埃及,从尼罗河引水灌溉至埃塞俄比亚高原南部。公元前 486 年修建的引长江水入淮河的邗沟工程,可谓中国跨流域调水工程的开创性工程。中华人民共和国成立后,中国的跨流域调水工程得到了长足发展。江苏省修建了江都江水北调工程,广东修建了东深引水工程、河北与天津修建了引滦工程、山东修建了引黄济青工程、甘肃修建了引大入秦工程等,这些工程都成为当地农业、工业、城市和人民生活的命脉。

无论是修筑水库还是跨流域调水,它们都具有各自的优点。跨流域调水有利于水资源在空间上的再分配,而修建水库(池塘)则有助于水资源在时间上的再分配。所有这些都有助于充分利用水资源,并有利于减轻旱涝灾害。但是,这些水利工程建设也会给生态环境带来一些负面的影响。如水利工程建设改变了水生生物的生存环境,导致水生生物的物种多样性减少。对库区来说,水利工程导致土地淹没、泥沙沉积、强制移民,并可能诱发一些地质灾害;对于下游地区来说,水利工程将改变水文过程,改变水环境,并改变航运条件;对于灌区的影响来说,则容易导致土壤盐渍化。因此,在建设大型水利工程时要充分考虑它们可能带来的负面影响。

3. 渤海海冰资源开发

渤海沿岸的辽、津、鲁是中国河网最不发达的地区,大部分地区人均水资源量低于 $500 \, m^3$,水资源短缺已成为地区经济、社会发展的主要制约因素之一。北方地区最大的水面是渤海,在冬季会形成大范围的海冰。由于海冰在冻结过程中将大量盐离子排出水体,因而海冰盐度低于海水。渤海海冰的盐度在 $0.4\%\sim1.1\%$。经过简单的处理过程,便可得到大量的淡水资源,即把原来的咸水(非水资源)转化成水资源。

6.2.3 矿产资源

一、矿产资源的概念与特征

地壳主要是由岩石组成的,岩石是由矿物组成的。矿物是指地壳中的天然形成物,它是构成岩石和矿石的基本单位。如果有用矿物在地壳中或地表聚集起来,便形成矿产。矿床则是指由于地质作用形成的含有用矿物的具有开采价值的地质体。一切埋藏在地下或分布于地表(包括地表水体)的可供人类开采利用的天然矿物资源,都可泛称为矿产。因此,从概念上说,矿产资源是在地质历史时期内由地质作用形成的,存在于地壳内(地表或地下),其金属或非金属等有用组分的含量大大超过周围的其他岩石(围岩),或其物理、化学性能大大优于围岩,在当前技术和经济条件下可以为人类所利用的元素和矿物堆积体。矿产资源的相关概念体现了矿产资源具有以下几个方面的特征:

1. 不可再生性和稀缺性

矿产资源往往是在百万年乃至上亿年的地质时期内缓慢形成的。相对于人类短暂的生活历史而言,矿产资源是不可再生的。地壳是由近百种元素组成的,其中最主要的 8 种元素(氧、硅、铝、铁、钙、镁、钠、钾等)的含量总计占 99%,而其他元素含量只占 1%,这说明地壳中元素含量分布极不均匀。有用元素必须相对富集,并远远超过它们在地壳中的平均含量时才能形成矿石,大量集中的矿石才具有开采价值,形成矿床。如金属矿产资源总是聚集在狭窄的地段,大型或超大型规模的矿床总是很少的。因此,矿产资源的储量是有绝对上限的,它具有稀缺性和不可再生性。

2. 矿产资源分布的不均匀性

矿产资源分布的不均匀性可以从垂直分布、水平分布以及矿产资源分布和生产消费格局之间的关系来理解。由于矿产资源基本上处在地壳的表面,因而构成了矿产资源垂直分布的局限性。从地域上看,矿产资源的水平分布呈现较大的不均衡性,存在很大的地区性差异。目前世界上没有一个国家可以做到矿产资源完全自给自足,从而构成了矿产资源水平分布的不均匀性。此外,矿产资源分布的不均匀性还包括矿产资源分布和生产消费的不吻合。如占世界人口约 1/4 的发达国家消费的矿产资源占世界总产量的 85%,

而占世界人口 3/4 的发展中国家只消费世界矿产量的 15%。在中国,矿产资源在分布上很不均匀,如煤炭储量的 90% 分布在长江以北,其中华北地区占总储量的 70%;又如黑色金属储量的 70% 以上集中在长江以北,其中铁矿集中分布在後(山)—本溪、北京—东、业西、五台—岚县四大片;全国有色金属储量的绝大部分集中在长江以南,主要集中在广东、广西、云南、湖南及江西等省份(自治区);对于非金属磷矿来说,80% 以上分布在滇、黔、鄂、川、湘五省份。

3. 矿产资源的伴生性

自然界中的矿产分布往往以某种矿产为主,同时伴生其他矿石。例如有的铁矿伴生钒、钛,有的伴生稀土金属;铅锌矿常伴生镉、锗、银等。矿产资源的伴生性是指同一种矿床中除共生的组分外,还存在着不同比例的含量较低达不到现行工业利用指标而只达到综合利用指标的组分的特性。伴生性是矿产资源显著而普遍的特点。据统计,在综合评价过的 800 多个矿区中,大部分矿床有多种伴生组分,多达 20 多种。如内蒙古白云鄂博铁矿,具有综合利用可能的有用组分约 20 种。而伴生的组分价值往往要比主矿物高得多,如白云鄂博铁矿、伴铁矿而生的稀土矿和铌的价值比铁的价值高出 20 多倍。

4. 矿产资源品质的差异性

矿产资源品质上存在差异性、同种矿产资源品位不同其利用价值也就不同。矿石中金属或有用组分的单位含量,称为品质。矿石品质指单位体积或单位质量矿石中有用组分或有用矿物的含量。一般以质量百分比表示(如铁、铜、铅、锌等矿产),有的用 g 表示(如金、银等矿产),有的用 gm 表示(如砂金矿等),有的用 g/L 表示(如碘、溴等化工原料矿产)。矿产品位是衡量矿床经济价值的主要指标。

矿石的应用价值和品位关系很大。矿石工业品级是矿产工业要求的一项内容。在一个工业类型矿石中,根据矿石的有用组分、有害组分的含量,物理性能、质量的差异以及不同用途的要求等,对矿石(矿物)划分不同等级,称为矿石工业品级。例如,炼钢用铁矿石,按化学成分可分为四个品级;耐火黏土根据有用组分、有害组分的含量以及物理性能(耐火度、烧失量),可以分为多种作用不同的等级;云母矿床中按厚片云母片内最大内接矩形面积(km²)分为 9 个型号的云母等;金刚石根据它的质量、物理性能等也分为几种不同用途的品级。因此对于矿石品级的划分,不同矿种有不同的要求。它是合理开采、合理利用矿产资源的重要依据。

5. 矿产资源的技术、经济制约性

矿产资源与技术、经济关系密切。受技术进步的影响,过去被视为废物的东西,在今天可能成为非常宝贵的资源。如 20 世纪 40 年代以前,铀、铌、钽、稀土等被当成废物,但第二次世界大战后则成为重要矿产;20 世纪 70 年代以前含碳的氧化铜矿被作为果矿,之后由于萃取剂的发明而成为优质矿;过去的贫矿、难选治的矿由于今天技术的进步又可获利。因此,矿与非矿是一个相对的概念,加强对低品质、难选治矿产地的低成本占有和技术开发,是扩大矿产资源可开采量的必要保证。

6.2.4　气候资源

一、气候资源概况

气候是人类和其他生命体生存的基础,同时气候系统中的某些因素(如热量、水分等)又能为人类生产和生活所用。因此,气候既是自然环境的组成要素,又是自然资源的组成部分,人类就是在适应气候环境与利用气候条件下发展起来的。在气候因素中部分要素属于自然条件(即气候环境);部分要素属于可以利用的物质和能量,这部分要素则称为气候资源。

气候资源虽然是现代才出现的学术名词,但人类自觉或不自觉地把气候当成资源来利用却有着悠久的历史。二十四节气的提出与应用就是我国古代有效利用气候资源(温度、降水等)进行农业生产的典范。风车、造船的使用则是利用了气候资源中的风能资源。明代郑和下西洋是利用风能的典范,凭借着对风力及风向的季节性变化规律的了解,庞大的船队远航于中国南海与印度洋之间,为加强中国与东南亚、南亚、西亚以及东非等国的经济与文化交流做出了杰出的贡献。作为现代学术名词的气候资源,通常认为是在1979年由世界气候大会的主席罗伯特·怀特(R. M. White)提出的。他在主题报告中提出:"这次大会产生的一个重要的新概念,就是我们应当开始把气候作为资源去思考"。同年9月,"气候资源"作为词条出现在由上海辞书出版社出版的《辞海》里。

对于气候资源的定义,不同的学术著作中有不同的表述,但定义的内涵是相似的。石玉林等(2006年)将气候资源定义为人类和一切生物生存所依赖的、社会发展可能利用的气候要素中的物质、能量等的总体,它包括气候因子的数量、质量、组合状态、形成变化规律和分布状况以及有关气候现象。另一种更通俗的定义为:气候资源包括光、热、水、风与大气成分,是人类生产和生活必不可少的主要自然资源,在一定的技术和经济条件下为人类提供物质和能量。

针对光、热、水、风、大气成分等气候资源,人类对其利用的方式存在很大的差异,总的来说气候资源的利用有两种方式,即直接利用方式与间接利用方式。直接利用是指作为能源与物质的气候因素的直接被利用。例如,利用太阳能、风能发电、供热、作为机械动力,利用空气制氧、制氢等。气候资源的另一种利用方式是间接利用,它主要是利用绿色植物在光合作用过程中同化二氧化碳和水,合成有机物从而将太阳能转化为有机物质。气候资源的间接利用方式是作为生产人类生活必需的粮食和畜产品以及木材、纤维等原料的基础。

气候资源的形成决定于气候特征的形成和气候变化状况。影响气候特征和变化的4大因子是太阳辐射、大气环流、下垫面状况和人类活动。由于地球上地理纬度的差异,导致了太阳辐射分布不均匀;由于地球表面海陆分布、地形差异、地球自转等因素而形成了不同尺度的大气环流和区域气候特征,加之人类活动对地球下垫面状况的改变和大气成分的改变,造成了气候的变化,使得气候资源的时空分布也有较大的复杂性。

二、气候资源的特征

作为一种自然资源,气候资源除了与其他可更新资源具有许多相似性外,它也具有某些独特性,从而在自然资源的利用方面有别于其他自然资源。气候资源具有如下特征:

1. 全球性与区域性

气候系统是由地球五大圈层组成的系统,影响气候资源形成的因素包括太阳辐射、大气环流、下垫面状况等,这些因素都具有全球性与区域性特征,从而使得气候资源具有全球性与区域性。如太阳辐射在纬度上的分布取决于太阳轨道与地球轨道的夹角,太阳在南北回归线之间的移动决定了太阳辐射的纬带特征。受太阳辐射空间差异的影响,大气的温度及其影响下的气压同样出现空间差异,从而在地转偏向力的共同作用下形成行星风带。中国处在最大的大陆(欧亚大陆)东部,最大的大洋(太平洋)西部,由于海陆的热力差异,造成中国典型的季风气候,从而出现与季风相应的水热同期的气候资源特征。此外,气候资源的全球性还体现在人类活动对气候资源的影响往往也是全球性的。如人类燃烧化石燃料释放的 CO_2 温室气体造成全球范围的气温上升,从而表现出全球变暖问题。同样,大气释放的 CO_2 是植物光合作用的原料,它是气候资源中的一种(大气成分资源),由于 CO_2 在大气中快速地传输,使得某个区域释放的大量的 CO_2 能够很快在全球范围内扩散。

2. 空间差异性

尽管气候资源具有全球性,但由于不同的区域中太阳辐射、大气环流、地理条件不同,使得不同地区的气候特点各异,从而使得气候资源的各要素在空间分布上以及各要素的空间组合上存在很大的差异。这种差异性表现为地表形成了不同热量带(热带、温带、寒带)、不同的水分条件(湿润、半湿润、半干旱、干旱)。加之受复杂地形因素的影响,使得资源在空间上分布不均匀。正是由于气候资源具有这种空间上的差异性,因此在利用气候资源时一定要遵循客观规律,因地制宜、合理地利用本地的气候资源。

3. 季节性与波动性

受太阳辐射等因素的季节变化和波动性的影响,气候资源表现出明显的季节性和波动性。气候资源是自然资源中最活跃的一种资源。气候资源的表现在作为资源的气要素(如太阳辐射、风、热量、水分等)具有季节性变化特征,这种特征在中纬度地区表现得尤为明显。我国古代的二十四节气就包含了气候资源(主要是温度、降水)的这种季节变化,从而在农业上为合理地利用气候资源提供了依据。伴随着气候资源的季节性特征,气候资源还表现出波动性,这种波动性既表现在年际尺度的波动,也表现在季节或月尺度的波动,这种偏离正常年或正常月的气候因素的波动往往容易给生产带来不同程度的灾害风险。中国灾害的多发与中国季风气候不稳定有着密切的关系。

4. 整体性

气候由光、热、水、风等资源组成,这些资源相互影响、相互联系、相互制约而构成气候资源的整体性。这种整体性一方面表现在当其中某个因素发生变化后就会影响相关的因素的变化。另一方面,气候资源的整体性也表现在农业生产领域。影响农业生产力的因素包括光、热、水等因素。水分条件不足时,农业生产力必然受到影响。同样,如果光照条件和水分条件都很好,但温度过高或过低,也会影响最终的产量。正因为如此,在农业生产时要充分考虑相关的因素。

5. 利与害双重性

作为气候资源的气候因素具有利与害双重属性,这与其他自然资源(如矿产资源、植物资源)不同。也就是说,某一气候因素的数量或强度并不是越大越好,而是应该适度,否则这种气候因素就会成为一种灾害。比如说热量条件,它是农业生产所必需的气候资源,但作物对于温度的响应往往是非线性的。也就是说作物有一个最适的温度(或温度区间),在最适温度附近作物生长得最好,产量最高,当热量条件过低则容易形成冷害,但如果热量条件过高也会影响作物的正常生长。又如水分条件,它是维持生态系统功能的基本条件,但当降水过多时就会形成涝灾,而过少时又会出现旱灾。正因为气候资源具有利与害的双重属性,因此在利用气候资源时要具有风险意识,并通过适当的工程来降低风险,如通过水库来调节水分,通过覆盖塑料薄膜来降低冷害的风险。

6.3　能源与能源危机

能源是能够为人类提供某种形式能量的自然资源及其转化物。能源技术就是各种能源的开发、生产、传输、储存、转化以及综合利用的技术。能源是人类社会存在和发展所必需的重要物质基础。但今天能源匮乏和环境污染已成为制约社会发展的全球性问题。当前能源革命的重点是开发新能源和提高能源的利用效率,以求人类社会的可持续发展。

6.3.1　能源的分类和常规能源

一、能源的分类

能源形式多样,通常有多种不同的分类方法,它们或按能源的来源、形成、使用分类,或从技术、环保角度进行分类。不同的分类方法都是从不同的侧面来反映各种能源的特征。

1. 按其成因划分

按其成因划分可将能源分成三类:地球本身蕴涵的能量,如核能、地热能等;来自地球外天体的能源,如宇宙射线、太阳能以及由太阳能引起的水能、风能、海洋能、生物质能、光合作用、化石燃料(如煤炭、石油、天然气等,它们是1亿年前由积存下来的有机物质转化而来的)等;地球与其他天体相互作用的能源,如潮汐能。

2. 按被利用的程度划分

按被利用的程度划分可将能源分为常规能源和新能源。常规能源如煤炭、石油、天然气、水能等,其开发利用时间长、技术成熟、能大量生产并广泛使用,因此常规能源有时又称为传统能源;新能源是指其开发利用较少或正在研究开发之中的能源,如太阳能、地热能、潮汐能、生物质能等,新能源又称为非常规能源。核能通常被看作是新能源,尽管由核燃料提供的核能在世界已知能源中占 15%,但是从被利用的程度看还是不能和已知的常规能源比。另外,核能利用的技术非常复杂,这也是核能仍被视为新能源的主要原因之一。许多学者认为应将核裂变作为常规能源,核聚变作为新能源。

3. 按获得的方法划分

按获得的方法划分可将能源分为一次能源和二次能源。一次能源即自然界存在的,可直接利用的能源,如煤炭、石油、天然气、风能、水能等;二次能源即由一次能源直接或间接加工转化而来的能源,如电力、蒸汽、焦炭、煤气、氢能等,它们使用方便,易于利用,是高品质的能源。

4. 按能否再生划分

按能否再生划分可将能源分为可再生能源和非再生能源。可再生能源是能不断地再生和得到补充的能源,如水能、风能、海洋能、太阳能、生物质能等;非再生能源随人类社会利用而越来越少,如石油、煤、天然气、核燃料等。

5. 按对环境的影响划分

按对环境的影响划分可将能源分为清洁能源和非清洁能源。清洁能源是对环境无污染或污染很小的能源,如太阳能、水能、海洋能等,非清洁能源是对环境污染较大的能源,如煤、石油等。

二、常规能源

常规能源包括煤炭、石油、天然气、水能、核电,它们在目前能源结构中占主要地位。煤炭、石油、天然气均属化石燃料,它们分别是古代植物和低等动物的遗体在缺氧条件下经高温高压作用和漫长的质变而成的。

1. 煤炭

煤炭的化学成分主要是碳、氢、氧和氯,一般碳占 60%~90%,氧占 4%~8%,每燃烧 1 kg 煤大约可产生 $1.08×10^2$~$3.34×10^1$ J 的热量,可作为燃料和化工原料。煤炭是人类历史上最古老的能源之一,在很久以前就把它誉为"黑色的金子",到了近代又称它为"工业的粮食",从历史上来看,煤与人类文明的发展息息相关。到目前为止,已探明的全球煤炭储量超过 1 万亿吨,我国约占其中的 15%。在世界已知能源(直接来自自然界而未经加工转化的能量,如煤炭、石油、天然气等)消费结构中,煤炭所占的比重在 25% 左右,仅次于石油而居第二位。

鉴于未来能源结构中煤炭仍占有很大比重,各国对洁净煤技术的研究与推广都很重视,它包括煤炭利用各环节的净化和减少污染技术,主要有:①燃烧前技术:选煤(常规选煤、高效物理选煤、化学选煤、微生物脱硫),型煤(工业型煤、民用型煤、特种型煤),水煤浆(普通水煤浆、精细水煤浆);②燃烧中的技术:低能源污染燃烧,燃烧中固硫,流化床燃烧,涡旋燃烧;③燃烧后的技术:烟气净化,灰渣处理;④转化技术:煤气联合循环发电,城市煤炭汽化,煤炭地下汽化,煤炭液化,燃料电池,磁流体发电。为海上石油钻井平台,如图 6-4 所示。

图 6-4　海上石油钻井平台

2. 石油

石油的主要成分为碳氢化合物和少量氧化物、硫化物等混合物。燃烧 1 kg 石油可产生 4.096×10^7 J～4.514×10^2 J 的热量。用蒸馏和裂化等方法可提炼出汽油、煤油、柴油、重油等不同沸点的石油产品,是宝贵的非再生能源。

1859 年,美国人德莱克在宾夕法尼亚州用 7 马力单缸发动机钻成日产 5 000 L 的石油井,由此揭开了石油开采的序幕。1854 年,美国的西利曼建立了最早的石油分离装置,分离出煤油和汽油。19 世纪末,新型热机的出现,即内燃机的普遍应用,尤其是航空事业的发展,促进了石油炼制工业的发展。石油需求量的剧增促进了勘探、开发和炼制技术的进步,也使石油产量大增。到 20 世纪中叶以后,世界各工业国家能源消耗转换到以石油和天然气为主。目前世界已有 100 多个国家产油,主要集中在中东地区。石油是现代工业的重要支柱,被称为工业生存的血液,是优质能源。需求量不断增大但储量却极为有限,据统计,世界大型和超大型油田的储量正以每年 4%～6% 的平均速度减少。目前人们已经尝试从其他方法中获取石油,如海底开采石油,利用煤炭生产石油,利用木材加工石油,从植物中提取石油,从废弃物中提取石油等。

3. 天然气

天然气是可燃的低分子量的烷烃气体混合物,主要成分是甲烷、乙烷和少量丙烷、丁烷,可用作燃料和化工原料。天然气具有燃烧时不产生灰渣、产生二氧化碳量少(比石油少 50%,比煤炭少 75%)、使用方便(可液化,也可经管道输送)、开采成本低等优点,近些年消耗上升,占世界能耗的 20%。各国在开发海上石油的同时,也在积极开发海洋天然气,海洋天然气的产量已占天然气总产量的 20%。目前我国实施的西气东送工程,是把新疆、陕西地区丰富的天然气经管道输送到能源需求大的东部地区,实现东西部互赢发展。

4. 水能

水能是天然水流具有的势能和动能。地球上的水在太阳辐射下受热蒸发,天然水蒸气上升到高空成为云,在一定条件下凝成雨、雪,落到地面汇集成江、河,形成现循环的无污染的可再生能源。随着水轮机技术的改进,水力发电已成为电力能源的重要组成部分。

1878 年法国建成了世界上第一座水力发电站,目前,美国是开发水力发电站最多的国家,1992 年已建成常规水电站 2 304 座,装机共 73 490 MW。

我国水力资源居世界第一,主要分布在西南部地区。如葛洲坝水利工程,装机2.715 $\times 10^6$ kW,年发电量为 1.4×10^{10} kW·h。长江三峡水利工程是具有防洪、发电、航运、供水等多种功能,设计安装 68×10^4 kW 机组 26 台,年发电量为 8.4×10^{10} kW·h,是世界上最大的水电站。我国水电开发采取大、中、小并举的方针,重点是黄河上游、长江中上游和澜沧江等,预计到 2020 年我国水电装机可达 1.8×10^8 kW,2020 年~2050 年再开发到 1.1×10^8 kW~2.9×10^8 kW,我国的水电发电量将雄居世界首位。

6.3.2 能源危机

迄今为止,在常见的能源中,被人类利用得最多的是煤炭、石油、天然气、水能、核裂变能和植物燃料几大类,占世界能源消费总量的 99% 以上。但这些常规能源大多面临日渐枯竭之势,能源紧缺已成为制约各国经济发展的要素。目前世界上已探明储量的煤炭可开采年限为 200 余年,石油为 40～50 年,天然气为 50～60 年,铀为 60 余年。从总体来看,虽然今后会有新的探明储量,但是现代社会对能源需求越来越大,能源短缺将成为人类面对的实际问题。而较为理想的可重复使用的再生资源——水能,在工业国家通过传统工艺已开发了 3/4 以上,潜力有限。如果不能及时找到新的、更为理想的能源来接替传统能源,对于人类社会而言将是灭顶之灾。所以,节流开源－提高常规能源的利用率,开发新的能源,特别是可再生能源已是当务之急。

截至目前,人类历史上已经出现了三次石油危机,让人十分担心的是,世界石油原产地分布非常不均衡,各国间生产力发展程度不一致,地缘因素、历史恩怨、政治立场等十分复杂,导致每一次石油危机的爆发都和战争因素有关。很多政治家和科学家都表示过十分关切和悲观的态度。

三次石油危机产生的直接原因都是石油减产和供应减少,导致油价飙升。当石油供应突然减少,全世界的经济就会受到影响,甚至发生经济危机。世界石油储量的 2/3 集中在中东诸国,中东石油出口量占全球消费量的 14% 以上,三次石油危机都在中东爆发,说明中东局势牵连着世界的命运。

21 世纪伊始,新一轮的石油危机紧跟而来。自 2000 年开始,油价一路攀升,每桶从 1999 年的 10 美元,升到 2005 年的 70 美元、2007 年的 88 美元。令人担忧的是,这次危机不会像以往历次危机那样随着战争的结束而缓解,而可能是旷日持久的。现在石油生产的增长在减慢,生产量在逐渐减少,而世界对石油的需求仍在增加。当前石油危机体现在油价疯涨,通货膨胀和市场上的投机行为固然是油价上涨的原因之一,但主要原因还是供不应求,这正是石油供应迫近或到了极限、"峰值"出现所难以避免的现象。石油危机正在冲击全球经济,无疑会影响各国的国计民生。

6.3.3 太阳能

新能源主要是指目前尚未被人们大规模开发和广泛利用的能源。一般来说,新能源是在新技术基础上开发利用的可再生能源和清洁能源,是未来可持续发展的经济和社会的能源基础。它包括的范围很广,目前人们正在积极研究、开发有推广应用前景的主要是太阳能、核能、地热能、风能、生物质能、氢能和海洋能等几大类。

太阳是一颗炽热的恒星,地球上万物生长都依赖它的光和热。太阳能的来源主要是内部氢原子核间不停地进行的高温热核聚变反应释放的辐射能,其辐射功率约为 3.8×10^{23} kW。太阳表面温度约为 6 000 K,中心温度高达 1.5×10^7 K,压力可达 30 MPa。由于太阳离地球相当远,所以能达到地球大气层的能量约占总辐射能的 22 亿分之一,其中 50% 被大气层反射和吸收,50% 到达地面。即使如此,达到地面的辐射功率也高达 8.6×10^{13} kW,相当于目前地球上总发电功率的 8 万倍。

太阳能是一种清洁、经济、取之不尽的理想的可再生能源,迄今为止地球上所有的能源形式绝大部分都来自太阳能,除了直接的太阳辐射能外,煤炭、石油、天然气等矿物燃料其实是远古以来转换储存下来的太阳能。水能、风能、海洋热能、生物质能等也都间接地来自太阳能。但是太阳能存在着密度低、不连续、不稳定等缺点,所以太阳能大规模利用的关键在于解决太阳能的聚集和储存以及提高太阳能向其他能量形式的转化效率问题。目前开发利用太阳能技术主要有三种方式,即光－电转化、光－热转化和光－化学转化。

6.3.4 核能

核能俗称原子能,是指原子核发生裂变或聚变时所放出的结合能,分成核裂变能和核聚变能两类。1938 年,人类发现铀核裂变现象,1942 年便建成了第一座原子核反应堆。20 世纪 50 年代,第一座利用核裂变能进行发电的原子能电站建成,到 2007 年 1 月,世界各地有 435 座反应堆在运行。在这些在役的反应堆中美国有 103 个,法国 59 个,日本 55 个,俄罗斯 31 个,英国 19 个,仅这 5 个国家就占全球在役反应堆的 60% 以上。另外,截至 2007 年 3 月,全球在建的核反应堆有 30 个,发电容量将达到 24.251 亿瓦,其中大多数在亚洲,共有 16 个(印度 7 个,中国 5 个,朝鲜、伊朗、日本和巴基斯坦各 1 个)。2005 年,至少有 15 个国家的核能发电量占本国发电总量的 30% 以上,占 15%～30% 的国家有 6 个,其中法国核电生产量占其电力生产量的份额接近 80%。2005 年全球并入电网的核电机组有 4 台,其中日本 2 台,印度和韩国各 1 台;同年,加拿大一台闲置的机组重新并入电网。普遍认为,核能是一种安全、经济、清洁的能源,核能在很多国家已取代石油和煤而上升到主导能源的地位。

1. 核裂变能

核裂变能主要是指重元素(铀或钍等)的原子核发生裂变时释放的能量。为了使铀核裂变过程不至于进行得太快,设计了可控的反应装置——原子核反应堆。原子核反应堆是核电厂的心脏,核裂变链式反应在其中进行。反应堆的类型繁多,有不同的分类标准,可分别按中子能量、冷却剂和慢化剂、堆芯结构以及用途进行分类。其中,在核电工业中更多的是按照冷却剂和慢化剂进行分类。轻水堆、重水堆、石墨堆是工业上成熟的主要发电堆。

2. 核聚变能

核聚变能是利用轻原子核（氘－氚或氘－氚）在极高温度（几千万摄氏度或上亿摄氏度）下聚合成较重原子核（如氦）过程中释放出来的巨大能量。因这种反应是在极高温度下才能进行，所以又叫热核反应。氢弹就是利用热核聚变原理，但是氢弹的热核反应速度不能控制，因此不能作为能源来利用，必须使核变顺从地在人为控制下进行，即建立受控热核聚变反应装置，才能使其应用变为现实。为实现这个目的，有两种可能的途径：一是磁约束，用强磁场把低密度的高温重氢原子核长时间约束在容器内使其发生聚变反应。一是惯性约束，利用运动惯性把高密度的高温重氢原子核在短时间内约束住，使其形成微型爆炸式的聚变反应。

3. 核能的安全性

提起核能，人们会想到原子弹、氢弹，担心是否安全，苏联切尔诺贝利（现乌克兰境内）核电站的放射性泄漏事故更增加了对能否安全利用核能的担忧。事实上，核电站的运行是有安全保障的。以我国的秦山核电站为例，秦山核电站是压水堆式，用高压含硼水作为慢化剂和冷却剂，高压水通过堆芯加热后仍是高压水，通过蒸汽发生器交换热量，产生蒸汽用来发电，所使用的核燃料是低浓度的二氧化铀（浓度为 $2.4\%\sim3\%$），这是国际上应用最广泛、安全性最好的堆型。秦山核电站还设有三道安全屏障：锆合金管制作的核燃料包壳；管外的压力壳；包在燃料壳和压力壳外，内衬厚钢板，壁厚达 1 m 的混凝土建筑物安全壳。沸水堆核电站工作原理示意图，如图 6-5 所示。

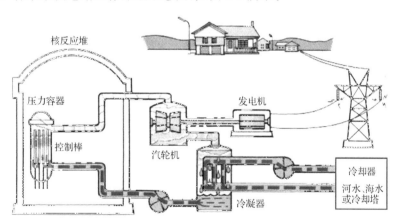

图 6-5　沸水堆核电站工作原理

自 1954 年以来，人类对核能的商业利用实践已经走过了半个多世纪。经历了 1970 年代的快速发展时期，因三里岛和切尔诺贝利核电站事故所引发的 1980 年代的缓慢增长期。迄今为止，核电站改进措施已见成效，核电安全性和经济性均有所提高。但是，公众和用户对核电产业的发展仍然心存余悸。世界核能产业就是在希望与疑虑的矛盾中缓慢而稳步地发展中。

6.3.5　地热能

地热能是指在地球内部蕴藏着的巨大的热能,它主要来源于地球深处的压力和地球内部放射性元素衰变产生的热量。地温随深度的加深而升高,平均每深入 1 km,温度升高 30 ℃。按存在的形式,地热资源可分为五种类型,即蒸汽型、热水型、地压型、干热岩型和岩浆型。目前人类开发利用的仅限于蒸汽型和热水型两类,而地压型及干热岩型的开发处于试验阶段,岩浆型的利用尚处于基础研究阶段。

世界上已知的地热资源主要分布在三个地带:环太平洋沿岸的地热带;从大西洋中脊向东横跨地中海,中东到我国滇藏的地热带;非洲大裂谷和红海大裂谷地热带。目前,世界上已有 80 多个国家发现有地热资源,其中 60 多个国家正在开发利用。地热能储量巨大,仅地下热水和地热蒸汽存储的热能总量占地球全部煤炭储能的上亿倍。据估计,在地球上的所有能源中,地热能仅次于太阳辐射能,处于第二位。地热能以温泉、火山爆发、地热等形式散逸出来,仅每年的散逸量就达到目前世界能源总消费量的 2 倍。在目前技术条件下,利用地热能的方式主要有地热发电和地热取暖两种。

地热发电的基本原理和一般火力发电一样,是地热能通过机械能的中间转换产生电能,它不用燃料,不需锅炉,热能直接取自于地热流体。迄今为止,已有 40 多个国家建立了不同规格的地热发电站,装机总容量已达上万千瓦,其中尤以美国(占 50%)和菲律宾(占 15%)最多。我国地热资源也非常丰富,已发现温泉几百处,并在西藏、河北、湖南、江西、辽宁和福建等地建成了多座地热能电站,其中最大的西藏羊八井地热电站 6 MW 机组已投入运行。地热发电技术的不断提高给这一能源的开发带来活力。

随着地热开发规模的日益扩大也带来了新的问题。一是大量开采地下水带来的地质问题;二是在地热工厂的废水中,盐和矿物质的含量十分高,地热井中含有害气体(如硫化氢),存在伤人隐患。

6.3.6　风能

风能是由于太阳辐射造成地球各部分受热不均匀而引起空气流动所产生的能量。风能是蕴藏量大、分布广、可再生、无污染的天然清洁能源。据估算,全世界可开发的风力达 2×10^{10} kW,比地球上可开发的水力资源大 10 倍。风能资源受地形的影响较大,世界风能资源多集中在沿海和开阔大陆的收缩地带,如美国的加利福尼亚州沿岸和北欧一些国家,中国的东南沿海、内蒙古、新疆和甘肃一带。这些地区适于发展风力发电和风力提水。新疆达坂城风力发电站在 1992 年已装机 5 500 kW,是中国最大的风力发电站。风力发电机结构示意图如图 6-6 所示。

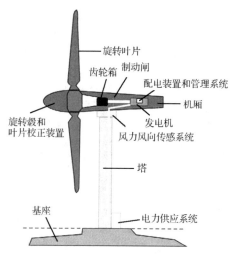

图 6-6　风力发电机结构示意图

风能的利用主要有以下几种形式:

(1)风能转化成机械能。通过风力机将风能转化成机械能而直接利用。传统风车是水平轴式,由若干桨片组成,近代研制出成本低、结构简单的立轴式风车。

(2)风能转化成电能。风力发电是风能被利用的最主要的形式,它是通过风力发电机将风力机提供的机械能转化成电能,即风力机带动发电机运行。小型风力发电机组通常备有蓄电池储能装置,以保证无风时供电。近年来,许多国家兴建了"风车田",统一由计算机控制向电网供电,这是大规模的风力发电,是利用风能的重要突破。继 20 世纪 80 年代美国在加利福尼亚州利用风能获得成功后,世界各国都在规划和建设。我国自 1986 年山东荣成第一个示范风电场建成之后,风电场装机容量规模不断扩大,截至 2006 年年底全国已经建成 68 个风电场,安装风电机组 2 350 台,装机容量已经达到 2×10^6 万 kW,国产风电机组所占市场份额已超 30%,技术性能相当于国际上 20 世纪 90 年代中期水平。按照国家发改委风电发展规划目标:2020 年全国风电装机容量累计达到 3×10^7 万 kW。

(3)风能转化成热能。利用风力搅拌液体、挤压液体或涡电流致热,被用来取暖及供热,这也是近年来引人注意的一种风能利用形式。

(4)风帆助航。帆船已有悠久的历史,现代风帆每平方米可获得 200 W～300 W 的风能,这为风能在远航运输中的应用展现了新的前景,美国正在建 4 500 吨的风帆助航远洋货轮。风力这个古老的能源在新技术支持下,也正在成为新能源的重要组成部分。

6.3.7　生物质能

生物质能又称"绿色能源",它是指通过植物的光合作用将太阳的辐射能量以一种生物质的形式固定下来的能源。它包括世界上所有的动物、植物和微生物以及由这些生物产生的排泄物和代谢物。生物质能来源于太阳辐射能,是取之不尽的可再生能源。

世界上生物能源种类繁多,有农作物和农业有机残余物、林木和林工业残余物、动物排泄物、江河湖泊沉积物、农副产品加工后的有机废物、城市生活垃圾等。科学开发利用生物质能既可获得干净无污染的新能源,又能利用城市垃圾、有机废物等能源。

生物质能的转化技术大体分为三类:

(1)直接燃烧,获取热量。这是最简单的方法,但转换效率很低,且污染环境,部分国家正研究生物质压块燃料以提高热效。

(2)生物转化技术。通过微生物方法将生物质转化为液体或气体燃料。我国农村广泛使用的"气"就是这种转化。发酵原料十分广泛,这是解决农村能源和处理城市垃圾变废为宝的现实途径,而且潜力很大。据推测,我国的农作物废弃物如全部发酵,每年可制取 1 011 m^3 沼气。从 20 世纪 80 年代以来,沼气的利用已从生活领域走向生产领域,从农村走向城镇。

(3)化学转化技术。通过化学方法使生物质转化成燃料物质,化学方法目前有三种:有机溶剂提取法、气化法、热分解法。在现代高技术的支撑下,生物质能的开发利用必将进一步发展,成为新能源的重要组成部分。

6.3.8　氢能

氢能能量大、使用方便、运输方便,是来源丰富和没有污染的持久能源。氢在常温常压下是气体状态,在超低温高压下可转变成为液态。作为能源,它的特点是:重量轻,它的原子序数为 1;热值高,是汽油热值的 3 倍;易燃烧,且燃烧速度快;资源丰富,除空气中含有外,主要存在于水中,海水中的氢可以说是取之不尽的;品质纯,无污染,本身无色、无臭、无毒,十分纯净,燃烧后生成水和少量氮的氢化物,不会污染环境;能量形式多,可通过燃烧产生热能,也可以通过燃料电池和燃气－蒸汽涡轮发电机转化成电能;储运方便,可以用气态、液态或固态金属氢化物形态加以运输和储存。

氢能是通过科学方法,利用其他能源来制取的,因此属于二次能源。开发利用氢能会碰到两个难题:一是要寻找一种廉价易行的氢的制备工艺;二是要解决氢气的储存问题,最理想的办法是利用太阳热分解制氢。目前一些国家正在摸索太阳能制氢技术。如太阳热分解水制氢法,利用太阳能聚光器将水加热到 3 000 K 以上,水中的氢和氧开始分解,如果在水中加进某些化学元素或化合物等催化剂,则可在 900 K～1 200 K 温度分解;太阳能电解水制氢,首先将太阳能转化成电能,再电解水;太阳能光化学分解水制氢;太阳能光电化学电池分解水制氢;模拟植物光合作用分解水制氢;太阳光合催化分解水制氢;微生物发酵制氢;光合微生物制氢等方法。这些方法目前大部分还处于理论研究和实验室阶段,随着技术的进步,低价制取、储运、安全使用氢能这个干净优质的新能源不会太遥远。

第7讲

环境问题

人类社会发展到今天,创造了前所未有的文明,但同时又带来了一系列环境问题。随着人口的激增、工业与经济的发展,特别是发展中国家急切改变本国贫穷落后状态的愿望与行动在工业发达国家环境治理刚刚取得某种进展的同时,发展中国家的生态破坏和环境污染却更为严重与突出,反过来又强烈制约和影响着经济的发展。20世纪80年代中后期,南极上空发现的臭氧空洞,地球变暖即所谓"温室效应"及酸沉降等问题构成全球性大气环境问题,明显地危及全人类的生存和繁衍,引起了国际社会的高度关注,使当今的世界环境问题具有明显的时代特征。1992年6月,联合国在巴西召开的有103位国家元首或政府首脑和180多个国家的代表参加的被称为"20世纪地球盛会"的"环境与发展"大会,讨论和签署了《地球宪章》(规定国际环境行动准则)、《21世纪行动议程》(确定21世纪39项战略计划)、《气候变化框架公约》(防止地球变暖)和《保护生物多样性公约》(制止动植物濒危与灭绝)等四个重要文件,成为这个时代特征的集中表现。

7.1 环境问题的概念和分类

7.1.1 环境问题概念

什么叫环境问题?几十年前人们只局限在对环境污染或公害的认识上,因此那时把环境污染等同于环境问题,而地震、水灾、旱灾、风灾等则认为自然灾害。随着经济的迅猛发展,自然灾害发生的频率以及受灾的人数都在激增。以旱灾和水灾为例,20世纪60年代全世界每年受旱灾人数为185万人,受水灾人数为244万人。而20世纪70年代则分别为520万人和1540万人。到了90年代,灾情更显著增加,仅1998年受水灾严重影响的国家就达 12 个,其中以中国的长江、嫩江和松花江的全流域水灾为最甚,受灾人口达 2.23 亿人,死亡人口达 3 004 人,直接经济损失 1 666 亿元。

因此,环境问题就其范围大小而论,可从广义和狭义两个方面理解。从广义理解,环境问题就是由自然力或人力引起生态平衡破坏,最后直接或间接影响人类的生存和发展的一切客观存在的问题。由于人类的生产和生活活动,使自然生态系统失去平衡,反过来影响人类生存和发展的一切问题,就是从狭义上理解的环境问题。

7.1.2 环境问题的分类

如果从引起环境问题的根源考虑,可将环境问题分为两类。由自然力引起的为原生环境问题,又称第一环境问题,它主要是指地震、洪涝、干旱、滑坡等自然灾害问题,对于这类环境问题,目前人类的抵御能力还很薄弱。由人类活动引起的为次生环境问题,也叫第二环境问题,它可分为环境污染和生态环境破坏两类。

什么是环境污染? 一般认为,由于人为的因素,环境的化学组成或物理状态发生了变化,与原来的情况相比,环境质量恶化,扰乱和破坏了生态系统和人们正常的生产和生活条件,就叫作"环境污染"。有的把严重的环境污染或主要是对生物体的危害叫作"环境破坏"。具体说来,环境污染是指有害的物质,主要是工业的"三废"(废气、废水和废渣)对大气、水体、土壤和生物的污染。环境污染包括大气污染、水体污染、土壤污染、生物污染等由物质引起的污染和噪声污染、热污染、放射性污染或电磁辐射污染等由物理性因素引起的污染。而环境破坏则是人类活动直接作用于自然界引起的,例如乱砍滥伐引起的森林植被的破坏,过度放牧引起的草原退化,大面积开垦草原引起的沙漠化,滥采滥捕使珍稀物种灭绝、危及地球物种多样性,植被破坏引起的水土流失等。环境污染根据其起因、机制和特点的不同,又可分为环境污染和环境干扰两类,环境污染是人类活动所排出的各种各样物质作用于环境而产生的不良影响,其特点是污染源停止排出污染物以后,污染并不马上消失,还会存在较长的时间。环境干扰是人类活动排出的能量作用于环境而产生的不良影响,其特点是干扰源停止排出能量以后,干扰立即或很快消失。环境干扰包括噪声干扰、热干扰和磁辐射干扰等。顺便指出,也有把"污染"和"干扰"统称为"污染因子(或因素)"的。但是应该注意,原生和次生环境问题往往难以截然分开,它们常常相互影响、相互作用。

7.2　固体废物污染

固体废物的处理是当今世界各国不容忽视的一个环境问题,能否对其进行妥善处理,是现代化国家进一步发展的一个重要条件,同时还关系到资源、能源的充分利用。近年来,发达国家将大量工业和生活废物,特别是危险废物通过各种途径向发展中国家转移,这使得危险废物和垃圾跨国间的运输逐渐加剧,这个问题引起了世界许多国家的关注。

7.2.1 固体废物的来源

固体废物(Solid Waste)亦称废物,一般指人类在生产、加工、流通、消费以及生活等过程提取目的组分之后,废弃的固态或泥浆状物质。废物具有相对性,一个过程的废物往往可以成为另一个过程的原料。所以有人说固体废物是"被错待了的原料",应该加以利用。固体废物有多种分类方法,可以根据其性质、状态和来源进行分类,如按其化学性质可分为有机废物和无机废物;按其危害状况可分为有害废物和一般废物。欧美等许多国家按来源将其分为工业固体废物(Industrial Solid Waste)、矿业固体废物(Mining Solid Waste)、城市固体废物(Municipal Solid Waste)、农业固体废物(Agricultural Solid Waste)和放射性固体废物(Radioactive Solid Waste)等五类。我国从固体废物管理的需要出发,将其分为工矿业固体废物、有害固体废物和城市垃圾等三类;矿业固体废物来自矿物开采和矿物选洗过程;城市垃圾主要来自城市居民的消费,市政建设和维护以及商业活动;农业固体废物来自农业生产和禽畜饲养;放射性固体废物主要来源于核工业和核电的生产、核燃料循环、放射性医疗和核能应用以及有关的科学研究等。

工业过程和城市生活必然产生废物。随着经济的不断发展,工业生产规模的不断扩大,生活水平日益提高,随之而来的废物排放量也与日俱增。虽然对资源回收和节约能源的鼓励正在使循环利用率不断增加,但需要处理的废物数量仍在增大。目前,全世界的工业每年都会产生约 2.1×10^9 t 固体废物和 3.38×10^8 t 危险废物。放射性废物的产生量亦在逐年上升。

20 世纪 60 年代以来,各国工业化与城市化的进程加快,工业越来越集中,人口也随之涌入城市。城市人口的密集导致交通错乱、垃圾成灾。城市垃圾的产生量往往随经济水平的提高而增加,各国人均废物量不断增加。发达国家垃圾增长率为 3.2%～4.5%,发展中国家的垃圾增长率为 2%～3%,全球年产垃圾 8×10^9 t～1×10^{10} t。如此大量的垃圾严重破坏了生态环境,对居民的健康和生存构成了严重的威胁。现在一座百万人口的城市一天要产生上千吨的垃圾:如墨西哥城的人口大约为 2 150 万人,平均每人每天产生垃圾 2 kg,全城每天产生的 4 300 kg 废物都在露天堆放,导致垃圾腐烂,污染土地和空气,严重威胁人们的健康。

我国固体废物的产生量随经济的发展和人民生活水平的不断提高也在急剧增加。城市垃圾近几年平均每年增长速度为 9.6%。

7.2.2 固体废物的危害

与废水和废气相比,固体废物有几个显著的特点:首先,固体废物是各种污染物的最终形态,特别是从污染控制设施排出的固体废物浓集了许多成分,具有呆滞性和不可稀释性,是固体废物的重要特点之一。其次,在自然条件影响下,固体废物中的一些有害成分会转入大气、水体和土壤中,参与生态系统的物质循环,因而具有长期潜在的危害性。最后,固体废物的上述两个特点决定了从产生到运输、储存、处置以及处理的每个环节都要妥善控制,使其不危害生态环境,即具有全过程管理的特点。

7.2.3　固体废物的处理

一、资源化

关于固体废物的资源化有各种各样的提法,如"资源化""再生""回收利用"等,采用较明确的提法是"资源化",即废物的再循环利用。回收能源和资源随着工业发展速度的增长和生活水平的提高,固体废物的数量以惊人的速度上升。在这种情况下,如果能大规模地建立资源回收系统,必将减少原材料的采用,减少废物的排放量、运输量和处理量。这样,不仅可以提高社会环境效益,而且能够做到物尽其用,取得一定的经济效益。所以固体废物资源化的技术开发是一项十分有意义的工作,世界各国的废物资源化实践表明,从固体废物中回收有用物资和能源的潜力巨大,固体废物就像一个"沉睡的巨人"。

我国固体废物的综合利用取得了很大进展。工业固体废物的综合利用率从 1985 年以来稳步上升,到 2001 年已达到 53%,但仍然低于国际先进水平,因而有待于进一步开发高效的资源化技术。

二、固体废物的一般处理技术

1. 预处理技术

固体废物预处理是指采用物理、化学或生物方法将固体废物转变成便于运输、储存、回收利用和处置的形态。预处理常涉及固体废物中某些组分的分离与聚集,因此又是一种回收材料的过程。预处理技术主要有压实、破碎、分选和固化等过程。

2. 焚烧热回收技术

焚烧是高温分解和深度氧化的过程,目的在于使可燃的固体废物氧化分解,借以减容、去毒并回收能量及副产品。几乎所有的有机废物都可以用焚烧法处理,其优点在于能迅速而大量地减少废物容积,消除有害微生物,破坏毒性有机物并回收热能。但是,焚烧容易造成二次污染,特别是当燃烧温度低于 1 100 ℃时,剧毒的二英化合物不易热解,对环境的危害极大,而且投资和运行管理费用也较高。焚烧法在发达国家中发展比较迅速,成为除土地填埋之外一个重要的处理手段。

3. 热解技术

热解是在无氧或缺氧条件下的可燃物高温分解,并以气体油或固形炭的形式将热量储存起来的过程。这是回收能源的一个有效途径,优点在于能回收可储存和可运输的燃料。

4. 微生物分解技术

利用微生物的分解处理固体废物的技术,最为广泛的是堆肥化。堆肥化是指依靠自然界中广泛分布的细菌、放线菌和真菌等微生物,人为地促进可生物降解的有机物向稳定的腐殖质生化转化的微生物学过程,其产物称为堆肥。其主要作用是能够改善土壤的物理、化学和生物性质,使土壤环境保持适于农作物生长的良好状态,而且又有增进肥效的作用。

从发展趋势来看,土地填埋的场所一般难以保证,焚烧处理的成本太高,而且二次污染严重,因此,堆肥化得到了广泛的重视。我国的具体情况是垃圾量大,农业又要求提供大量有机肥料作为土壤改良剂,因此,堆肥化是一条可行的垃圾处理途径。

三、固体废物的无害化处置

1. 固体废物处置的目的

固体废物是多种污染物质的终态,将长期保留在环境中,为了控制其对环境的污染,必须进行最终处置,使它最大限度地与生物圈隔离而寻求一条合理的途径,因此是解决最终归宿问题,也是对固体废物管理的最后一个环节。

2. 废物残渣最终处置方法的选择

对于少量的高危险性废物,如强放射性废物等,国际上已进行了大量的实验研究和可行性探讨,并积累了大量的经验,例如将废物固化后进行孤岛处置、极地处置或深地层处置等。但对于量大面广的固体废物,这些做法都是不现实的,因此必须寻求其他可行的方法。如果不考虑排入外层空间和大气中的可能性,废物处置有两种基本途径:一是排入海洋或其他大的水域;二是在地面上进行处置。

除极个别的情况外,废物已不再被允许倾入海洋,这是因为海洋处置容易造成污染,破坏海洋的生态环境。因此,土地处置已成为唯一的选择。

3. 固体废物的土地填埋

土地填埋是使用最为广泛的土地处置技术,其实质是将固体废物铺成有一定厚度的薄层后加以压实,并覆盖土壤的方法。它是从传统的堆放和填地处置发展起来的,这些传统技术容易污染水源和大气,因此很不可取。现在的土地填埋已不是单纯的堆、填和埋,而是按工程理论和相关标准,对固体废物进行有效控制管理的科学工程方法,并在大多数国家广泛应用。

按照处置对象及技术要求上的差异,土地填埋主要分为卫生填埋和安全填埋两类。前者适用于生活垃圾的处置,后者则用于处置工业固体废物,特别是有害废物。目前卫生填埋的含义已不同于以往的堆、填的概念,与传统方法有本质上的差别。它安全可靠、价格低廉,已被许多国家采用。安全填埋是处置有害废物的一种较好的方法,实际上是卫生填埋的进一步改进,对场地的建造技术、浸出液的收集处理技术等要求更加严格。

7.3　酸　雨

人类使用大量的能源提升了物质文明,却也造成了灾害,酸雨的危害遍及全球,危害极大。由于人类大量使用煤、石油等化石燃料,燃烧后产生的硫氧化物(SO_x)或氮氧化合物(NO_x)在大气中经过反复的化学反应,形成硫酸或酸,或为云、雨、雪、雾捕捉吸收,降到地面成为酸雨。一般未被污染的雨水,pH 呈弱酸性,低于 5.6 便为酸雨(pH 愈小,酸度愈高);如今却频频出现 pH 小于 3 的强酸雨(几乎与醋酸相当)。酸雨的主要成分为稀硫酸、稀硝酸,由于汽车尾气、燃烧煤等释放出硫、氮的氧化物在空气中进一步氧化,并与空气中的水蒸气反应生成稀硫酸、稀硝酸。

7.3.1 酸雨的危害

有人认为酸雨是一场无声无息地危机,而且是有史以来最严重的环境威胁,是一个看不见的敌人,这并非危言耸听。

一、对水域生物的危害

江河、湖泊等水域环境,受到酸雨的污染,影响最大的是水生动物,特别是鱼类。其危害主要表现在以下几个方面:

1.水域酸化可引起鱼类血液与组织失去营养盐分,导致鱼类烂腮、变形,甚至死亡。

2.水域酸化导致水生植物死亡、消失,破坏各类生物间的营养结构,造成严重的水域生态系统紊乱。

3.酸雨会杀死水中的浮游生物,减少鱼类食物来源,破坏水中生态系统。

4.酸雨污染河流、湖泊和地下水,直接或间接的危害人体健康。

二、对陆生植物的危害

森林是陆地生态系统中最重要的组成部分。它不仅给人类提供必需的木材和林副产品,而且具有涵养水源、保持水土、防风固沙、净化空气和美化环境等多种生态功能。研究表明,酸性降水能影响树木的生长发育,降低生物产量,引起森林死亡。对农作物的危害也很大,酸雨会影响农作物水稻的叶子,同时土壤中的金属元素因被酸雨溶解,造成矿物质大量流失,植物无法获得充足的养分,将会枯萎、死亡。

三、对土壤的危害

酸雨可使土壤发生物理或化学性质变化。酸雨落地渗入土壤后,使土壤酸化,破坏土壤的营养结构。酸雨使植物的营养元素从土壤中淋洗出来,特别是 Ca、Mg、Fe 等阳离子迅速损失,长期的酸雨会使土壤中大量的营养元素流失,造成土壤中营养元素的严重不足,使土壤变得贫瘠,影响植物的生长和发育。

土壤中某些微量重金属被溶解,一方面造成土壤贫瘠化,另一方面有害金属如 Ni、Al、Hg、Cd、Pd、Cu、Zn 等被溶出,在植物体内积累或进入水体造成污染,加快重金属的迁移。酸雨造成森林和水生生物死亡的主要原因之一是土壤中的铝在酸雨作用下转化为可利用态,毒害了树木和鱼类。土壤酸化抑制微生物的活动,影响微生物的繁殖。

过量酸雨的降落,造成土壤微生物分解有机物的能力下降,影响土壤微生物的氨化、硝化、固氮等作用,直接抑制由微生物参与的氮素分解、同化与固定,最终降低土壤养分供应能力,影响植物的营养代谢。酸雨对土壤的影响是积累的,土壤对酸雨的沉降也有一定的缓冲能力,所以在若干年后才会出现土壤酸化现象。

四、对建筑物的危害

酸雨对金属、石料、水泥、木材等建筑材料均有很强的腐蚀作用(图 7-1)。酸雨能使非金属建筑材料(混凝土、砂浆和灰砂砖)表面硬化水泥溶解,出现空洞和裂缝,导致强度降低,从而使建筑物损坏。特别是许多以大理石和石灰石为材料的历史建筑物和艺术品,耐酸性差,容易受酸雨腐蚀和变色。

酸雨对金属物品的腐蚀十分严重。因而对电线、铁轨、船舶车辆、输电线路、桥梁、房屋、机电设备等均会造成严重损害。在美国东部,约 3 500 栋历史建筑和 10 000 万座纪念碑受到酸雨损害。

酸雨对古建筑和石雕艺术品的腐蚀十分严重。世界上许多古建筑和石雕艺术品均遭酸雨腐蚀而严重损坏,如罗马的文物遗迹、加拿大的议会大厦、我国的乐山大佛等。希腊雅典一座神庙中的大理石雕像,在 20 世纪前的数百年里均完好无损,然而自 20 世纪 50 年代以来,因酸雨侵蚀,损坏严重。北京有一块 500 年前明代石碑,40 年前碑文清晰可见,但近些年因酸雨侵蚀,字迹已模糊难辨了。酸雨造成了这些物体的社会价值严重降低,并导致维修费用增加。

图 7-1　酸雨对金属、石料、水泥、木材等建筑材料均有很强的腐蚀

五、对人体健康的危害

酸雨对人体健康的危害主要有两方面,一是直接危害,二是间接危害。酸雨通过它的形成物质二氧化硫和二氧化氮直接刺激皮肤,眼角膜和呼吸道黏膜对酸类十分敏感,酸雨或酸雾对这些器官有明显的刺激作用,会引起呼吸方面的疾病,导致红眼病和支气管炎,咳嗽不止,尚可诱发肺病,它的微粒还可以侵入肺的深层组织,引起肺水肿、肺硬化甚至癌

变。酸雨可使儿童免疫力下降,易感染慢性咽炎和支气管哮喘,致使老人眼睛、呼吸道患病率增加。美国因酸雨而致病人数高达 5.1 万人。据调查,仅在 1980 年,英国和加拿大因酸雨污染而导致死亡的就有 1 500 人。

酸雨还对人体健康产生间接影响。酸雨使土壤中的有害金属被冲刷带入河流、湖泊,一方面使饮用水源被污染;另一方面,这些有毒的重金属,如汞、铅、镉会在鱼类机体中沉积,人类因食用而受害,可诱发癌症和老年痴呆,再次,农田土壤酸化,使本来固定在土壤矿化物中的有害重金属,如汞、镉、铅等,再溶出,继而为粮食,蔬菜吸收和富集,人类摄取后,中毒,得病。据报道,很多国家由于酸雨的影响,地下水中铝、铜、锌、镉的浓度已上升到正常值的 10 倍～100 倍。

7.3.2　中国的酸雨问题

中国从 20 世纪 80 年代开始对酸雨污染进行观测调查研究。在 20 世纪 80 年代,中国的酸雨主要发生在重庆、贵阳和柳州为代表的西南地区,酸雨的面积约为 170 万平方千米。到 20 世纪 90 年代中期,酸雨已发展到长江以南,青藏高原以东和四川盆地等广大地区,酸雨地区面积扩大了 100 多万平方千米。以长沙、赣州、南昌、怀化为代表的华中酸雨区现在已经成为全国酸雨污染最严重的地区,其中心区平均降水 pH 低于 4.0,酸雨的频率高达 90% 以上,已达到了"逢雨必酸"的程度。以南京、上海、杭州、福州和厦门为代表的华东沿海地区也成为我国主要的酸雨地区。值得注意的是,华北的京津,东北的丹东等地区也频频出现酸性降水。年均 pH 低于 5.6 的区域面积已占我国国土面积的 40% 左右。我国的酸雨化学特征是 pH 低,硫酸根(SO_4^{2-})、氨根(NH_4^-)、和钙离子(Ca^{2+})浓度远远高于欧美,而硝酸根(NO_3^-)浓度则低于欧美。研究表明,我国酸性降水中硫酸根与硝酸根的摩尔之比大约为 6.4∶1,中国的酸雨是硫酸型的,主要是人为排放造成的。所以,治理好我国的排放对我国的酸雨的治理有着决定性的作用。

7.3.3　酸雨治理措施

一、国际反应

欧洲和北美许多国家在遭受多年的酸雨危害之后,终于都认识到,大气无国界,防治酸雨是一个国际性的环境问题,不能依靠一个国家单独解决,必须共同采取对策,减少硫氧化物和氮氧化物的排放量。经过多次协商,1979 年 11 月在日内瓦举行的联合国欧洲经济委员会的环境部长会议上,通过了《控制长距离越境空气污染公约》,并于 1983 年生效。《公约》规定,到 1993 年底,缔约国必须把二氧化硫排放量削减为 1980 年排放量的 70%。欧洲和北美(包括美国和加拿大)等 32 个国家都在公约上签了字。为了实现许诺,多数国家都已经采取了积极的对策,制订了减少致酸物排放量的法规。例如,美国的《酸雨法》规定,密西西比河以东地区,二氧化硫排放量要由 1983 年的 2 000 万吨/年,经过 10 年减少到 1 000 万吨/年;加拿大二氧化硫排放量由 1983 年的 470 万吨/年,到 1994 年减少到 230 万吨/年等。

目前世界上减少二氧化硫排放量的主要措施有：

（一）原煤脱硫技术，可以除去燃煤中大约 40%～60% 的无机硫。

（二）优先使用低硫燃料，如含硫较低的低硫煤和天然气等。

（三）改进燃煤技术，减少燃煤过程中二氧化硫和氮氧化物的排放量。例如，液态化燃煤技术是受到各国欢迎的新技术之一。它主要是利用加进石灰石和白云石，与二氧化硫发生反应，生成硫酸钙随灰渣排出。

（四）对煤燃烧后形成的烟气在排放到大气中之前进行烟气脱硫。目前主要用石灰法，可以除去烟气中 85%～90% 的二氧化硫气体。不过，脱硫效果虽好但十分费钱。例如，在火力发电厂安装烟气脱硫装置的费用，要达电厂总投资的 25% 以上。这也是治理酸雨的主要困难之一。

（五）开发新能源，如太阳能、风能、核能、可燃冰等，但是目前技术不够成熟，如果使用会造成新污染，且消耗费用很高。

世界观察研究所发表的 1994 年全球趋势报告《1994 年生命特征》中说：总的来看，地球的情况并不太好，在所有衡量地球健康状况的指标中，我们仅成功地扭转了一项指标的恶化——使臭氧层出现空洞的氟里昂的减少。碳排放量没有减少，大气污染日益严重。全世界城市人口中有一半左右生活在 SO_2 超标的大气环境中，有 10 亿人生活在颗粒物超标的环境中。大气污染已成为隐蔽的杀手，而 SO_2 则是罪魁祸首。大气中的 SO_2 和 NO_2 在氧化剂的作用下溶解于雨水中。当雨水、冻雨、雪和雹等大气降水的 pH 小于 5.6 时，即是酸雨。据美国有关部门测定，酸雨中硫酸占 60%，硝酸占 33%，盐酸占 6%，其余是碳酸和少量有机酸。

煤是当前最重要的能源之一，但煤中含有硫，燃烧时放出 SO_2 等有害气体。煤中的硫有无机硫和有机硫两种。无机硫大部分以矿物质的形式存在，其中主要的成分是黄铁矿（FeS_2）。生物学家利用微生物脱硫，将 Fe^{2+} 铁变 Fe^{3+}，把单体硫变成硫酸，取得了很好效果。例如，日本中央电力研究所从土壤中分离出一种硫杆菌，它是一种铁氧化细菌，能有效地去除煤中的无机硫。美国煤气研究所筛选出一种新的微生物菌株，它能从煤中分离有机硫而不降低煤的质量。捷克筛选出的一种酸热硫化杆菌，可脱除黄铁矿中 75% 的硫。据 1991 年统计，捷克利用生物技术已平均脱去煤中无机硫的 78.5%，有机硫的 23.4%，目前，科学家发现能脱去黄铁矿中硫的微生物还有氧化亚铁硫杆菌和氧化硫杆菌等。生物技术脱硫符合"源头治理"和"清洁生产"的原则，因而是一种极有发展前途的治理方法，受到世界各国的重视。

二、我国反应

综合我国酸雨的情况，我国要治理好酸雨就必须从源头上控制 SO_2 的治理和排放。而二氧化硫主要是通过化石燃料的燃烧释放到大气当中。燃烧前脱硫技术主要是指燃料的脱硫技术，对于以燃煤为主要能源的国家来说，又主要指煤的脱硫技术。煤的脱硫有化学法，物理法和微生物法，目前工业中应用最广泛的是煤的重力分选法，其他脱硫方法如浮选法、微波脱硫法、磁力脱硫法、微生物脱硫法以及煤的汽化、液化等，仍处于实验室到半工业阶段。

随着科技的进步,脱硫技术将进一步趋向于成熟,我国的酸雨问题有望从根本上得到解决。

7.4 温室效应

温室效应(Greenhouse Effect),又称"花房效应",是大气保温效应的俗称。大气能使太阳短波辐射到地球表面,但地表受热后向外放出的大量长波热辐射线却被大气吸收,这样就使地表升温,大气层的这种保温作用类似于栽培农作物的温室,故名温室效应。

7.4.1 温室效应产生的原因

温室效应主要是由于现代化工业社会过多燃烧煤炭、石油和天然气产生的以及大量排放的汽车尾气中含有的二氧化碳气体进入大气造成的。

人类活动和大自然还排放其他温室气体,它们是:氯氟烃、甲烷、低空臭氧和氮氧化物气体,地球上可以吸收大量二氧化碳的是海洋中的浮游生物和陆地上的森林,尤其是热带雨林。

太阳辐射主要是短波辐射,而地面辐射和大气辐射则是长波辐射。大气对长波辐射的吸收力较强,对短波辐射的吸收力较弱。白天:太阳光照射到地球上,部分能量被大气吸收,部分被反射回宇宙,大约有50%的能量被地球表面吸收。夜晚:晚上地球表面以红外线的方式向宇宙散发白天吸收的热量,其中也有部分被大气吸收,如图7-2所示。

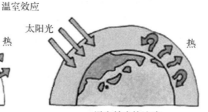

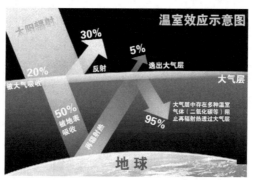

图 7-2 温室效应示意图

大气层如同覆盖玻璃的温室一样,保存了一定的热量,使得地球避免同没有大气层覆盖的月球一样,被太阳照射时温度急剧升高,不受太阳照射时温度急剧下降。一些理论认为,由于温室气体的增加,使地球整体所保留的热能增加,导致全球暖化。

7.4.2　温室气体种类

大气层中主要的温室气体可有二氧化碳(CO_2),甲烷(CH_4),一氧化二氮(N_2O),氯氟碳化合物(CFCs)以及臭氧(O_3)。大气层中的水汽(H_2O)虽然是“天然温室效应”的主要原因,但普遍认为它的成分并不直接受人类活动所影响。

温室气体占大气层不足1‰,其总浓度需视其各“源”和“汇”的平衡结果。“源”是指某些化学或物理过程使到温室气体浓度增加,相反“汇”是令其减少。人类的活动可直接影响各种温室气体的“源”和“汇”,因此改变了其浓度。

“全球变暖潜能”是反映温室气体的相对强度,其定义是指某一单位质量的温室气体在一定时间内相对于 CO_2 的累积辐射力。对气候转变的影响来说,“全球变暖潜能”的指数已考虑到各温室气体在大气层中的存留时间与其吸收辐射的能力。辐射力的定义是由于太阳或红外线辐射分量的转变而导致对流层顶部的平均辐射改变。辐射力影响了地球吸收和释放辐射的平衡。正值的辐射力会使地球表面变暖,负值的辐射力会使地球表面变凉。

7.4.3　温室效应影响

全球变暖是目前全球环境研究的一个主要议题。根据对 100 多份全球变化资料的系统分析,发现全球平均温度已升高 0.3 ℃～0.6 ℃。其中 11 个最暖的年份发生在 80 年代中期以后,因而全球变暖是一个毋庸置疑的事实。全球变暖将带来非常严重的后果,如冰川消退、海平面上升(图 7-3)、荒漠化,还给生态系统、农业生产带来严重影响。若温室效应不断加剧,全球温度也必将逐年持续升高,这样将会打乱全球数百万人的生活,甚至全球的生态平衡,最终导致全球发生大规模的迁移和冲突。

如果二氧化碳含量增加一倍,全球气温将升高 3 ℃～5 ℃,两极地区可能升高 10 ℃,气候将明显变暖。气温升高将导致某些地区雨量增加,某些地区出现干旱,飓风力量增强,出现频率也将提高,自然灾害加剧。更令人担忧的是,由于气温升高,将使两极地区冰川融化,海平面升高,许多沿海城市、岛屿或低洼地区将面临海水上涨的威胁,甚至被海水吞没。20 世纪 60 年代末,非洲撒哈拉牧区曾发生持续 6 年的干旱。由于缺少粮食和牧草,牲畜被宰杀,饥饿致死者超过 150 万人。

一、环境影响

1. 全球变暖

温室气体浓度的增加会减少红外线辐射放射到太空外,地球的气候因此需要转变,来使吸取和释放辐射的分量达至新的平衡。这转变可包括全球性的地球表面以及大气低层变暖,因为这样可以将过剩的辐射排放出外。虽然如此,地球表面温度的少许上升可能会引发其他的变动,例如:大气层云量以及环流的转变。当中某些转变可使地面变暖加剧(正反馈),某些则可令变暖过程减慢(负反馈)。利用复杂的气候模式,"政府间气候变化专门委员会"在第三份评估报告中估计全球的地面平均气温会在 2100 年上升。这份评估中已考虑到大气层中悬浮粒子对地球气候降温的效应与海洋吸收热能的作用(海洋有较大的热容量)。但是,还有很多未确定的因素会影响这个推算结果,例如:未来温室气体排放量的预计、对气候转变的各种反馈过程和海洋吸热的幅度等。

2. 海平面上升

假若"全球变暖"正在发生,有两种过程会导致海平面上升。第一种是海水受热膨胀令海平面上升;第二种是冰川和格陵兰以及南极洲上的冰块溶解使海洋水分增加。预期由 1900 年至 2100 年地球的平均海平面上升幅度在 0.09 米~0.88 米。

图 7-3   全球变暖——冰川融化

全球暖化使南北极的冰层迅速融化,海平面上升对岛屿国家和沿海低洼地区带来的灾害是显而易见的,突出的是:淹没土地、侵蚀海岸。全世界岛屿国家有 40 多个,大多分布在太平洋和加勒比海地区,地理面积总和约为 77 万平方公里,人口总和约为 4 300 万,依据《联合国海洋法公约》有关规定,这些岛国将负责管理占地球表面 1/5 的海洋环境,其重要战略地位不言而喻。尽管这些岛国人均国民总收入普遍较高,但极易遭受海洋灾害毁灭性的打击,特别是对全球气候变暖海平面上升的威胁最为严重,很多岛国的国土仅在海平面上几米,有的甚至在海平面以下,靠海堤围护国土,海平面上升将使这些国家面临淹没的危险。图瓦卢(图 7-4)是第一个将被海水淹没的国家。如果形势得不到改观,图瓦卢注定会成为第一个因海平面上升被迫撤离家园的国家,然而,更加不幸的是,它绝对不会是最后一个。

沿海区域是各国经济社会发展最迅速的地区,也是世界人口最集中的地区,约占全世界 60% 以上的人口生活在这里。各洲的海岸线约有 35 万公里,其中近万公里为城镇海岸线,海平面上升这些地区将是首当其冲的重灾区。研究结果表明,当海平面上升 1 米以上,一些世界级大城市,如纽约、伦敦、威尼斯、曼谷、悉尼、上海等将面临被浸没的灾难;而一些人口集中的河口三角洲地区更是最大的受害者,特别是印度和孟加拉间的恒河三角洲、越南和柬埔寨间的湄公河三角洲以及我国的长江三角洲、珠江三角洲和黄河三角洲等。据估算当海平面上升 1 米时,我国沿海将有 12 万平方公里的土地被淹,7 000 万人口需要内迁;在孟加拉国将失去现有土地的 12%,占人口总量的 1/10 将出走;占世界海岸

图 7-4　图瓦卢

线 15％的印度尼西亚,将有 40％的国土受灾;而工业比较集中的北美和欧洲一些沿海城市也难以幸免。

3. 气候反常

气候反常,极端天气多是因为全球性温室效应而引起的,即二氧化碳这种温室气体浓度增加,热量不能发散到外太空,使地球变成一个保温瓶。全球温度升高,使得南北极冰川大量融化,海平面上升,导致海啸,台风,夏天非常热,冬天非常冷,极端天气多。

4. 土地沙漠化

土地沙漠化是一个全球性的环境问题。有历史记载以来,中国已有 1 200 万公顷的土地变成了沙漠,特别是近 50 年来形成的"现代沙漠化土地"就有 500 万公顷。据联合国环境规划署调查,在撒哈拉沙漠的南部,沙漠每年大约向外扩展 150 万公顷。全世界每年有 600 万公顷的土地发生沙漠化。每年给农业生产造成的损失达 260 亿美元。从 1968 年到 1984 年,非洲撒哈拉沙漠的南缘地区发生了震惊世界的持续 17 年的大旱,给这些国家造成了巨大经济损失和灾难,死亡人数达 200 多万。沙漠化使生物界的生存空间不断缩小,已引起科学界和各国政府的高度重视。气候变冷和构造活动变弱是沙漠化形成的主要原因,人类活动加速了沙漠化的进程。

二、经济影响

1. 农业

实验证明在 CO_2 高浓度的环境下,植物会生长得更快、更大。但是"全球变暖"的结果可能会影响大气环流,继而改变全球的雨量分布以及各大洲表面土壤的含水量。由于未能清楚了解"全球变暖"对各地区性气候的影响,以致对植物生态所产生的转变亦未能确定。研究指出,自 1980 年以来,全球小麦生产总量下降了 5.5％,玉米生产总量下降了 4％,全球稻米和黄豆生产总量则没有受到太大影响。

美国是全球最大的玉米和黄豆生产国,约占全球生产总量的 40％,过去 30 年间并没有受到太大的温室效应影响。美国之外的地区如俄罗斯、法国、印度等国家的小麦;中国和巴西的玉米产量,在过去 30 年间的生产总量都有所下降。

报告指出,因温室效应影响而减少的生产,使全球农作物价格自 1980 年到 2011 年上升了 20％。

2. 海洋生态

沿岸沼泽地区消失肯定会令鱼类,尤其是贝壳类的数量减少。河口水质变咸可会减少淡水鱼的品种数目,相反该地区海洋鱼类的品种也可能相对增多。至于整体海洋生态所受的影响仍未可知。

3. 水循环

全球降雨量可能会增加。但是,地区性降雨量的改变则仍未可知。某些地区可能会有更多雨量,但有些地区的雨量可能会减少。此外,温度的提高会增加水分的蒸发,这对地面上水源的运用带来压力。

4. 男女比例失调

高温环境容易创造男宝宝,低温环境容易创造女宝宝。研究人员比较担忧的是,在全球温度日益增高的温室效应下,男宝宝出生的概率会越来越高,可能会造成男女比例的失衡。

5. 亚马孙雨林逐渐消失

位于南美洲、全世界面积最大的热带雨林——亚马孙雨林正渐渐消失,让全球暖化危机雪上加霜。号称地球之肺的亚马孙雨林涵盖了地球表面 5% 的面积,制造了全世界 20% 的氧气以及 30% 的生物物种,由于遭到盗伐和滥垦,亚马孙雨林正以每年 7 700 平方英里的面积消退,相当于一个新泽西州的大小,雨林的消退除了会让全球暖化加剧之外,更让许多只能够生存在雨林内的生物,面临灭种的危机,在过去的 40 年,雨林已经消失了 20%。

6. 新的冰川期来临

全球暖化还有个非常严重的后果,就是导致冰川期来临。南极冰盖的融化导致大量淡水注入海洋,海水浓度降低。"大洋输送带"因此而逐渐停止,暖流不能到达寒冷海域;寒流不能到达温暖海域。全球温度降低,另一个冰河时代来临。北半球大部被冰封,暴风雪和龙卷风将横扫大陆。

7. 温室气体排放达临界值

据估计,2010 年有将近 306 亿吨二氧化碳被"灌入"大气中,在 2009 年时二氧化碳的含量已经达到令人担忧的 1.6 gt,按照 2010 年的二氧化碳生产率,不久将会达到"危险气候变化"临界值,到时候全球气温将会上升 2 摄氏度,从现在看来,这种趋势是不可避免的了。保持温度上升低于 2 摄氏度已经成为一个十分具有挑战性的事情,前景令人非常担忧。

7.4.4　主要对策

一、全面禁用氟氯碳化物

实际上全球正在朝此方向推动努力,是以此案最具实现可能性。倘若此案能够实现,对于 2050 年为止的地球温暖化,根据估计可以发挥 3% 左右的抑制效果。

二、保护森林的对策方案

以热带雨林为主的全球森林,正在遭到人为持续不断的急剧破坏。有效的应对策略,便是赶快停止这种毫无节制的森林破坏,实施大规模的造林工作,努力促进森林再生。由于森林破坏而被释放到大气中的二氧化碳,根据估计每年约在 1 gt~2 gt 碳量左右。倘若各国认真推动节制砍伐与森林再生计划,到了 2050 年,可能会使整个生物圈每年吸收相当于 0.7 gt 碳量的二氧化碳。其结果得以降低 7% 左右的温室效应。

三、汽车燃料的改善

日本汽车在此方面已获技术提升,大幅改善昔日那种耗油状况。但在美国等地,或许是因油藏丰富,对于省油设计方面,至今未见有何明显改善迹象,仍旧维持过度耗油的状况。因此,该地区生产的汽车在改善燃油设计方面,具有充分发挥的余地。由于此项努力所导致的化石燃料消费削减,预计 2050 年,可使温室效应降低 5% 左右。

四、改善能源使用效率

要改善各种场合的能源使用效率。今日人类生活,到处都在大量使用能源,其中尤以住宅和办公室的冷暖气设备为最。因此,对于提升能源使用效率方面,仍然具有大幅改善余地,这对 2050 年为止的地球温暖化,预计可以达到 8% 左右的抑制效果。

五、对化石燃料的限制

任何化石燃料一经燃烧,就会排放出二氧化碳来。排放量会因化石燃料种类而有不同。由于天然瓦斯的主要成分为甲烷,故其二氧化碳排放量要比煤炭、石油为低。同样产生一千卡的热量时,煤炭必须排放相当于 0.098 g 碳量的二氧化碳;石油则为 0.085 克;天然瓦斯仅需排放 0.056 g。

六、汽机车的排气限制

由于汽机车的排气中,含有大量的氮氧化物与一氧化碳,因此希望减少其排放,这可以对到 2050 年为止的地球温暖化,分担 2% 左右的抑制效果。

七、鼓励使用太阳能

譬如推动所谓"阳光计划"之类的项目。这方面的努力能使化石燃料用量相对减少,因此对于降低温室效应具备直接效果。对于 2050 年为止的温暖化,能够分担 4% 左右的抑制效果。

八、设法挖掘海洋吸收碳的潜力

作为地球上最大的碳吸收剂载体,海洋大约吸收了人类碳排放量的三分之一,减少了大气中的含量,延缓了气候变化,其能力很大,潜力也很大。海洋中还存在大面积的"荒漠化"区域,区域内海水中生物量很少,在这些区域,可设法,如利用海水温差、风能或波浪能发电,将富含营养的低温深层海水抽到海面,可大大促进浮游生物的繁殖,人为营造大量的海洋牧场,进而提高鱼、虾、贝类等的产出,它们死后,部分尸体会沉入海底,增加了海洋吸收碳的能力。

7.5　臭氧层破坏

臭氧层是地球最好的保护伞。臭氧层是指大气层的平流层中臭氧浓度相对较高的部分,其主要作用是吸收短波紫外线。大气层的臭氧主要以紫外线打击双原子的氧气,把它分为两个原子,然后每个原子和没有分裂的氧合并成臭氧。臭氧分子不稳定,紫外线照射之后又分为氧气分子和氧原子,形成一个持续的臭氧氧气循环过程,如此产生臭氧层。自然界中的臭氧层大多分布在离地面距离为 20 km～50 km 的高空中,臭氧层中的臭氧主要是由紫外线制造。

7.5.1　臭氧层简介

人类真正认识臭氧是在 150 多年以前,德国化学家先贝因(Schanbein)博士首次提出在水电解及火花放电中产生的臭味,同在自然界闪电后产生的气味相同,先贝因博士认为其气味难闻,由此将其命名为臭氧。

自然界中的臭氧,大多分布在大气中,我们称之为臭氧层。太阳光线中的紫外线分为长波和短波两种,当大气中(含有 21%)的氧气分子受到短波紫外线照射时,氧分子会分解成原子状态。氧原子的不稳定性极强,极易与其他物质发生反应。如与氢分子(H_2)反应生成水(H_2O),与碳原子(C)反应生成二氧化碳(CO_2)。同样的,与氧分子(O_2)反应时,就形成了臭氧(O_3)。臭氧形成后,由于其比重大于氧气,会逐渐地向臭氧层的底层降落,在降落过程中随着温度的变化(上升),臭氧的不稳定性愈趋明显,当受到长波紫外线的照射时,再度还原为氧气。臭氧层就是保持了这种氧气与臭氧相互转换的动态平衡。

如果在 0 ℃的温度下,把地球大气层中所有的臭氧全部压缩到一个标准大气压,则它也只能形成约 3 mm 厚的一层气体。那么,地球表面是否有臭氧存在呢?答案是肯定的。太阳的紫外线大概有近 1%部分可达地面。尤其是在大气污染较轻的森林、山间、海岸周围的紫外线较多,因此,存在比较丰富的臭氧。

7.5.2　臭氧层的作用

大气臭氧层主要有三个作用:

(一)保护作用

臭氧层能够吸收太阳光中波长在 306.3 nm 以下的紫外线,主要是一部分波长为 290 nm～300 nm 和全部的波长小于 290 nm 的紫外线,保护地球上的人类和动植物免遭短波紫外线的伤害。只有长波紫外线和少量的中波紫外线能够辐射到地面,长波紫外线对生物细胞的伤害要比中波紫外线轻微得多。所以臭氧层犹如一件保护伞保护地球上的生物得以生存繁衍。

（二）加热作用

臭氧吸收太阳光中的紫外线并将其转换为热能加热大气,由于这种作用使大气温度结构在高度 50 km 左右有一个峰,地球上空 15 km～50 km 存在着升温层。正是由于存在着臭氧才有平流层的存在。而地球以外的星球因不存在臭氧和氧气,所以也就不存在平流层。大气的温度结构对于大气的循环具有重要的影响,这一现象的起因也来自臭氧的高度分布。

（三）温室气体的作用

在对流层上部和平流层底部,即在气温很低的这一高度,臭氧的作用同样非常重要。如果这一高度的臭氧减少,则会产生使地面气温下降的动力。因此,臭氧的高度分布及变化是极其重要的。

对流层中的臭氧吸收掉太阳放射出的大量对人类、动物及植物有害波长的紫外线辐射(240 nm～329 nm,称为 UV-B 波长),为地球提供了一个防止紫外辐射有害效应的屏障。另一方面,臭氧遍布整个对流层,却起着温室气体的不利作用。在平流层中臭氧耗损,主要是通过动态迁移到对流层,在那里得到大部分具有活性催化作用的基质和载体分子,从而发生化学反应而被消耗掉。

7.5.3　臭氧层的测量

臭氧的测量包括铅直气柱中臭氧总量的测量和臭氧浓度铅直分布的测量两种。测量方法分为直接测量法和间接测量法:前者对臭氧进行采样分析;后者在臭氧层外进行测量,大都用光谱分析方法。

臭氧直接测量法:用电化学或化学发光方法测量臭氧含量,可不受大气透明度和天气条件的限制,白天或黑夜均可进行观测。

臭氧间接测量法:光谱分析法是观测穿过大气层的太阳直射光或散射光的光谱,然后计算出臭氧含量及其铅直分布。将这两种光谱仪结合起来,可以探测大气臭氧浓度随高度的分布,例如在雨云 6 号卫星上,有临边辐射反演辐射仪(LRIR),它接收大气臭氧 9.6 μm 辐射带的信息,用辐射传输方程反演,可获得臭氧的铅直分布。

7.5.4　臭氧层破坏的原因

当氟氯碳化物飘浮在空气中时,由于受到阳光中紫外线的影响,开始分解出氯原子。这些氯原子的活性极大,常喜欢与其他物质结合。因此当它遇到臭氧的时候,便开始产生化学变化。臭氧被迫分解成一个氧原子(O)及一个氧分子(O_2),而氯原子就与氧原子相结合。可是当其他的氧原子遇到这个氯氧化和的分子,就又把氧原子抢回来,组成一个氧分子(O_2),而恢复成单身的氯原子就又可以去破坏其他的臭氧了。

仅仅根据气相反应理论,臭氧减少的最明显的高度应在距离地球表面 40 km 附近。但是实际上臭氧减少趋势最大的高度是距离地球表面 20 km 附近。而 20 km 附近正是臭氧浓度最高的区域,这一事实进一步说明了臭氧层破坏的严重性。这种气相反应经典理论,与实际臭氧层破坏状况不一致的原因是破坏臭氧的反应通常是在颗粒状气溶胶表面进行,即非均相反应所造成的。正是非均相反应极大地破坏臭氧层才造成南极"臭氧空洞"。

7.5.5 臭氧层破坏的影响

臭氧层被大量损耗后,吸收紫外线辐射的能力大大减弱,导致到达地球表面的紫外线明显增加,给人类健康和生态环境带来多方面的危害,已受到普遍关注的主要有对人体健康、陆生植物、水生生态系统、生物化学循环、材料以及对流层大气组成和空气质量等方面的影响。

一、对健康的影响

阳光紫外线 UV-B 段的增加对人类健康有严重的危害作用。潜在的危险包括引发和加剧眼部疾病、皮肤癌和传染性疾病。对有些危险如皮肤癌已有定量的评价,但其他影响如传染病等仍存在很大的不确定性。实验证明紫外线会损伤角膜和眼晶体,如引起白内障、眼球晶体变形等。据分析,平流层中臭氧的浓度减少 1%,全球白内障的发病率将增加 0.6%~0.8%,全世界由于白内障而引起失明的人数将增加 10 000 人~15 000 人;如果不对紫外线的增加采取措施,预计到 2075 年,UV-B 辐射的增加将导致大约 1 800 万例白内障病例的发生。

紫外线 UV-B 段的增加能明显地诱发人类常患的三种皮肤疾病。这三种皮肤疾病中,巴塞尔皮肤瘤和鳞状皮肤瘤是非恶性的。利用动物实验和人类流行病学的数据资料得到的研究结果显示,若臭氧浓度下降 10%,非恶性皮肤瘤的发病率将会增加 26%。另外的一种恶性黑瘤是非常危险的皮肤病,科学研究也揭示了 UV-B 段紫外线与恶性黑瘤发病率的内在联系,这种危害对浅肤色的人群会造成非常严重的影响,特别是在儿童时期。

人体免疫系统中的一部分存在于皮肤内,使得免疫系统可直接接触紫外线照射。动物实验发现紫外线照射会减少人体对皮肤癌、传染病以及其他抗原体的免疫反应,进而导致对重复的外界刺激丧失免疫反应。长期暴露于强紫外线的辐射下,会导致细胞内的 DNA 改变,人体免疫系统的机能减退,抵抗疾病的能力下降。大量疾病的发病率和严重程度都会增加,尤其是麻疹、水痘、疱疹等病毒性疾病,疟疾等通过皮肤传染的寄生虫病,肺结核和麻风病等细菌感染以及真菌感染疾病等。

三、对植物的影响

臭氧层损耗对植物的危害的机制尚不如其对人体健康的影响清楚,研究表明,在已经研究过的植物品种中,超过 50％的植物有来自 UV-B 的负影响,比如豆类、瓜类等作物,另外某些作物如土豆、番茄、甜菜等的质量将会下降;植物的生理和进化过程都受到 UV-B 辐射的影响,甚至与当前阳光中 UV-B 辐射的量有关。植物也具有一些缓解和修补这些影响的机制,在一定程度上可适应 UV-B 辐射的变化。不管怎样,植物的生长直接受 UV-B 辐射的影响,不同种类的植物,甚至同一种类不同栽培品种的植物对 UV-B 的反应都是不一样的。在农业生产中,就需要种植耐受 UV-B 辐射的品种,并同时培养新品种。对森林和草地,可能会改变物种的组成,进而影响不同生态系统的生物多样性分布。

UV-B 带来的间接影响,例如植物形态的改变,植物各部位生物质的分配,各发育阶段的时间以及新陈代谢等可能跟 UV-B 造成的破坏作用同样大,甚至更为严重。这些对植物的竞争平衡、食草动物、植物致病菌和生物地球化学循环等都有潜在影响。

四、对生态的影响

世界上 30％以上的动物蛋白质来自海洋,满足人类的各种需求。许多国家,尤其是发展中国家,这一百分比往往还要更高。因此知道紫外辐射增加后对水生生态系统生产力的影响十分必要。此外,海洋在与全球变暖有关的问题中也具有十分重要的作用。海洋浮游植物对 CO_2 的吸收是大气中去除 CO_2 的一个重要途径,它们对未来大气中 CO_2 浓度的变化趋势起着决定性的作用。海洋对 CO_2 气体的吸收能力降低,将导致温室效应的加剧。

海洋浮游植物并非均匀分布在世界各大洋中,通常高纬度地区的密度较大,热带和亚热带地区的密度要低 10 倍～100 倍。除可获取的营养物,温度,盐度和光外,在热带和亚热带地区普遍存在的阳光中紫外线 UV-B 段的含量过高的现象也在浮游植物的分布中起着重要作用。

浮游植物的生长局限在光照区,即水体表层有足够光照的区域,生物在光照区的分布地点受到风力和波浪等作用的影响。另外,许多浮游植物也能够自由运动以提高生存能力。暴露于阳光 UV-B 下会影响浮游植物的定向分布和移动,进而减少这些生物的存活率。

研究发现紫外线中的 UV-B 辐射对鱼、虾、蟹、两栖动物和其他动物的早期发育阶段都有危害作用。最严重的影响是繁殖力下降和幼体发育不全。即使在现有的水平下,阳光紫外线已是限制因子。紫外线的照射量很少量的增加就会导致消费者生物的显著减少。

五、对循环的影响

阳光中紫外线的增加会影响陆地和水体的生物地球化学循环,从而改变地球大气系统中一些重要物质在地球各圈层中的循环,如温室气体和对化学反应具有重要作用的其他微量气体的排放和去除过程,包括二氧化碳(CO_2)、一氧化碳(CO)、氧硫化碳(COS)及臭氧(O_3)等。这些潜在的变化将对生物圈和大气圈之间的相互作用产生影响。对陆生生态系统,增加的紫外线会改变植物的生成和分解,进而改变大气中重要气体的吸收和释放。当紫外线光降解地表的落叶层时,这些生物质的降解过程被加速;对生物组织的化学反应导致埋在下面的落叶层光降解过程减慢,降解过程被阻滞。植物的初级生产力随着

UV-B 辐射的增加而减少,但对不同物种和某些作物的不同栽培品种来说影响程度不同。

在水生生态系统中阳光紫外线也有显著的作用。这些作用直接造成 UV-B 对水生生态系统中碳循环、氮循环和硫循环的影响。UV-B 对水生生态系统中碳循环的影响主要体现于 UV-B 对初级生产力的抑制。研究结果表明,现有 UV-B 辐射的减少可使初级生产力增加,由南极臭氧洞的发生导致全球 UV-B 辐射增加后,水生生态系统的初级生产力受到损害。除对初级生产力的影响外,阳光紫外辐射还会抑制海洋表层浮游细菌的生长,从而对海洋生物地球化学循环产生重要的潜在影响。阳光紫外线促进水中的溶解有机质(DOM)的降解,使得所吸收的紫外辐射被消耗,同时形成溶解无机碳(DIC)、一氧化碳(CO)以及可进一步矿化或被水中微生物利用的简单有机质等。UV-B 增加对水中的氮循环也有影响,它们不仅抑制硝化细菌的作用,而且可直接光降解像硝酸盐这样的简单无机物种。UV-B 对海洋中硫循环的影响可能会改变 COS 和二甲基硫(DMS)的海—气释放,这两种气体可分别在平流层和对流层中被降解为硫酸盐气溶胶。

六、对材料的影响

因平流层臭氧损耗导致阳光紫外辐射的增加会加速建筑、喷涂、包装以及电线电缆等所用材料,尤其是高分子材料的降解和老化变质。特别是在高温和阳光充足的热带地区,这种破坏作用更为严重。由于这一破坏作用造成的损失全球每年达到数十亿美元。无论是人工聚合物,还是天然聚合物以及其他材料都会受到不良影响。当这些材料尤其是塑料用于一些不得不承受日光照射的场所时,只能靠加入光稳定剂或进行表面处理以保护其不受日光破坏。阳光中 UV-B 辐射的增加会加速这些材料的光降解,从而限制了它们的使用寿命。研究结果表明,短波 UV-B 辐射对材料的变色和机械完整性的损失有直接的影响。

在聚合物的组成中增加现有光稳定剂的用量可能缓解上述影响,但需要满足下面三个条件:

(1)在阳光的照射光谱发生了变化即 UV-B 辐射增加后,该光稳定剂仍然有效;

(2)该光稳定剂自身不会随着 UV-B 辐射的增加被分解掉;

(3)经济可行,利用光稳定性更好的塑料或其他材料替代现有材料是一个正在研究中的问题。

七、对空气的影响

平流层臭氧的变化与对流层的影响是一个十分复杂的科学问题。一般认为平流层臭氧的减少的一个直接结果是使到达低层大气的 UV-B 辐射增加。由于 UV-B 的高能量,这一变化将导致对流层的大气化学更加活跃。首先,在污染地区如工业和人口稠密的城市,即氮氧化物浓度较高的地区,UV-B 的增加会促进对流层臭氧和其他相关的氧化剂如过氧化氢(H_2O_2)等的生成,使得一些的城市地区臭氧超标率增加。而与这些氧化剂的直接接触会对人体健康、陆生植物和室外材料等产生不良影响。在偏远地区,NO_x 的浓度较低,臭氧的增加较少甚至还可能出现臭氧减少的情况。

对流层中一些控制着大气化学反应活性的重要微量气体的光解速率将提高,其直接的结果是导致大气中重要自由基浓度如 OH 基的增加。OH 自由基浓度的增加意味着整个大气氧化能力的增强。由于 OH 自由基浓度的增加会使甲烷和 CFC 替代物如 HCFCs 和 HFCs 的浓度成比例的下降，从而对这些温室气体的气候效应产生影响。

对流层反应活性的增加将导致颗粒物生成的变化，例如云的凝结核，由来自人为源和天然源的硫(如氧硫化碳和二甲基硫)的氧化和凝聚形成。尽管对这些过程了解的还不是十分清楚，但平流层臭氧的减少与对流层大气化学以及气候变化之间复杂的相互关系正逐步被揭示。

7.5.6 臭氧层的保护方法

臭氧层耗竭，会使太阳光中的紫外线大量辐射到地面。紫外线辐射增强，对人类及其生存的环境会造成极为不利的后果。若臭氧层中臭氧含量减少，地面不同地区的紫外线辐射将增加，由此皮肤癌发病率将增加。据美国环境局估计，大气层中臭氧含量每减少 1%，皮肤癌患者就会增加 10 万人，患白内障和呼吸道疾病的人也将增多。紫外线辐射增强，对其他生物产生的影响和危害也令人不安。臭氧层被破坏，将打乱生态系统中复杂的食物链，导致一些主要生物物种灭绝；将使地球上三分之二的农作物减产，导致粮食危机；紫外线辐射增强，还会导致全球气候变暖。保卫我们的家园，爱护臭氧层，应从以下几点做起：

(1)购买带有"无氯氟化碳"标志的产品；

(2)合理处理废旧冰箱和电器，在废弃电器之前，除去其中的氟氯化碳和氟氯烃制冷剂；

(3)不用含甲基溴的杀虫剂，在有关部门的帮助下，选用适合的替代品，如果还没有使用甲基溴杀虫剂就不要开始使用它；

(4)制冷维修师确保维护期间从空调、冰箱或冷柜中回收的冷却剂不会释放到大气中，做好常规检查和修理泄漏；

(5)鉴定公司现有设备如空调、清洗剂、灭火剂、修正液、海绵垫中哪些使用了消耗臭氧层的物质，并制定适当的计划，淘汰它们，用替换物品换掉它们；

(6)替换在办公室和生产过程中所用的消耗臭氧层物质，如果生产的产品含有消耗臭氧层物质，那么应该用替代物来改变产品的成分；

(7)告诉你的家人、朋友、同事、邻居，保护环境、保护臭氧层的重要性，让大家了解哪些是消耗臭氧层物质。

有了科学的方法，再加上实际行动，相信在不远的将来，我们将拥有一片美丽而完整的蓝天。

第8讲

核技术及其应用

8.1.1 打开原子世界的大门

"原子"一词来自希腊语,原意是"不可分割的东西",即构成万物的最终单元。如今,已没有人坚持原子不可分割了。

一、探索微观世界

广义地说,原子论是用固定不变的粒子或单元组成的集合体来解释各种复杂现象的,它的发展历史大致分为两个时期:哲学时期和科学时期。

古代原子论－周代的五行说认为,万物均由金、木、水、火、土五种物质原料构成。《周易》有"太极生两仪,两仪生四象,四象生八卦"的哲学思想。太极即世界本源;两仪是天地;四象是春、夏、秋、冬四季;八卦是天、地、雷、风、水、火、山、泽,它们演化出世界万物。公元前6世纪古希腊的思想家泰勒斯认为,万物由某种物质微粒或可以探知的基元组成。一个世纪以后,希腊哲学家德谟克利特将构成物质的最小单元叫作"原子",认为世界由不可见的、极细小且不能分割的原子微粒和虚空组成。与德谟克利特同时代,中国的墨子则认为"端,体之无厚而最前者也。"即端是物的起始,把物体分割到"无厚",便达到最终的质点,不能再分割了。

近代原子论(1661年),英国科学家玻意耳(R. Boyle,1627－1691)提出了化学元素的概念,认为元素是化学方法不能再分解的最简单物质。1803年,英国的道尔顿把元素说与物质微粒的思想相结合,把拉瓦锡、玻意耳的研究成果同原子的说法相结合,建立了近代原子论。认为物质由原子组成,同一种原子的质量、形态等完全相同,相对原子质量是元素的特征性质。不同元素的原子以简单比例结合成化合物分子,其质量为所含各种原子质量的总和。宏观物质的化学性质决定于分子,分子由原子构成,原子被认为是构成物质的终端。

现代原子论(1896 年),天然放射性的发展意味着原子也具有内部结构,电子的发现(1897 年)更进一步强化了这一认识。原子由质子、中子和电子组成,质子、中子则由更小的基本粒子组成。基本粒子的性质不同,且能相互结合组成较稳定的原子,原子又可以相互结合形成分子,所有这些过程都受力学和电磁学规律的支配。

二、电子的发现

1858 年,德国人普鲁克尔在研究气体放电中发现,当放电管内的气体足够稀薄时,阴极会发出一种被称为阴极射线的辐射。关于这种辐射的本质,有人推测是"光波",也有人认为是带电的微粒流。直到 1897 年 4 月,英国剑桥大学卡文迪什实验室主任汤姆孙教授通过实验发现了电子,才使这场长达 20 多年的争论告一段落。

汤姆孙设计了一系列实验,研究阴极射线的性质,测量它携带的电荷与比荷,结果证实阴极射线是带负电的微粒子流。他发现,用不同材料的阴极做实验,所得比荷的数值都是相同的(如图 8-1 所示)。这说明不同物质都能发射这种带电粒子,它是构成各种物质的共有成分。由实验测得的阴极射线粒子的比荷是氢离子比荷的近两千倍。他认为,这可能表示阴极射线粒子电荷量的大小与一个氢离子一样,而质量比氢离子小得多。后来,汤姆孙直接测到了阴极射线粒子的电荷量,尽管测量不够准确,但足以证明这种粒子电荷量的大小与氢离子大致相同。后来,组成阴极射线的粒子被称为"电子"。

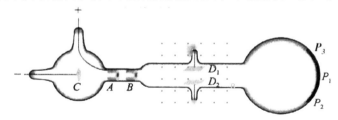

图 8-1　产生阴极射线的真空放电管

汤姆孙实验肯定了阴极射线是电子流,揭示出原子内有带负电的部分及带正电的部分。电子是原子的组成部分,它比原子小千倍,是物质的更基本的单元。至此,原子不可分割的观念彻底瓦解。

8.1.2 几种原子结构模型

在确认电子是原子的组成部分之后,人们自然会想到:原子对外呈现电中性,它的一部分是带负电的电子,其内部就必定还有电荷数值与负电部分相等的带正电部分,这些带正电的东西是什么？电子与带正电的部分在原子内部是如何分布的？

人类观察自然的一种方法是：根据已知的事实，提出一定的模型（假说）去模拟所研究的客体。如果这种模型不但能解释各种事实，而且由它推得的结论（预言）还能经受实验的检验，那么这种模型在一定程度上就是客观事实的真实写照，就可以上升为理论。如果由此推得的结果与事实矛盾，就应当在它的基础上，吸收其合理部分，提出新的假设，进行新的模拟，去探索自然界的构成。在 20 世纪初，人们对原子结构的探讨就是用这种方法进行的。

在两个多世纪的时间里，科学家试图通过建立原子模型来理解为什么物质会表现出我们所看到的那些性质。随着研究的深入，原子模型也经历了几个阶段，如图 8-2 所示。

1808 年　道尔顿模型

英国科学家约翰·道尔顿认为，同种元素是由相同的原子组成的，不同的元素的原子具有不同的质量。道尔顿把原子想象成微小的实心球体，不可再分割。

1897 年　汤姆孙模型

英国科学家汤姆孙认为，原子是一个小球，里面充满了均匀分布的正电荷流体。球内还有若干个等量负电的电子镶嵌在正电荷的流体中。如同葡萄干点缀在蛋糕里一样，所以又称其为葡萄干蛋糕模型。

1911 年　卢瑟福模型

英国科学家欧内斯特·卢瑟福认为，原子内部并非是均匀的，它的大部分空间是空虚的，其中心有一个体积很小、质量很大、集中了原子全部电荷的核心，带负电的电子则以某种方式分布于核外的空间中，由于这个模型揭示出原子核的存在，因此又称原子有核模型。

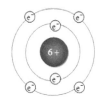

1913 年　玻尔模型

丹麦物理学家玻尔认为，原子内部的电子只能在一些特定的轨道上运行，电子在这些轨道上做加速运动，既不吸收也不辐射能量。在离核较近的轨道上电子的能量较低，在离核较远的轨道上电子能量较高。当电子从一个轨道跃迁到另一个轨道时，会吸收或辐射能量。

现代模型

现代模型的诞生要归功于 20 世纪 20 年代至今的研究成果。这一模型指出，电子在原子核周围形成了一团带负电的云，我们不能确定在某一特定的时刻电子在什么位置。电子云模型中的电子在原子核外很小的空间内做高速运动，其运行没有固定的规律，接近近代人类对原子结构的认识，属于分层排布。

图 8-2　原子结构模型的发展历程

8.2　探秘原子核

原子核物理学起源于放射性的研究。从 1896 年发现放射性到 1932 年,虽然新发现层出不穷,但基本上处于核物理学的前期经验阶段。1932—1942 年,中子、正电子和氘核的发现宣告了核物理学的诞生,大量实验事实为核模型的提出及"基本粒子"性质的研究提供了依据。二十世纪中叶兴起的核能开发和利用,促进了核物理学的深入发展。除核动力、核武器外,原子核科学技术的应用已逐渐扩展到医学、农业、工业、能源等国民经济的重要领域,并渗透到了材料科学、微电子学、环境科学及生命科学等许多领域,对社会经济和自然科学的发展产生了重要影响。

人们对物质世界的认识是层层深入的,原子核的结构属于一个比原子结构更深的层次。在原子领域内把电子与原子核束缚在一起的束缚能(将粒子从其母体中分离出来所需提供的能量)一般为若干个电子伏特,如基态氢原子的束缚能是 13.55 eV;在原子核领域内,束缚能的数量级高达数兆电子伏特,骤然增加了 100 万倍。那么,描述原子世界的规律能否照搬到核子领域中来? 原子核的内部结构又是怎样的?

8.2.1　放射性的发现

贝可勒尔发现原子的中心是带正电的核。原子中的电子之所以受到原子核的束缚而不能挣脱,是因为核带正电,电子带负电,正负电荷互相吸引。英国物理学家莫塞莱以 X 射线为工具探索原子内部的奥秘,发现随着原子质量的增大,原子核对电子的束缚力会增强,这意味着原子核所带的正电荷增加了。并且元素的原子核所带的正电荷数目,正好是它们在周期表上的位置——原子序数。原子核有多少个正电荷,原子就有什么样的化学性质。

当原子中心有带正电的核,核外有着电子云的结构被揭示出来以后,人们很自然地会追问:原子核由什么构成? 它还能再分割吗?

伦琴发现 X 射线之后,法国科学家贝可勒尔开始探究 X 射线的来源。他把一块铀盐放在黑纸包着的照相底片上,并在日光下暴晒几小时。如果铀岩被太阳光的紫外线激发,在所辐射的荧光中含有 X 射线的话,它就能穿透黑纸使底片感光。因此,只要检查底片是否感光,就能知道铀盐块能否发射 X 射线。

1896 年春天,连续几天的阴雨使贝可勒尔的实验无法进行。他只得把包好的底片放进黑暗的抽屉里,顺手将铀岩块压在上面。几天后,他把底片拿去冲洗,发现底片已经感光了,感光部分的形状与有铀岩块完全一致。贝克勒尔发现铀化合物不管是否被阳光照射过,总能发射出与荧光无关的、具有穿透黑纸能力的射线。他断定,使底片感光的是铀岩自身发出的一种射线。这种射线(辐射)能将气电离成导体,并且所有铀岩都能自发地发出这种辐射。后来,根据居里夫人的建议,凡是具有这种性质的物质都称为"放射性"物质。那么,这种射线由什么构成的?

原子核可以放出不同的射线,说明原子核是可以分割的。一种放射性元素会蜕变成另一种元素,即一种原子核会转变成另一种原子核,则表明核是有结构的。此外,许多不同的原子核如镭、铀、氡、钋、钍等都会自发地发射粒子。至此,人们要问:不同的原子核会不会由某些同样的"砖块"(如粒子)构成?

8.2.2　人工核反应与质子的发现

天然放射性的发现提供了关于核结构的重要信息,α、β、γ射线的高能量特点则向人们暗示原子核内部粒子间的作用能是相当高的,要把核内的粒子打出一块儿来,必须用能量相当高的粒子才行。在加速器尚未问世的年代,如何用人工方法轰击原子核,研究它的结构呢?

卢瑟福认为重元素的原子会自发蜕变。那么轻元素原子在外界的作用下可能也会发生蜕变。能否用放射性元素释放的高能粒子使轻元素的原子核产生变化?卢瑟福以粒子作为炮弹,做了3年实验,终于实现了氢元素原子的转变,如图8-3所示。1919年他宣布用粒子轰击氮原子,所产生的粒子就是氢核,其所带电荷与电子电荷等值反号,质量约为电子质量的1 836倍。这是人类第一次有意识完成的核反应,得到的粒子后来被称为质子(p)。

卢瑟福的工作首次实现了元素的人工转变,开辟了通向人工核反应道路,而且发现原子核含有质子,这对于人们认识原子核的结构来说,迈出了重要一步。后来,科学家们对多种物质进行了类似的实验。1921年,卢瑟福和查德威克发现硼、氟、钠、铝、磷等十几种轻元素在粒子轰击下都可以产生类似的蜕变。可见,氢核(质子)也是其他原子核的组成部

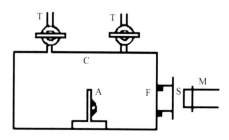

图8-3　卢瑟福用粒子轰击轻元素的实验装置

分,是各种原子核内作为电荷单位的粒子。因此,一般而言原子核并不是基本粒子。那么质子会不会就是构成原子核的基本单元呢?

8.2.3　中子的发现

1910年,汤姆孙制成了第一台用于测量带电粒子质量的仪器——质谱仪,使人们可以精确地测量各种原子的相对原子质量。随着同位素的发现,人们又知道各种原子的相对原子质量都是氢原子相对原子质量的整数倍。以此为基础,科学家们对原子核的结构提出了一些设想。

同位素的发现也促使人们思考,同种元素的同位素原子核的电荷数完全相同,但质量数却不同。如氢的原子序数是1,对普通的氢原子来说,质量数也是1。但是氢的两种同位素氘和氚,它们的电荷数仍是1,质量数却分别是2和3。为什么同一种元素会有不同质量的同位素?不同的同位素在原子核结构上有什么不同?

1920年圣诞节,卢瑟福在贝克讲座上宣讲原子物理学的成就时推测,原子中有带负电的电子和带正电的质子,为什么不可以有不带电的中性粒子?当时多数物理学家对这一预言都持怀疑态度。唯独卢瑟福的学生,英国物理学家查德威克对此坚信不疑。

1930 年,德国物理学家博特和贝克尔用钋的射线轰击铍时,发现了一种穿透力极强的未知中性射线,他们认为这是一种射线。约里奥·居里夫妇也做了类似的实验,发现用这种射线去轰击石蜡,会打出一些质子,对此他们迷惑不解。

当查德威克看到居里夫妇的论文时,立即想到这种辐射可能就是中性粒子。他重复了实验,发现这种辐射是不带电的中性粒子。但与射线不同,它的速度不到光速的1/10。质量却跟质子差不多,所以很容易将石蜡中的质子打出来。由于不带电的粒子不能使水蒸气凝结成水滴,因而用云室探测不到它。1932 年,查德威克宣布这种新粒子就是卢瑟福预言中的中性粒子——中子,用 n 表示。由于中子不带电,不受原子核静电力的排斥,所以它是打开原子核大门的一把钥匙。它的存在为核模型理论提供了重要依据,为核能的实际应用开辟了道路,中子被发现后不久,人们就了解到组成原子核的基本单元是质子和中子,它们统称为核子。查德威克由于发现中子,于 1935 年获得诺贝尔物理学奖。

回顾中子发现的历史可知,合理的假说在引导人们发现新事实和揭示未知规律方面是十分重要的。没有或不注意这些假说,唾手可得的成果也可能失之交臂。

8.2.4　原子核的结构

中子被发现后不久,德国物理学家海森伯和苏联物理学伊万年柯分别独立提出了原子核由质子和中子组成的假说。按这种设想,核内的质子数就是原子的电子数,核内的中子数则等于总质量数减去质子数。若氦原子是由 2 个质子和 2 个中子构成,它的质量等于电荷数。一种元素的同位素有相同的原子序数和不同的质量数,是因为它们的质子数相同而中子数不同。例如在氢的三种同位素中,原子核内有 1 个质子而无中子的是氢;原子核由 1 个质子和 1 个中子组成的是氘;原子核由 1 个质子和 2 个中子组成的是氚。原子核的组成以及原子核的表示方法,分别如图 8-4、图 8-5 所示。

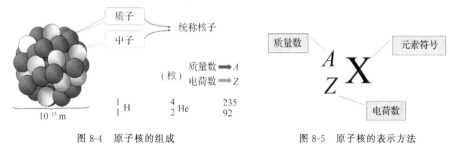

图 8-4　原子核的组成　　　　　　　　图 8-5　原子核的表示方法

8.2.5　夸克与轻子

一、夸克

长期以来人们一直认为,质子和中子是最小的基本单位,它们和电子一样不可再分,没有内部结构。今天我们知道,核子,即质子和中子,是由更小的粒子——夸克构成的。夸克和电子构成原始粒子,再由它们构成世间所有物质。

对于普通的、稳定的物质,起作用的夸克只有两种,u 夸克和 d 夸克,即上夸克和下夸克。u 是英文"up"的简称,d 是英文"down"的简称。上夸克的电荷数为2/3。下夸克的电荷数为－1/3。阳性的质子由两个上夸克和一个下夸克组成。因此它的电荷数为 2/3＋2/3－1/3＝＋1(与之相反,电子的电荷数为－1)。中子则是由两个下夸克和一个上夸克组成,因此它的电荷数为－1/3－1/3＋2/3＝0,如图 8-6 所示。

虽然科学家已经有了令人惊喜的发现,但在自然界夸克从不单独出现,它总是以二组合或三组合的形式出现。由两个夸克组成的粒子叫介子,它们不稳定,会迅速衰变。与之相反,由三个夸克组成的粒子,也就是质子和中子,是很稳定的结合体,将其称为重子。

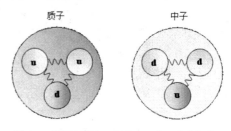

图 8-6　质子由两个 u 夸克和一个 d 夸克组成,
中子由两个 d 夸克和一个 u 夸克组成

除了带电外,夸克还有另外一个隐秘的特性,称之为"色",分别是红色夸克、绿色夸克和蓝色夸克。在这里,人们不能把它们理解成真正的颜色,"色"是它自身的一种物理属性。自然界中自由存在的由夸克组成的粒子必须一直是"中色",也就是"白色"。

这些"白色"粒子可通过一个红色、一个绿色和一个蓝色的夸克三组合而形成,比如说中子。就像所有彩虹色的结合形成白色一样,三种色的夸克的结合,可以生成一个白色的、稳定的粒子。另一种可能是一个红色夸克和一个反红色夸克形成双夸克组合。红色和反红色相互湮灭,并生成一个中性的(白色的)色调。由于这两种夸克的组合,即介子,是由物质和反物质组成的,因此它们非常不稳定,诞生后会迅速衰变。夸克构成核子,核子结合成原子核,原子核和电子构成原子,原子又相互结合成大大小小的分子,数十亿个分子构成人体细胞,人体又有数万亿个细胞。

人、动物、植物、行星或恒星都由三种基本粒子构成,上夸克、下夸克以及电子,尽管它们拥有如此大的差别。

二、轻子

轻子是一种不受强力作用影响的基本粒子,最典型的就是电子。我们共知道 6 种轻子(如图 8-7 所示)和 6 种夸克(如图 8-8 所示),即 12 种"真实存在的"原始基本粒子。它们不能再拆分。然而,它们中对物质构成来说最重要的只有三种,上夸克和下夸克以及电子。

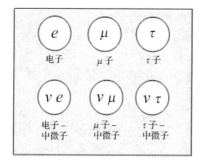

图 8-7　轻子

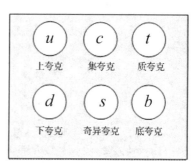

图 8-8　夸克

8.3　放射现象

8.3.1　放射性

原子核不仅有复杂的结构,而且能够发生变化。天然放射现象就是原子核的一种自发变化。物质发射射线的性质称为放射性。具有放射性的元素称为放射性元素。放射性并不是少数几种元素才有的。研究发现,原子序数大于或等于 84 的所有元素,都能自发地发射射线,原子序数小于 84 的元素,有的也具有放射性。元素这种自发地发射射线的现象,叫作天然放射现象。

当不稳定元素发生放射性衰变时,伴随有某种粒子和高能光子释放出来,这些粒子和光子流统称为射线。射线中有三种不同的成分:α 射线、β 射线、γ 射线。人们用希腊字母表的头三个字母来命名这三种射线,原意是表示它们具有不同的穿透能力。α 射线的穿透能力最差,约 0.01 mm 厚的铅箔片就能阻止它穿过,β 射线穿透力稍强,可以穿透 0.1 mm 厚的铅板,γ 射线的穿透能力最强,它可以穿透大约 100 mm 厚的铅板。

α 射线是氦核,既具有波动性又具有粒子性,α 粒子由两个质子和两个中子组成,并不带任何电子。由于 α 粒子的体积大,又带有两个正电荷,所以电离能力非常强。一旦进入人体,产生的效应是同等剂量的 β 射线或 γ 射线的 20 倍。

β 射线是电子流,是指当放射性物质发生 β 衰变所释放出的高能量电子,其速度非常快,可达光速的 99% 以上。电子为负电荷,质量是 α 粒子的八千分之一,比 α 粒子更具有穿透性。

γ 射线是一种波长很短的电磁波,是原子核衰变、裂变时放出的射线之一,又可以称为光子,但是它的粒子性很弱,基本上是具有波动性。且波长很短,穿透能力很强,又携带高能量,本身不带电,不具有直接电离的能力,但可以通过和物质的相互作用,间接引起电离效应。γ 射线可以杀死癌细胞,从而建立了肿瘤的放射性治疗。医用的 γ 射线是电子加速器发出的高能电子(6×10^6 ev)打在钨靶产生的韧致辐射。这就是我们说的 γ 刀。

8.3.2　衰变

原子核放出 α 粒子或 β 粒子后,就变成新的原子核。我们把这种变化称为原子核的衰变。铀 238 核放出一个 α 粒子后,核的质量数减少 4,电荷数减少 2,成为新核。这个新核就是钍 234,这种衰变叫作 α 衰变。这个过程可以用下面的衰变方程表示,即

$$^{238}_{92}\text{U} \longrightarrow ^{234}_{90}\text{Th} + ^{4}_{2}\text{He}$$

在这个衰变过程中,衰变前的质量数等于衰变后的质量数之和;衰变前的电荷数等于衰变后的电荷数之和;原子核衰变时电荷数和质量数守恒。

8.3.3   半衰期

放射性同位素衰变的快慢有一定的规律。例如,氡 222 经过 α 衰变为钋 218,如果隔一段时间测量一次剩余氡的数量就会发现,大约每过 3.8 天就有一半的氡发生了衰变。也就是说,经过第一个 3.8 天,剩有一半的氡,经过第二个 3.8 天,剩有 1/4 的氡,再经过 3.8 天,剩有 1/8 的氡等,因此可以用半衰期来表示放射性元素衰变的快慢。放射性元素的原子核有半数发生衰变所需的时间,叫作这种元素的半衰期。不同的放射性元素,半衰期不同。例如,氡 222 衰变为钋 218 的半衰期是 3.8 天,镭 216 衰变为氡 222 的半衰期是 1 620 年,铀 238 衰变为钍 234 的半衰期长达 4.5×10^9 年。

放射性元素衰变的快慢是由核内部本身的因素决定的。跟原子所处的物理和化学状态无关。例如,一种放射性元素,不管它是以单质的形式存在,还是和其他元素形成化合物,或者对它施加压力或者增高它的温度,都不能改变它的半衰期。这是因为衰变发生在原子核的内部,压力、温度、与其他元素的化合等,都不会影响原子核的结构。

8.4 核能的释放

8.4.1   核反应及核能

在核物理学中,原子核在其他粒子的轰击下产生新原子核的过程,就称为核反应。1919 年卢瑟福用 α 粒子轰击氧的同位素——氧 17 和一个质子,第一次实现了原子核的人工转变。原子核的人工转变就是一种核反应。和衰变过程一样,在核反应中,质量数和电荷数都守恒。

我们知道,化学反应往往要吸热和放热,类似地,核反应也伴随着能量变化。例如,一个中子和一个质子结合成氘核时,要放出 2.2 MeV 的能量。这个能量以 γ 光子形式辐射出去。核反应中放射出的能量称为核能。

物理学家研究质子、中子和氘核之间的关系时,发现氘核虽然是由一个中子和一个质子组成的,它的质量却并不等于一个中子和一个质子的质量之和。精确的计算表明,氘核的质量比中子和质子的质量之和都要小一些,这种现象叫作质量亏损。

爱因斯坦的相对论指出,物体的能量和质量之间存在着密切的联系,它们之间的关系为

$$E = mc^2$$

这就是著名的爱因斯坦质能方程。这个方程告诉我们,物体具有的能量与它的质量之间存在着简单的正比关系。核子在结合成原子核时出现质量亏损,所以要放出能量,大小为

$$\Delta E = \Delta m c^2$$

中子和质子结合成氘核时,质量亏损 $\Delta m = 0.004\ 0 \times 10^{27}\ \text{kg}$,根据爱因斯坦质能方程可知,放出的能量为

$$\Delta E = \Delta m c^2 = \frac{0.004\ 0 \times 10^{27} \times (2.997\ 9 \times 10^8)^2}{1.602\ 2 \times 10^{19}}\text{eV} = 2.2\ \text{MeV}$$

1 mol 的碳完全燃烧放出的能量为 393.5 kJ。每个碳原子在燃烧过程中释放出的能量不过为 4 eV,跟这个例子中每个核子释放的能量相比,两者相差数十万倍。

8.4.2　核裂变及其应用

1. 裂变

核反应中有些可以释放出能量,有些要吸收能量,什么样的核反应可以释放出能量呢?物理学家发现,不仅核子结合成原子核有质量亏损,放出能量,有些重核分裂成中等质量的核,有些轻核结合成中等质量的核,也发生质量亏损,放出巨大的能量。这是为什么呢?

原子核的质量虽然随着原子序数 Z 的增大而增大,但是二者并不成正比关系。不同的原子核,其核子的平均质量(原子核的质量除以核子数)与原子序数有如图 8-9 所示的关系。

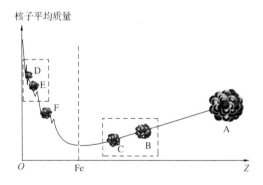

图 8-9　核子的平均质量与原子序数的关系

从图 8-9 中可以看出,铁原子核中核子的平均质量最小。如果原子序数较大的重核 A 分裂成原子数小一些的核 B 和核 C,或者原子序数很小的氢核 D 和核 E 结合成一个原子序数大一些的 F 核,都会有质量亏损,放出巨大的核能。核物理中把重核分裂成质量较小的核,释放出核能的反应称为裂变。把轻核结合成质量较大的核,释放出核能的反应,称为聚变。1938 年 12 月,德国物理学家哈恩和他的助手斯特拉斯曼发现,用中子轰击铀核时,铀核发生了裂变。如图 8-10 所示,为铀核裂变示意图,铀核裂变的产物是多种多样的,一种典型的反应是裂变为钡和氪,同时放出 3 个中子,核反应方程为

$$^{235}_{92}\text{U} + ^{1}_{0}\text{n} \longrightarrow ^{141}_{56}\text{Ba} + ^{92}_{36}\text{Kr} + 3^{1}_{0}\text{n}$$

一般来说,铀核裂变时总要释放出 2～3 个中子,这些中子又引起其他的铀核裂变。这样,裂变就会不断地进行下去,释放出来越来越多的能量,人们称这个过程为链式反应。

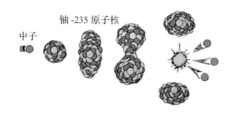

图 8-10　铀核裂变示意图

中子轰击铀核→中子被吸收→铀核发生形变→裂变→裂成 2 个碎片,放出 3 个中子和 γ 射线

如图 8-11 所示,为链式反应示意图。

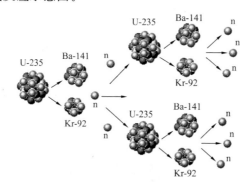

图 8-11　链式反应示意图

2. 原子弹

链式反应的直接应用就是原子弹。原子弹又名核弹、裂变弹。主要由核装料(核燃料)引爆装置、中子反应层、中子源和弹壳组成,核燃料是分成小块儿的高浓度裂变物质。用高效炸药将两块或多块非临界状态的核燃料在极短的时间内压缩到一起,达到高度的超临界状态,产生极快的链式反应。一代又一代中子在瞬间"繁衍",使来不及分散的核燃料的原子核在百分之一秒相继发生裂变,释放出巨大的能量,产生巨大的威力。

原子弹中的链式反应就是基于这种不受人工控制的反应形式。另外反应需要一定质量的核燃料,人们称之为"临界质量"。临界质量与核燃料的几何形状有关。铀 235 组成的球形体系的临界质量约为 50 kg,大小相当于直径为 16.8 cm 的球体。而实际操作时人们并未达到这个临界值,所以在非常小的铀块中就有很多中子没有撞击到原子核,泄露到铀块外。

3. 中国原子弹

1964 年 10 月 16 日下午 3 时,我国第一颗原子弹在新疆罗布泊爆炸成功。罗布泊上空的一声巨响震惊了世界,振奋了我们的民族精神,有力地保卫了国家安全,并为我国的大国地位打下最坚硬的基石。

中国研发原子弹的过程十分艰难,在 1959 年 6 月,苏联政府单方面撕毁了中苏双方签订的关于国防新技术的协定,拒绝向中国提供原子弹样品和生产原子弹的技术资料。当年回来了一大批像钱学森这样的爱国科学家,才让中国的原子弹发展少走了几十年弯路。面对险恶的国际环境和严峻的经济形势,中央决定削减其他一些科研项目和常规武器的生产,集中一切力量把"两弹"研制出来。为了牢记 1959 年 6 月,中国的原子弹研制项目被定名为"596"工程。从此,596 就作为了原子弹的代码。

第二次世界大战以后,原子弹成为冷战时期的重要战略武器,大国竞相研制,核军备愈演愈烈。据联合国公布的资料可知,全世界已有核弹头数万个,爆炸当量约为 150 亿 TNT,全球每人约平均承受相当于 3 吨 TNT 的核威胁,如果将它们全部引爆,能使地球毁灭好几次。因此,有人称原子弹是"毁灭地球的发明"。

4. 核反应堆及核电站

核电站利用核能发电,它的核心设施是反应堆。核反应堆的类型多种多样,但它主要由活性区、反射层、外压力壳和屏蔽层组成。活性区又由核燃料、慢化剂、冷却剂和控制棒等组成。当前用于原子能发电站的反应堆中,压水堆是最具竞争力的堆型(约占 61%),沸水堆占一定比例(约占 24%),重水堆用得较少(约占 5%)。慢中子反应堆中的核反应,主要是铀 235 吸收慢中子后发生的裂变,而天然铀中只有 0.7% 是铀 235,所以反应堆里用浓缩铀(其中铀 235 占 3%~4%)制成铀棒,作为核燃料,如图 8-12 所示。

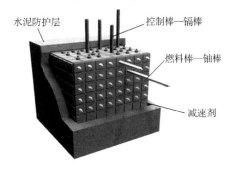

图 8-12　慢中子反应堆示意图

铀 235 具有俘获慢中子而不易俘获快中子的特点。裂变时产生的中子速度很大,不容易被铀 235 俘获而引起裂变,必须设法使它们速度降下来。为此在铀棒周围放上减速剂。快中子跟减速剂的原子核碰撞后能量减少,变成慢中子。常作减速剂的物质有石墨、重水和普通水(有时叫轻水)。

为了调节中子数目以控制反应速度,还需要在铀棒之间插入一些控制棒。控制棒由镉做成。镉吸收中子的能力很强,当反应过于激烈时,使控制棒插入深一些,让它多吸收一些中子。链式反应的速度就会慢一些。反之则把控制棒向外拔出一些。计算机自动调节控制棒的升降,就能使反应堆保持一定的功率,安全地工作。

核燃料裂变释放出来的能量大部分转化为热,使反应区温度升高。水和液态的金属钠等流体在反应堆内外循环流动,把反应堆内的热量传输出去,用于发电,同时也使反应堆冷却,保证安全。核反应堆放出的热使水变成水蒸气,推动汽轮发电机发电。这一部分跟火力发电厂大致相同。

8.4.3　核聚变反应及其应用

在消耗相同质量的核燃料时,聚变比裂变释放更多的能量。例如,一个氘核和一个氚核结合成一个氦核(同时放出一个中子)时,释放 17.6 MeV 的能量,平均每个核子放出的能量在 3 MeV 以上,如图 8-13 所示。比裂变反应中平均每个核子放出的能量要大 3~4 倍。这时的核反应方程式为

$$_1^2H + _1^3H \longrightarrow _2^4He + _0^1n$$

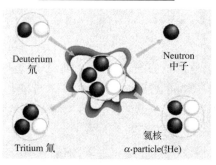

图 8-13 核聚变示意图

使氢核发生聚变,必须使它们的距离十分接近,达到 10^{15} m 的近距离。由于原子核都是带正电的,要使它们接近到这种程度,必须克服巨大的库仑斥力。这就要使原子核具有很大的动能。用什么方法能使大量原子核获得足够的动能来产生聚变呢? 有一种办法,就是把它们加热到很高的温度。当物质达到几百万摄氏度的高温时,剧烈的热运动使得一部分原子核已经具有足够的动能,可以克服相互间的库仑斥力。在碰撞时发生巨变。因此,聚变反应又叫热核反应。热核反应一旦发生,就不再需要外界给它能量,靠自身的热就可以使反应进行。

热核反应在宇宙中是很普遍的。太阳和许多恒星的内部温度高达 10^7 K 以上,热核反应在那里激烈得进行。太阳每秒钟辐射出来的能量约为 3.8×10^{26} J。这就是由热核反应产生的。地球只接受了其中的二十亿分之一左右,就使得地面温暖,万物生长。

氢弹是利用氢的同位素氘、氚等轻原子核的聚变反应,产生强烈爆炸的核武器,又称为热核聚变武器。其杀伤机理与原子弹基本相同,但威力比原子弹大几十甚至上千倍。目前除了氢弹以外,人们还不能控制聚变反应,利用聚变时释放核能。

8.5 原子核的综合应用

8.5.1 科研方面——考古年代测定

1. 放射性同位素 ^{14}C

^{14}C 是 ^{12}C 的一种放射性同位素,考古学家可以通过测量样品中所含的微量 ^{14}C 的 β 放射性强度,来推知样品的年龄。生物体及其赖以生存的大气和海洋中含有大量的碳元素,如地壳中的石灰岩、空气中的二氧化碳、各种生物以及自然和人造的各类有机物等。占所有碳原子总数约万亿分之一的 ^{14}C 原子就像一个无形的计时器,只要用仪器测出物

体中^{14}C 原子的多少,就可知其年龄(以千年计)。

与^{12}C 和^{13}C 不同的是,^{14}C 原子具有放射性,其原子核有 6 个质子和 8 个中子,比一般碳原子多 2 个中子,不大稳定。当它放出特殊射线后就变成由 7 个质子和 7 个中子组成的^{14}N 原子核,现有的科学仪器可以根据测得射线的多少得知物体所含放射性原子的数量。

自然界中的^{14}C 原子从何而来? 地球一直受到宇宙射线的冲击,其中绝大部分是高能质子。当它们进入地球大气层并与之发生作用时,就会变成自由中子。自由中子与大气中的^{14}N 原子核发生反应,继而再生成新的原子核,同时还产生一个质子。在一定的条件下,^{14}C 又以射线的形式从原子核里释放出一个较高能量的电子后再变成氮原子,这就是^{14}C 放射性的来源。当生成和衰变两种过程平衡后,大气中二氧化碳所包含的^{14}C 对^{12}C 的原子个数比约为 $1.3\times10^{-12}:1$。

放射性元素的特征是半衰期恒定。1 万个^{14}C 原子要经过 5 730 年才有一半变成氮原子。剩下的 5 000 个^{14}C 原子还要在 5 730 年里才会有 2 500 个^{14}C 原子变成氮原子。总是经过 5 730 年的时间,^{14}C 原子的数目就减少为一半,5 730 年就是^{14}C 的半衰期,这是核时钟计时的依据。

由于宇宙射线的冲击,使大气中少量的氮原子变成了^{14}C 原子,^{14}C 又很快与氧结合成 CO_2,并与原来大气中的 CO_2 混合,参加到自然界的碳循环中。生物体通过呼吸和光合作用与大气进行碳的交换。被植物所吸收,变成碳水化合物储存在生物体内,并继续在食物链中传递。因此,动植物和人体内都存在着^{14}C 原子。通过对大气中的 CO_2 进行测定可知,平均每 7.7×10^{13} 个 CO_2 分子中只有一个分子中的碳是^{14}C 原子。由于新陈代谢,使任何生物体内所含^{14}C 原子的数目都与外界保持平衡,体内的^{14}C 含量对^{12}C 含量的比与大气中的完全相同。

当生物体死亡后,新陈代谢终止,体内^{14}C 原子的含量不再增加。而是以 5 730 年的半衰期开始递减。因此,只要测得死亡生物体内每克碳的放射性强度,或者测出其剩余^{14}C的含量,就可以计算出它的死亡年代。

为了便于用仪器准确测定 β 粒子的数量,人们换算出含^{14}C 的每克碳在一分钟内平均放出 16 个电子(β 粒子)。测量仪器每接收到一个 β 粒子便会发出一次响声或者计数器跳一个数字。将新鲜的树叶干馏成碳,取出 1 克放在仪器上,仪器每分钟发出 16 次响声。若在古人住过的洞穴里发现一块木炭,把它洗净烘干后同样也取 1 克进行测试,如果在每分钟内平均听到了 8 次响声,就可知道木炭中的^{14}C 已经少了一半。由^{14}C 的半衰期可知这块木炭是 5 730 年前由活着的树木砍下后烧成的,因此可以判定约在 6 000 年前古人曾在洞穴生活过。

应用"计时钟"^{14}C 可以测定 1 000～50 000 年的考古样品,虽有±200 年的误差,但比用地质年代来估计的方法可靠得多。20 世纪 50 年代,美国放射化学家利比(Willard Libby,1908-1980)用^{14}C 测定法对埃及金字塔中的墓葬品做了测定,结果与历史记载的年代吻合,如图 8-14 所示。

20 世纪 70 年代末出现的加速器质谱测年技术(AMS)是利用加速器质谱仪,通过直接测量样品中^{14}C 的原子数来断定文物样品的年代,其测量精度高,广泛应用于考古学、

图 8-14　大英博物馆的埃及文物

古人类学、地质学、物理学、天体物理学、环境科学、生物医学等领域,甚至可以解决其他诸如陶器起源的年代,人类祖先何时到达美洲,农业起源的时间等问题。

^{14}C 测年法是由美国芝加哥大学的利比教授于 1949 年提出的。由于揭示了核时钟的奥秘,利比获得了 1960 年的诺贝尔化学奖。

2. 地球年龄的测定

地球是我们赖以生存的星球,它为人类提供了水、食物以及各种资源。在人类发展过程中,对地球的了解不曾间断过,在诸多和地球有关的问题中,地球的年龄一直都是人们最关心的问题,为了回答这个问题,科学家们曾经想过许多方法,比如"海洋积淀""熔盐输送""宇宙膨胀""朝夕摩擦"等。但遗憾的是,这些方法最终得出来的数据从几千万年到几十亿年甚至是上百亿年都有,彼此间相差很大,不能相对精确地定位地球的真实年龄。

目前对地球年龄的最佳估计值为 45.5 亿年,通常所说的地球年龄是指它的天文年龄。地球的天文年龄是指地球开始形成到现在的时间,这个时间同地球起源的假说有密切的关系。地球的地质年龄是指地球上地质作用开始之后到现在的时间。从原始地球形成经过早期演化到具有分层结构的地球,估计要经过几亿年,所以地球的地质年龄小于它的天文年龄。

科学家研究发现,铀—铅的衰变过程相对较慢,它如果想要衰减到原来一半数量需要大约 45 亿年,这和地球的年龄比较接近,这就使它成了测定地球年龄的理想元素。科学家可以通过测定样品中所含有的铀和铅的比例,运用相应的计算公式,计算出样品的放射性年龄。这些方法为获得地球不同时期绝对年龄值和各个地质时代的准确时限提供了便利,当然,这些方法也不是没有缺点的,在进行同位素年龄测定时,所选取的样品很难消除后期热变质作用的影响,如果样品是遭受过风化的岩石,与母岩的性质更是相差甚远,所得到的绝对年龄值往往不能代表岩层的真正年龄。看来,要想通过同位素测定法得到一个地区准确的地质年代,精确的取样、先进的设备和缜密的测定过程缺一不可。

3. 放射性同位素在科学研究和工业上的应用

就像夜晚灯塔闪烁的亮光一样,放射性同位素也在其存在的地方发出"信号"。因此,放射性同位素常常作为示踪剂,用来研究化学反应发生的步骤或工业生产的过程。而作为示踪剂的放射性同位素,它的性质和没有放射性的同位素一样。科学家通过利用一种能检测放射线的仪器就可以跟踪。这一方法对研究活的生命体尤其有用。而且,吸收少量的放射性磷,对植物的健康并不会产生不利的影响。事实上,植物从土壤中吸收的磷,就和吸收没有放射性磷的结果是一样的。植物吸收的磷会出现在植物体内的任何部位。

生物学家就是利用这种方式了解哪些部位需要磷这种元素。

在工业上,示踪剂主要用于寻找金属管道,特别是疏油管上的裂缝或孔洞。将加了示踪剂的液体倒入管子,如果管壁有微小的裂缝,液体就会从这些裂缝中泄露出来,由于其中含有示踪剂,因而很容易被检测出来。实际检测中,工程师通常利用放射性同位素的射线来寻找金属中的裂缝和瑕疵。射线能够轻松地穿过金属,然后在照片底片上成像进而被检测到。借助射线的图像,结构工程师可以方便地检测桥梁和建筑物的金属结构中的微小裂缝。如果没有这样的图像,这些微小的裂缝通常是很难被发现的,从而导致裂缝不断增大,最终造成重大事故。

4. 同位素示踪剂在医学上的应用

医生也经常使用放射性同位素帮助诊断、治疗疾病。带有示踪剂的药物被注入人体后,它会随药物一起到达需要被检测和治疗的组织或器官。再借助能检测射线的仪器,医生就可以拍摄到人体骨骼、血液等组织和器官的有关图像。例如,以钽 99 为示踪器可以诊断病人骨骼、肝脏、肾脏以及消化系统等方面的病灶。

现在,很多医院采用一种称为放疗的治疗方法,它就是利用放射性元素杀死不健康的细胞。例如,甲状腺功能亢进,一般用碘 131 对病人的肿块进行放射性治疗,以控制其吸收营养的速度。由于甲状腺的重要成分是碘,放射性的碘 131 便聚集其中。释放出射线,杀死异常的细胞,但对于人体的其他组织并不会产生不良的影响。

对于不同的恶性肿瘤,一般利用高能的射线从病人体外进行照射。大多数医院都会采用钴 60 进行治疗。当射线直接照射到肿瘤时会使其发生变化并最终杀死癌细胞。

8.5.2　X 射线及其应用

1. X 射线的发现

1895 年 11 月 8 日,德国维尔茨堡大学校长伦琴(W. C. Rontgen)在做阴极射线实验时,发现了一种看不见的射线从管中阴极射线轰击的那个电极发射出来,这种射线性质奇特,能使荧光物质发光,能使照相底片感光并且具有非常强的穿透能力。伦琴把它称为X 射线。

X 射线是一种波长极短、能量很大的电磁波,X 射线的波长比可见光的波长更短,在 0.001~100 nm,医学上应用的 X 射线波长在 0.001~0.1 nm,它的光子能量比可见光的光子能量大几万至几十万倍,所以 X 射线照在物质上时,仅一部分被吸收,大部分经由原子间隙通过,表现出很强的穿透力(如图 8-15 所示),能透过许多对可见光不透明的物质。

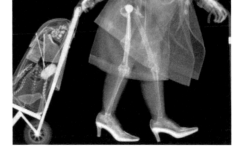

图 8-15　X 射线照片

X 射线的发现标志着现代物理学的诞生,推动了现代化学和现代生物学的创立和发展,对物理学乃至整个科学技术领域产生了极为深刻的影响,为物理学、化学、生物学和医学等相关科学造就了数十名诺贝尔奖获得者,为科学事业的发展做出了不可磨灭的贡献。为此,1901 年伦琴荣获首届诺贝尔物理学奖。

2.X 射线在晶体中衍射的发现

自伦琴发现 X 射线后,关于 X 射线的本质是不清楚的,一种观点认为是穿透性很强的中性微粒(粒子学说);另一种观点认为是波长较短的电磁波(波动学说)。劳厄认为,X射线是电磁波。他在与博士生艾瓦尔德(P. P. Ewald)交谈时,产生了用 X 射线照射晶体以研究固体结构的想法。他设想,X 射线是极短的电磁波,而晶体是原子(离子)的有规则的三维排列。只要 X 射线的波长和晶体中原子(离子)的间距具有相同的数量级,那么当用 X 射线照射晶体时就应能观察到干涉现象。劳厄把晶体当作一个三维光栅,让一束X 射线穿过,由于空间光栅的间距与 X 射线波长的估计值在数量级上近似,可观察到衍射谱。在劳厄的鼓励下,索末菲的助教弗里德里希和伦琴的博士研究生克尼平在 1912 年开始了这项实验。他们把一个垂直于晶轴切割的平行晶片放在 X 射线源和照相底片之间,结果在照相底片上显示出了有规则的斑点群。后来,科学界称其为"劳厄图样"(如图8-16 所示)。劳厄设想的证实一举解决了 X 射线的本性问题,并初步揭示了晶体的微观结构。爱因斯坦称此实验为"物理学最美的实验"。

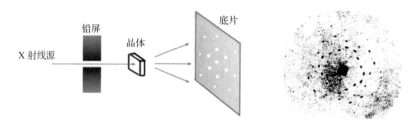

图 8-16　劳厄的 X 射线衍射实验示意图

随后劳厄把二维光栅衍射理论推广到三维光栅情况,以几何观点完成了 X 射线在晶体中的衍射理论,成功地解释了有关的实验结果。得到了描述晶体衍射的劳厄方程。

X 射线晶体衍射的发现解决了当时科学上两大难题,证实:晶体的点阵结构具有周期性以及 X 射线具有波动性,其波长与晶体点阵结构周期是同一数量级。由于 X 射线晶体衍射的发现,劳厄于 1914 年荣获诺贝尔物理学奖。

3.布拉格方程的创立

劳厄等的 ZnS 晶体 X 射线衍射照片发表后不到一个月就传到英国,引起布拉格父子(W. H. Bragg、W. L. Bragg)的极大关注。当时,老布拉格是里兹大学物理系的教授,是一个坚信 X 射线粒子学说的物理学家。小布拉格刚毕业于剑桥大学,是卡文迪什实验室的研究生。1912—1913 年,小布拉格和他的父亲提出了另一种研究 X 射线衍射的方法。他们把晶体看成是由一系列相互平行的原子层构成的。以氯化钠晶体为例,如图 8-17(a)所示,离子有规则地分布在不同的平行层面内。当 X 射线入射到晶体上时,根据惠更斯原理,这些离子就成为发射子波的波源,沿各个方向发出子波。假设氯化钠晶体的晶面间距为 d,一束波长为 λ 的 X 射线沿与晶体表面成 θ 角方向入射,入射晶体后经过不同层面的离子反射,如图 8-17(b)所示,显然上下相邻的两个层面反射的 X 射线,其光程差为 $2d\sin\theta$,当满足条件

$$2d\sin\theta = k\lambda\,(k=1,2,3\cdots\cdots)$$

各层的反射线干涉加强成亮点。以上方程所反映的规律称为布拉格定律。由于 X 射线进入晶体内部,在各个晶面都会有反射叠加,所以衍射图样清晰明锐。

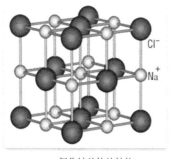

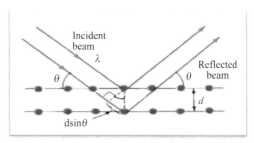

(a) 氯化钠晶体的结构　　　　　　　　　(b) X 射线经二维晶体的反射

图 8-17　X 射线照射晶体实验

在实验中,如果已知晶体晶面间距 d 以及入射的 X 射线与晶体表面的夹角 θ。则由式 $2d\sin\theta = k\lambda$ 可以确定 X 射线的波长 λ。反之,已知射线波长 λ,也可以确定晶体的晶面间距 d。这种研究已经发展成为物理学的一个专门分支——X 射线结构分析,它在结晶学和生产技术上都有着广泛的应用。

布拉格方程的创立,标志着 X 射线晶体学理论及其分析方程的确立,揭开了晶体结构分析的序幕,同时为 X 射线光谱学奠定了基础。1915 年布拉格父子荣获诺贝尔物理学奖。

4. 对自然科学的影响

晶体 X 射线衍射的发现使物理学中关于物质结构的认识从宏观进入微观,从经典过渡到现代,发生了质的飞跃。晶体 X 射线的衍射被发现以前,晶体学的研究停留在晶体形态学的宏观层次。晶体学家利用测角术对单晶体所呈现的规则晶面之间的几何关系进行测定,得到单晶体遵循面角恒等定律和有理指数定律。直到 19 世纪,晶体学对称性理论的建立和发展也是以晶体形态学测量数据为依据,但无法解释少数不满足有理指数定律的晶体,如调制结构晶体。只有晶体 X 射线衍射被发现以后,晶体结构的研究才进入原子排列的层次上,不仅可以解释晶体形态学无法解释的现象,还扩大了研究对象,开辟了新的研究领域。

蛋白质结构的测定从细胞水平向分子水平过渡,使生物学研究出现突破。蛋白质的分子非常复杂,对其结构的测定,曾被认为是非常困难的问题。经过 20 多年众多科学家的努力,终于在 1959 年测定出肌红蛋白和血红蛋白的晶体结构,作为这项研究的代表人物,肯德鲁(J. C. Kendrew)和佩鲁茨荣获 1962 年诺贝尔化学奖。到目前,已有数百种蛋白质结构被测定,产生了数位诺贝尔奖获得者。随着人类基因组图的完成,"结构基因组学"将目标锁定在蛋白质三维结构及其功能的研究上,将对人类健康和制药工业产生巨大影响。

1913 年 NaCl 结构的测定,使化学家明白,这些简单无机化合物不存在分离的分子集团,而是由阴离子和阳离子排列成规则的空间点阵构成。基于这种概念,1927 年戈尔德施密特(V. M. Goldschmidt)提出晶体化学定律;随后鲍林(L. Pauling,1954 年诺贝尔化学奖获得者)提出离子晶体结构的 5 个规则。20 世纪 50 年代利普斯科姆(W. N. Lipscomb)利用晶体 X 射线衍射分析,阐明了硼烷分子结构,并发展了这类化合物的化学键新理论。因此,他荣获 1976 年诺贝尔化学奖。X 射线衍射结构分析成为结构化学的重要分析手段。

由于老布拉格在测定 X 射线光谱的前驱性工作,巴克拉发现了 X 射线散射过程中产生次级辐射,建立了元素的特征 X 射线,为此,荣获了 1917 年诺贝尔物理学奖。西格班发现一系列的元素特征 X 射线,确定了各元素的 X 射线谱,把 X 射线和元素结构紧密联系在一起,写成《X 射线光谱学》一书,开创了 X 射线光谱学及元素的 X 射线分析新领域。为此,他荣获 1924 年诺贝尔物理学奖。

晶体 X 射线衍射的发现对自然科学的影响是深远的,它给我们提供了原子、分子在晶体中的微观排列图像,而 X 射线光谱学的发展,使我们认识原子结构的规律性,为原子结构理论提供了直接的实验佐证,也使辨别物质的元素成为可能。这使物理学的研究从宏观进入微观,开拓了现代化学、现代生物学和医学的研究,使科学技术产生划时代的进展。

5. X 射线在医学中的应用

X 射线穿透物质的能力与 X 射线光子的能量有关,X 射线波长越短,光子能量越强;X 射线的穿透力还与物质密度有关,密度大的物质,对 X 射线吸收多,X 射线透过少。反之吸收少,透过多。利用差别吸收的性质,便可将密度不同的骨骼、肌肉、脂肪等组织区分开来,这样在荧光屏或胶片上将显示出不同密度的阴影(如图 8-18 所示)。根据阴影的浓淡对比,再结合临床、化验结果和病理诊断即可判断人体某部位是否正常。

当 X 射线照射生物机体时,生物细胞受到抑制、破坏甚至死亡,致使机体发生不同程度的生理、病理和生化等方面的改变,不同的生物细胞对 X 射线有不同的敏感度,所以应用不同能量的 X 射线对人体病灶部分的细胞组织进行照射时,即可使被照射的细胞组织受到破坏或抑制,达到治疗某些疾病,特别是肿瘤的目的。

(1)医用诊断 X 光机

医用诊断 X 光机医学上常用作辅助检查方法之一。临床上常用的 X 射线检查方法有透视和摄片两种。透视较经济、方便,并可随意变动受检部位做多方面的观察,但不能留下客观的记录,也不易分辨细节。摄片能使受检部位结构清晰地显示于 X 光片上,并可作为客观记录长期保存,以便在需要时加以研究或在复查时做比较。长期受 X 射线辐射对人体有伤害。

(2)电子计算机 X 射线断层扫描

CT 是一种功能齐全的病情探测仪器,它是电子计算机 X 射线断层扫描技术的简称。CT 的研制成功被誉为自伦琴发现 X 射线以后,放射诊断学上最重要的成就。因此,亨斯菲尔德和科马克共同获得 1979 年诺贝尔生理学或医学奖。

它根据人体不同组织对 X 射线的吸收与透过率的不同,应用灵敏度极高的仪器对人体进行测量,然后将测量所获取的数据输入电子计算机,电子计算机对数据进行处理后,就可摄下人体被检查部位的断面或立体的图像,发现体内任何部位的细小病变。

CT 是用 X 射线束对人体某部一定厚度的层面进行扫描,由探测器接收透过该层面的 X 射线,转变为可见光后,由光电信号转换变为电信号,再经模拟/数字转换器转为数字信号,输入计算机进行处理。图像形成的处理有如对选定层面分成若干个体积相同的长方体,称之为体素。扫描所得信息经计算而获得每个体素的 X 射线衰减系数或吸收系数,再排列成矩阵,即数字矩阵,数字矩阵可存储于磁盘或光盘中。经数字/模拟转换器把数字矩阵中的每个数字转为由黑到白不等灰度的小方块,即像素,并按矩阵排列,即构成 CT 图像,如图 8-19 所示。所以,CT 图像是重建图像。每个体素的 X 射线吸收系数可以通过不同的数学方法算出。

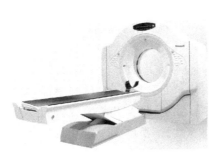
图 8-18　电子计算机 X 射线断层扫描

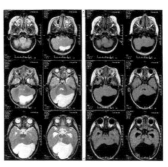
图 8-19　CT 图像

8.6　核辐射及其危害

8.6.1　核辐射

放射性物质以波或微粒形式发射出的一种能量就叫核辐射,核爆炸和核事故都有核辐射。核辐射原理是原子核从一种结构或一种能量状态转变为另一种结构或另一种能量状态过程中所释放出来的微观粒子流。其过程即放射性元素不断地发生衰变反应,变成另外一种物质并放出辐射。正常情况下,只要人体受到的辐射量不超过一定的标准,就可以认为是安全的。现在核辐射应用最多的物理量是剂量当量,单位:希沃特(Sv)。

8.6.2　核辐射的危害

放射性物质可通过呼吸吸入、皮肤伤口及消化道吸收进入体内,引起内辐射,辐射可穿透一定距离被机体吸收,使人员受到外照射伤害。辐射对人体的效应是从细胞开始的。它会使细胞的衰亡加速,使新细胞的生成受到抑制,或造成细胞畸形,或造成人体内生化反应的改变。在辐射剂量较低时,人体本身对辐射损伤有一定的修复能力,可对上述反应进行修复,从而不表现出危害效应或症状。但如果剂量过高,超出了人体内各器官或组织具有的修复能力,就会引起局部或全身的病变。

放射病的症状有:疲劳、头昏、失眠、皮肤发红、溃疡、出血、脱发、白血病、呕吐、腹泻等。有时还会增加癌症、畸变、遗传性病变发生率,影响几代人的健康。一般讲,身体接受的辐射能量越多,其放射病症状越严重,致癌、致畸风险越大。

8.6.3 我们身边的辐射

说起辐射,人们就会有些害怕,因为它看不见、摸不着,却给人体造成伤害。其实辐射并不是一种稀罕物,到处都存在着辐射。在日常生活中,晒太阳、看电视、戴夜光表、乘飞机、拍 X 光片,都会受到一定的辐照。只是生活中的辐照都是微量的,不会对人体造成伤害,所以也感觉不到它的存在。而大量的辐射对人体是非常有害的,因此应该采取一些相应的保护措施来防止和减少辐射对人体的伤害。

自然界中放射性是到处存在的,人们一直在接受天然本底的辐照。天然辐照的"本底"有两个来源:一个是高能粒子形式的辐射,它来自外层空间,统称宇宙射线;另一个来源是天然放射性,即天然存在于普通物质(如空气、水、泥土和岩石,甚至食物)中的放射性辐射。另外,现代社会中人们还会接触到各种人为的辐射,如 X 光检查、看电视、使用微波炉等。

住在核电厂周围每年约有 0.000 2 毫西弗;乘坐飞机每小时约 0.005 毫西弗;每天看 1 小时电视,每年约 0.001 毫西弗;吃食物每年约 0.02 毫西弗;宇宙射线每年约 0.03 毫西弗;大地和住房每年约 0.05 毫西弗;每天吸 20 支烟,一年 0.5～1 毫西弗;一次 X 光检查 0.5～2.0 毫西弗;我国高本底地区的天然辐照每年 3.7 毫西弗;放射性工作者的职业剂量限值每年 50 毫西弗;世界最高本底地区的天然辐照每年 120 毫西弗。

8.6.4 核辐射的防护措施

1. 衣服

放射性尘土和水蒸气污染期间,多穿衣服出门,戴口罩、帽子、手套,尽量减少裸露身体表面。尽量避免裸露的身体表面直接接触放射性粉尘和水蒸气,尤其是口腔。若怀疑身体表面有放射性污染,采用洗澡和更换衣服的方法减少放射性污染。

2. 食物

食物与水,要确定无污染才能饮食。将食品放在密闭容器内或冰箱里。事先没有封闭的食物应当先清洗再放入容器。不要饮用海水淡化水。

3. 服用碘片

在吸入放射性物质数小时前服用碘片可起到 100% 保护作用,在吸入的同时服用也基本可保护,所以没必要提前服用。碘片剂量(100 毫克)远远超出碘的每日限量(一天 1.1毫克),没事不要乱吃。注意碘盐里所含的碘是极其微量的,大量食用碘盐不仅无法阻挡辐射,甚至会引发更为严重的问题。

4. 住

如果无法迅速撤离,一定要避免暴露在室外,进入室内,地下室最好。紧闭门窗、通风口、排气扇、空调等。进入室内后可将外套外裤集中放置,然后使用清洁水源冲洗身体。

冲洗法可去除核物质沾染,当然必须保证冲洗水源没被污染。

5.行

三十六计走为上,如果有可能,应当尽快撤离辐射区域。撤离过程中一定要做到服从指挥,有序撤离,防止因慌乱而出现交通拥堵、意外事故等。同时尽可能缩短被照射时间,注意屏蔽,利用铅板、钢板等挡住或降低照射强度。

8.6.5　警惕暗藏的辐射污染

1.注意居室中的放射性污染

随着工业的发展,经常利用工业废渣做建筑材料,可能造成建材中含有一些放射性物质,经放射性衰变产生了放射性气体及其子体产物,悬浮于室内空气中,氡及其子体产物放射出能量较高的 α 射线(粒子),若吸进这样的气体,即会照射人体肺组织。如果长期受到照射,便容易产生支气管炎和肺癌等疾病。氡是肺癌的一个致病因素。

装修居室用的花岗岩及其他板石材料也含有一定量的氡,通风不良时,可造成居室内放射性污染加重。经监测表明,室内氡多在通风不良的地方积累,要经常打开居室的窗户,促进空气流通,使氡稀释,这是减少室内氡浓度的良好措施。装修房屋用的石(板)材要有选择地使用。石材的放射性核素含量随矿床所在地等天然条件的不同而有所增减,必须对其进行监测,才能知道是否适合居室装修。要规范装修材料的市场。

2.谨防饮用水的核污染

加强对饮用水源地的环境保护,谨防饮用水受到核污染。受放射性物质污染的水不能直接饮用。如果用受放射性物质污染的水浇灌农作物,农作物中的放射性物质的含量会普遍增高,食用有害人体健康。

中国矿泉水水源丰富,其中也有不少水源在流经途中受到人工或天然的放射性污染。据报道,通过有关部门监测,某些盲目开发的矿泉水水源中含氡的浓度过高,若长期饮用这种矿泉水就会危害身体。因此,各地有关执法和监督部门,要对矿泉水的开发项目严加管理,不仅要严格控制商品矿泉水的卫生指标,还要重视它是否受到放射性物质的污染。

3.要防燃煤的放射性污染

燃煤中常含有少量的放射性物质。研究分析表明,许多煤炭烟气中含有 U、Th、Ra、210Po 和 210Pb。大多数情况下,尽管这些物质含量稀少,但如长期聚集,其放射性物质亦会随空气及烘烤的食物进入人体,造成机体的慢性损害。

平时生活使用燃煤,要注意通风排气,警惕煤烟通过呼吸进入人体。禁止食用煤炭直接烘烤的食物,尤其是茶叶、烟叶、肉类和饼干等。如果必须食用燃煤(炭)烘烤食物时也要注意屏蔽,不要让食物与煤烟直接接触。

4.莫要长期佩戴金银首饰

佩戴金银首饰是人们,尤其是女士们美容化妆的重要生活内容。殊不知经常佩戴首饰也会给人们带来烦恼,那就是容易患"首饰病",即皮肤病。

一般来讲,除纯金(24K)首饰以外,其他的首饰在制作过程中都要掺入少量铜、铬、镍等材质,特别是那些异常光彩夺目的或廉价合成的首饰制品,这些首饰制品的材质成分更加复杂,对人的皮肤造成伤害的可能性更大。据报道,美国专家在检验了几千件首饰后发现,其中有近百件含有放射性物质,这些放射性元素对人体有严重的损害,如果长期佩戴,有可能诱发皮肤病或皮肤癌。金银首饰,不宜常戴。常戴的首饰制品,最好进行含放射性物质测定。

8.6.6 历史重大核泄漏核事故及其危害

1. 苏联切尔诺贝利核电站爆炸

1986 年 4 月 26 日凌晨 1 时 23 分,苏联切尔诺贝利核电站 4 号发生爆炸。8 吨多强辐射物质混合着炙热的石墨残片和核燃料碎片喷涌而出。核泄漏事故后产生的放射性污染相当于日本广岛原子弹爆炸产生的放射性污染的 100 倍。

事故发生 20 天后,核反应堆中心的温度仍然高达 270 ℃。事故造成致癌死亡人数是联合国做出的官方估计的 10 倍,全球共有 20 亿人受切尔诺贝利事故影响,27 万人因此患上癌症,其中致死 9.3 万人。

切尔诺贝利核泄漏事故造成的放射性污染遍及苏联 15 万平方公里的地区,那里居住着 694.5 万人。由于这次事故,核电站周围 30 公里范围被划为隔离区,附近的居民被疏散,庄稼被全部掩埋,周围 7 000 米内的树木都逐渐死亡。在日后长达半个世纪的时间里,10 公里范围以内将不能耕作、放牧;10 年内 100 公里范围内被禁止生产牛奶。

2. 苏联"K-19 号"核潜艇漏气事故

1961 年 7 月 4 日,苏联海军最富核威慑作用的"K-19 号"核潜艇在挪威沿岸北大西洋海域举行秘密军事演习时艇身密封装置突然发生漏气现象,反应堆过热,经过抢修,所幸未发生爆炸。事后几天至数周内,共有 8 名水兵牺牲,还有 14 人回国不久后死去。

3. 捷克斯洛伐克 Bohunice 核事故

1977 年,捷克斯洛伐克(现在的斯洛伐克)的 Bohunice 核电站发生事故。当时,核电站最老的 A1 反应堆因温度过高导致事故发生,几乎酿成一场大规模环境灾难。目前,排除污染的工作仍在继续,要到 2033 年才能彻底结束。

4. 美国三里岛核泄漏

1979 年 3 月 28 日,美国宾夕法尼亚州萨斯奎哈河三里岛核反应堆因为机械故障和人为失误造成冷却水和放射性颗粒外逸,至少 15 万居民被迫撤离,最终造成美国最严重的一次核泄漏事故,但没有人员伤亡报告。

5. 日本福岛核泄漏

2011 年 3 月 11 日,日本福岛第一核电站 1 号反应堆所在建筑物爆炸后,日本政府 13 日承认,在大地震中受损的福岛第一核电站 2 号机组可能正在发生"事故",2 号机组的高温核燃料正在发生"泄漏事故"。该核电站的 3 号机组反应堆面临遭遇外部氢气爆炸风险。2011 年 3 月 13 日,共有 21 万人紧急疏散到安全地带。

第9讲

电磁学的应用

电磁运动是物质运动中最基本的一种运动形式,电磁学作为物理学的一个重要分支,是研究电磁运动规律的一门学科。电磁学理论的发展大大推动了社会的发展。今天,电视、广播以及无线电通信在人们生活中日益普及;电灯照明、家用电器等也早已进入寻常百姓家。在一切高科技及智能化领域中,计算机扮演了极其重要的角色,所有这些,无不以电磁学基本原理为核心。

9.1 电动机与发电机

19世纪70年代以后,人们对电磁理论进行深入的探索和应用。随着发电机、电动机相继发明和远距离输电技术的出现,电气工业迅速发展起来,电力在生产和生活中得到广泛应用,人类社会由"蒸汽机时代"进入了"电气时代"。

在电力的使用中,发电机和电动机是相互关联的两个重要组成部分。发电机是将机械能转化为电能;电动机是将电能转化为机械能。电动机俗称"马达",由直流电带动的电动机称为直流电动机,由交流电带动的电动机称为交流电动机。法国学者马赛尔·德普勒(M. Deprez)于1882年提出远距离输电的方法。同年,美国发明家托马斯·阿尔瓦·爱迪生(T. A. Edison)在纽约建成第一个火力发电站。1891年,远距离输电在德国法兰克福实验成功。远距离输电问题的解决使交流发电机得到更广泛的应用。

受导线通电后会发热的启示,科学家猜想,温度高到一定程度时,导线就有可能发光。爱迪生尝试了上千种材料,终于在1879年10月研制成用灯烟和碳化沥青细丝做灯丝的真空灯泡,这种灯泡可以持续发光超过40个小时。1880年,爱迪生改用更为合适的材料,碳化扁竹条作为灯丝效果更佳。随后爱迪生在纽约建立了美国第一家发电厂,1882年9月,爱迪生电厂首次点亮了用户家中的白炽灯,为他们在黑夜里送去光明。此后白炽灯便在欧美大陆普及开来。

9.1.1　电动机

在奥斯特发现电流磁效应和安培发现磁场对电流作用力的规律后,1831 年,美国人亨利试制了一台被认为是世界首部的电动机。随后威廉里奇制成了第一台可以转动的电动机。1838 年,俄国人雅可比在亨利模型的基础上进行改装,改用电磁铁代替永磁铁制作电动机,改装后的电动器装在一艘小船上,小船载着 12 名乘客在涅瓦河上航行成功,从而表明直流电动机已进入实用阶段。根据旋转磁场原理,1885 年,意大利物理学家费拉里斯和美国物理学家特斯拉各自独立发明了交流电动机。

直流电动机主要包括固定部分和转动部分。固定部分(定子)由磁铁和电刷组成,磁铁称作主磁极。转动部分(转子)由环形铁芯和绕在环形铁芯上的绕组(电枢线圈)组成。当电刷上通有直流电时,线圈上有电流通过,主磁极 N 和 S 产生的磁场对线圈有磁力矩的作用,线圈在磁力矩的作用下转动。

常用的交流电动机有三相异步电动机、单相交流电动机、同步电动机等。三相异步电动机是依靠旋转磁场旋转起来的,三相异步电动机的定子绕组由三组线圈组成,三个绕组在空间相互呈 120°。当定子绕组的三组线圈中通入三相交流电时,定子绕组会产生一个旋转磁场。定子绕组产生旋转磁场后,转子导条(鼠笼条)切割旋转磁场的磁力线便驱动转子旋转起来。由于电动机实际转速略低于旋转磁场的转速,因此这种电动机被称为异步电动机。如果定子旋转磁场的转速和转子旋转转速保持同步,那么这种电动机被称为同步电动机。

9.1.2　发电机

电磁感应理论建立以后,1832 年,法国发明家皮可西成功地制造了一台手摇发电机,输出的是直流电。1866 年,德国的西门子发明了自励式直流发电机。1869 年,比利时的格拉姆制成了环形电枢,发明了环形电枢发电机。1891 年,特斯拉获得了交流发电机的专利权。由于交流电的效能优于直流电,因此交流电逐步取代了直流电而被广泛应用于生产、生活中。

交流发电机通常包括定子、转子、端盖、轴承等部分。交流发电机的种类从原理上分为同步发电机、异步发电机、单相发电机、三相发电机等;从产生方式上分为汽轮发电机、水轮发电机、柴油发电机、汽油发电机等;从能源上分为火力发电机、水力发电机等。如图 9-1 所示为发电机结构图。

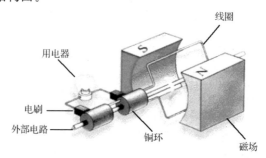

图 9-1　发电机结构图

9.2 远距离输电与高压带电作业

9.2.1 远距离输电

根据法拉第电磁感应定律人们制成了变压器。变压器是在同一个铁芯上绕上两组匝数不同的线圈,一组叫原线圈,另一组叫副线圈。当原线圈匝数大于副线圈匝数时,变压器称为降压变压器;当原线圈匝数小于副线圈匝数时,变压器称为升压变压器。只有输入交流电时,变压器才能达到变压的目的。

随着各行各业对电的需求日益加大,要求建造大的发电装置,并把电输送到远方用户的呼声也越来越高。为了减少输电线路中电能的损失,只能提高电压。在发电站将电压升高,到用户地区再将电压降下来,这样就能在低损耗的情况下达到远距离输电送电的目的。1883 年法国人高拉得和英国人吉布斯制成的第一台实用变压器,使交流输电成为可能。1888 年,由费朗蒂设计的伦敦泰晤士河畔的大型交流电站开始输电。随后,俄国设计出三相交流发电机,并被德国、美国推广应用。1891 年在德国建成了世界上第一个三相交流输电系统。从此高压输电在全世界范围内迅速推广。

现代电力输送是一个由升压变压器、输电线路、高压塔架、降压变压器、无功补偿器、避雷器等电气设备以及监视和控制自动装置所组成的复杂网络系统(现代电力网)。输电线路通常采用架空线路或电力电缆。输配电除了变压器、传输线路等电气设备外,还配有输配电自动化控制,用来合理分配电网中的有功、无功功率,进行功率分配和功率补偿,保证电力网运行的安全,如图 9-2 所示为电力输送装置。

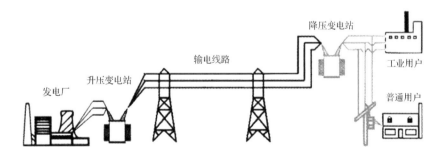

图 9-2 电力输送装置

9.2.2 高压带电作业

高压带电作业是一种高压线路检修技术。该技术可以在不停电、不停产的条件下对几十万伏的高压线路进行检修,对提高劳动生产率有重要价值。

　　根据导体的静电平衡条件,在静电平衡时,导体内的场强处处为零,导体为等势体,电荷总是分布在导体的表面上,因而导体空腔(或金属网)可以屏蔽外电场的影响,对其内部起到保护作用。如果两个导体达到等电势,则其间无电场,电场力不做功。

　　人怎样才能进入几十万伏的高压区呢? 金属屏蔽服对人体能起到很好的保护作用。当作业人员穿上最外层都是纤维和金属丝混纺的衣服鞋帽和手套时(结合部位用导线连接好),即可沿着绝缘吊蹐蹬上高压线。当作业人员抓住高压线的瞬间,会听到火花放电的声音(人的初电势就是地球的电势,高压线与人体之间存在着极高的电势差),但这种放电是在高压线与屏蔽服外面之间进行的,不会危及作业人员的生命安全。当人体与高压线实现这种"触电"之后,人体与高压电线就成为等势体。等势体操作是很安全的,人即可进行高压带电作业。

　　带电作业时,工人必须要爬上至少 30 米高的铁塔,以最快速度进入电场,以规定技术动作完成将近半小时的工作任务。除了要克服恐高晕眩、塔上大体力劳动等身体问题,最需要克服的是与线路接触的一瞬间产生长达数十厘米电弧的恐惧心理。可以说,每一次带电作业都是一次生与死的较量,是对生命的考量。因此,超高压带电作业在电力行业被称为"在刀尖上跳舞的工作"。

9.3　磁电式仪表

　　电磁测量中常用的电流表、电压表等仪表都是磁电式仪表。磁电式仪表是根据磁场对载流线圈有磁力矩的原理制作的测量仪表。它主要由永磁铁、置于永久磁铁两极间的可动线圈及与之相连的发条式弹簧和指针等部分组成(如图 9-3 所示)。

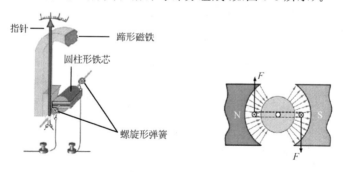

图 9-3　磁电式仪表

　　当可动线圈中有电流时,线圈在磁场力矩作用下会发生转动,同时,与之相连的弹簧发生形变产生弹性恢复力矩。当磁力矩和弹簧弹性力矩平衡时,指针停留在某位置上,从而指示出线圈中电流的大小。此时线圈中的电流强度为

$$I = K\theta$$

式中:K 为一个反映电流计内部结构特征的恒量,称为电流计常数,电流计常数 K 越小,电流计越灵敏。

9.4　静电应用

9.4.1　静电复印机

　　静电复印机可以用来迅速、方便地把图书、资料、文件复印下来。如图 9-4 所示是静电复印机的工作原理,静电复印机是利用正、负电荷能相互吸引的原理制成的。静电复印机的中心部分是一个可以旋转的接地的铝制圆柱体,表面镀一层半导体硒,叫作硒鼓。半导体硒有特殊的光电性质:在没有光照射时是很好的绝缘体,能保持电荷;在受到光的照射时立即变成导体,将所带的电荷导走。复印每一页材料都要经过充电、曝光、显影、转印等几个步骤。这几个步骤是在硒鼓转动一周的过程中依次完成的。充电是电源使硒鼓表面带上正电荷的过程。曝光过程中,光学系统将原稿上的图像呈现在硒鼓上。硒鼓上图像是没有光照射的地方,保持着正电荷。其他地方受到了光线的照射,正电荷被导走。这样,在硒鼓上留下了图像的"静电潜像"。这个像我们看不到,所以称为潜像。带负电的碳粉被带正电的"静电潜像"吸引,并吸附在"静电潜像"上,显出碳粉组成的图像。当复印纸与碳粉图像接触时,在电场力的作用下,吸附碳粉的图像好比图章盖印一样,将碳粉转移到复印纸上,在复印纸上也形成了碳粉图像。此后,吸附了碳粉的纸被送入定影区,碳粉在高温下熔化,浸入纸中,碳粉被牢固地黏结在纸上。硒鼓清除表面残留的碳粉和电荷后,准备复印下一页材料。

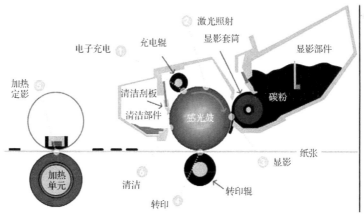

图 9-4　静电复印机的工作原理

9.4.2　静电植绒

　　静电植绒是静电技术在纺织业中的重要应用之一。静电植绒是一种利用电离物理现象进行器物表面植绒的加工工艺,因有生产效率高、成本低、花色品种多、适应面宽等优点而被广泛应用于多种行业。

静电植绒是利用电荷同性相斥、异性相吸的物理特性,使绒毛带上负电荷,把需要植绒的物体放在零电位和接地条件下,绒毛受到异电位被植物体的吸引,垂直加速飞升到需要植绒的物体表面上。由于被植物涂有胶黏剂,绒毛就被垂直粘在被植物体上,因此静电植绒是利用电荷的自然特性产生的一种生产新工艺,如图9-5和图9-6所示,分别为静电植绒示意图和静电植绒图例。

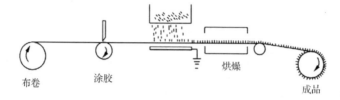

图 9-5 静电植绒示意图

图 9-6 静电植绒图例

9.5 电磁炮——军事科技中不可或缺的力量

电磁炮是利用电磁发射技术制成的一种先进的动能杀伤武器。与传统的大炮将火药燃气压力作用于弹丸不同,电磁炮是利用电磁系统中电磁场的作用力,其作用的时间相对于传统的大炮要长得多,因而引起了世界各国军事家们的关注。自20世纪80年代初期以来,电磁炮在未来武器的发展计划中,已成为越来越重要的部分。2010年12月,美国海军宣布成功试射电磁炮,这种电磁炮的炮弹速度达5倍音速,射程远达110海里(200公里)。

一、电磁炮的原理

当炮筒中的线圈通入瞬时强电流时,穿过闭合线圈的磁通量会发生变化,从而使置于线圈中的金属炮弹产生感生电流,感生电流的磁场将与通电线圈的磁场相互作用,使金属炮弹飞速射出。如图9-7所示为电磁炮发射的场景。

图9-8中虚线为驱动电流(Driving Current),当它沿着箭头所示方向在导轨(Rail)导通时,必然要经过抛射体(Projectile)后再从另外一条导轨返回去,形成一个由电流围起来的回路。应用右手定则,右手握住导轨,并且大拇指指向电流方向,那么磁场的方向就是其余四指的指向方向,正如图9-8上圆圈的方向。磁场B(Magnetic Field)是由导轨下方进入导轨和抛射体围起来的线圈。抛射体受到洛伦兹力而向外移动,在这个洛伦兹力

作用下,抛射体就会不断加速,如果导轨很长,那么累计下来的速度就会很大。也可以把电流调高,洛伦兹力会增大,不用很长的导轨也能达到很高的速度。

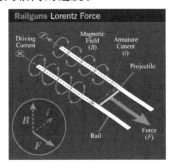

图 9-7　电磁炮发射的场景　　　　图 9-8　利用洛伦兹力的电磁发射示意图

二、电磁炮的分类

根据加速方式,电磁炮可分为线圈炮、轨道炮、电热炮和重接炮。

1.线圈炮

线圈炮又称交流同轴线圈炮。它是电磁炮的最早形式,由驱动线圈和弹丸线圈构成。根据通电线圈之间磁场的相互作用原理而工作。加速线圈固定在炮管中,当它通入交变电流时,产生的交变磁场就会在弹丸线圈中产生感应电流。感应电流的磁场与驱动线圈电流的磁场互相作用,产生洛伦兹力,使弹丸加速运动并发射出去,如图 9-9 所示。

2.轨道炮

轨道炮是利用轨道电流间相互作用的安培

图 9-9　线圈炮结构示意图

力把弹丸发射出去。它由两条平行的长直导轨组成,导轨间放置一质量较小的滑块作为弹丸。当两轨接入电源时,电流从一导轨流入,经滑块从另一导轨流回时,在两导轨平面间会产生强磁场,通电流的滑块在安培力的作用下,弹丸会以很大的速度射出,这就是轨道炮的发射原理。如图 9-10 所示,为轨道炮结构示意图。

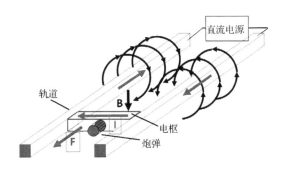

图 9-10　轨道炮结构示意图

3.电热炮

电热炮的原理不同于上述两种电磁炮,结构也有多种形式。最简单的一种是采用一般的炮管,管内设置有接到等离子体燃烧器上的电极,燃烧器安装在电热炮后膛的末端。当等离子体燃烧器两极间加上高压时,会产生一道电弧,使放在两极间的等离子体生成材料(如聚乙烯)蒸发。蒸发后的材料变成过热的高压等离子体,从而使弹丸加速。

4.重接炮

重接炮是一种多级加速的无接触电磁发射装置,没有炮管,但要求弹丸在进入重接炮之前应有一定的初速度。其结构和工作原理是利用两个矩形线圈上下分置,长方形的"炮弹"在两个矩形线圈产生的磁场中受到强磁场力的作用,穿过间隙在其中加速前进。重接炮是电磁炮的最新发展形式。

三、电磁炮的特点

电磁炮的特点主要有以下几个方面:

1.发射速度快,炮弹动能大。电磁炮作用在弹丸上的力,在数量级上比传统火炮大一个量级。

2.隐蔽性好。由于电磁炮火焰、烟雾和后坐力都很小,有利于阵地隐蔽。

3.工作稳定,重复性好。电磁炮不存在常规火炮由于点火过程和发射药燃烧过程的微量变化引起的弹体速度的不稳定,每次发射均具有相似的重复性。

4.能源简易、经济效益好。电磁炮使用的是电能,与常规火炮所使用的化学能相比操作比较简单而且更容易控制,同时电能的来源广并且价格低廉。

5.弹药储存方便。轨道炮弹丸仅依靠其动能来起到巨大的杀伤和破坏效果,弹丸内部没有发射火药等易燃易爆物,因此储存起来很方便。

6.弹体质量可大可小。电磁炮既可发射小至毫克级的小弹体,也能发射大至几百吨的大弹体。

四、电磁炮的应用

由于电磁炮具有上述特点,因此被世界各国海军所相中,将它作为未来新式武器。电磁炮的应用前景广泛。

1.电磁炮可用于天基反导系统。由于电磁炮的初速度极高,可用于摧毁低轨道卫星和导弹,也可以用它来拦截军舰发射的导弹。

2.用于防空系统。由于电磁炮初速度高,射速也高,所以,有军事专家认为可用电磁炮代替高射武器和防空导弹,执行防空任务。

3.用于反坦克武器。由于电磁炮的穿甲能力极强,能有效地穿过坦克装甲,成为反坦克利器。

4.用于装备炮兵部队。随着电磁发射技术的发展,在普通火炮的炮口加装电磁加速系统,可大大提高火炮的射程,因此电磁炮可用于装备炮兵部队。

5.用于装备海军舰艇。由于电磁炮的特点,它有望替代火炮,成为新型舰炮,装备海军舰艇。

五、展望

尽管电磁炮目前仍处于研究阶段,但前景却相对乐观。考虑到各个国家对军事力量的培养与重视以及对未来战争、宇宙战场的大力投资兼新技术领域的开辟,如此有潜力的防空反导高技术兵器以及其难以轻视的反装甲效应、炮弹改良效应,甚至于引领新一轮的军事革命的电磁武器,必将受到特别关注,大力投资同时推进研究工作。相信在可预见的未来,随着电磁理论的丰富与发展,人类必将突破技术瓶颈,迎来电磁武器全面发展的时代。

9.6　磁悬浮列车

磁悬浮技术的研究源于德国,磁悬浮列车是由无接触的电磁悬浮、导向和驱动系统组成的新型交通工具,磁悬浮列车分为超导型和常导型两大类。从内部技术而言,两者在系统上存在着是利用磁斥力还是利用磁吸力的区别。从外部表象而言,两者存在着速度上的区别:超导型磁悬浮列车最高时速可达 500 公里以上(高速轮轨列车的最高时速一般为 300～350 公里),在 1 000～1 500 公里的距离内堪与航空竞争;常导型磁悬浮列车时速为 400～500 公里,它的中低速则比较适合于城市间的长距离快速运输。

一、磁悬浮列车的工作原理

磁悬浮列车是现代高科技发展的产物。其原理是利用电磁力抵消地球引力,通过直线电动机进行牵引,使列车悬浮在轨道上运行(悬浮间隙约 1 厘米)。其研究和制造涉及自动控制、电力电子技术、直线推进技术、机械设计制造、故障监测与诊断等众多学科,技术十分复杂,是一个国家科技实力和工业水平的重要标志。它与普通轮轨列车相比,具有低噪声、无污染、安全舒适和高速高效的特点,有着"零高度飞行器"的美誉,是一种具有广阔前景的新型交通工具,特别适合城市轨道交通。磁悬浮列车按悬浮方式不同,一般分为推斥式和吸力式两种,按运行速度又有高速和中低速之分。

推斥式是利用两个磁铁同极性相对而产生的排斥力,使列车悬浮起来。这种磁悬浮列车车厢的两侧,安装有磁场强大的超导电磁铁。车辆运行时,这种电磁铁的磁场切割轨道两侧安装的铝环,致使其中产生感应电流,同时产生一个同极性反磁场,使车辆推离轨面在空中悬浮起来。但是,静止时,由于没有切割电势与电流,车辆不能产生悬浮,只能像飞机一样用轮子支撑车体。当车辆在直线电动机的驱动下前进,速度达到 80 公里/小时以上时,车辆就会悬浮起来。吸力式是利用两个磁铁异性相吸的原理,将电磁铁置于轨道下方并固定在车体转向架上,两者之间产生一个强大的磁场,相互吸引时,列车就能悬浮起来。这种吸力式磁悬浮列车无论是静止还是运动状态,都能保持稳定悬浮状态。我国自行开发的中低速磁悬浮列车就属于这个类型。

二、磁悬浮列车的种类

磁悬浮列车分为常导型和超导型两大类。常导型也称常导磁吸型,以德国研发高速常导磁浮列车为代表,它是利用普通直流电磁铁电磁吸力的原理将列车悬起,悬浮的气隙较小,一般为 10 mm 左右。常导型高速磁悬浮列车的速度可达每小时 400～500 公里,适合于城市间的长距离快速运输。而超导型磁悬浮列车也称超导磁斥型,以日本研发的 MAGLEV 为代表。它是利用超导磁体产生的强磁场,列车运行时与布置在地面上的线圈相互作用,产生电动斥力将列车悬起,悬浮气隙较大,一般为 100 mm 左右,速度可达每小时 500 公里以上。

1. 德国的常导磁悬浮列车

如图 9-11 所示,常导磁悬浮列车工作时,首先调整车辆下部的悬浮和推进磁体的电磁吸力,与地面轨道两侧的绕组发生磁铁反作用力将列车悬起。在车辆下部的导向电磁铁与轨道磁铁的反作用下,使车轮与轨道保持一定的侧向距离,实现轮轨在水平方向和垂直方向的无接触支撑和无接触导向。车辆与行车轨道之间的悬浮间隙为 10 mm,是通过一套高精度电子调整系统得以保证的。由于悬浮和导向实际上与列车运行速度无关,所以即使在停车状态下列车仍然可以进入悬浮状态。

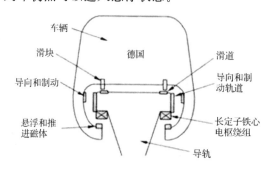

图 9-11 德国的常导磁悬浮列车

2. 日本的超导磁悬浮列车

如图 9-12 所示,超导磁悬浮列车的最主要特征就是其超导元件在相当低的温度下所具有的完全导电性和完全抗磁性。超导磁体由超导材料制成的超导线圈构成,它不仅电流阻力为零,而且可以传导普通导线根本无法比拟的强大电流,这种特性使其能够制成体积小功率强大的电磁铁。

超导磁悬浮列车的车辆上装有车载超导磁体并构成感应动力集成设备,而列车的驱动绕组和悬浮导向绕组均安装在地面导轨两侧,车辆上的感应动力集成设备由动力集成绕组、感应动力集成超导磁铁和悬浮导向超导磁铁三部分组成。当向轨道两侧的驱动绕组提供与车辆速度频率相一致的三相交流电时,就会产生一个移动的电磁场,因而在列车导轨上产生磁波,这时列车上的车载超导磁体就会受到一个与移动磁场相同步的推力,正是这种推力推动列车前进。其原理同冲浪运动一样,冲浪者是站在波浪的顶峰并由波浪推动他快速前进。超导磁悬浮列车需要解决的重要问题是如何才能准确地驾驭在移动电磁波的顶峰运动。为此,在地面导轨上安装有探测车辆位置的高精度仪器,根据探测仪传来的信息调整三相交流电的供流方式,精确地控制电磁波的波形以使列车能够良好地运行。

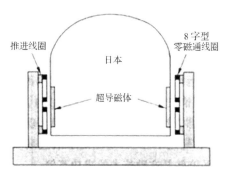

图 9-12　日本的超导磁悬浮列车

超导磁悬浮列车也是由沿线分布的变电所向地面导轨两侧的驱动绕组提供三相交流电,并与列车下面的动力集成绕组产生电感应而驱动,实现非接触性牵引和制动。但地面导轨两侧的悬浮导向绕组与外部动力电源无关,当列车接近该绕组时,列车超导磁体的强电磁感应作用将自动地在地面绕组中感应电流,因此在其感应电流和超导磁铁之间产生电磁力,从而将列车悬起,经精密传感器检测轨道与列车之间的间隙,使其始终保持 100 毫米的悬浮间隙。同时,与悬浮导向绕组呈电气连接的导向绕组也将产生电磁导力,保证了列车在任何速度下都能稳定地处于轨道中心行驶。

推进系统:磁悬浮列车的驱动运用同步直线电动机的原理。车辆下部支撑电磁铁线圈的作用就像是同步直线电动机的励磁线圈,地面轨道内侧的三相移动磁场驱动绕组起到电枢的作用,它就像同步直线电动机的长定子绕组。从电动机的工作原理可知,当作为定子的电枢线圈有电时,由于电磁感应而推动电动机的转子转动。同样,当沿线布置的变电所向轨道内侧的驱动绕组提供三相调频调幅电力时,由于电磁感应作用,承载系统连同列车一起就像电动机的"转子"一样被推动做直线运动。从而在悬浮状态下,列车可以完全实现非接触的牵引和制动。

位于轨道两侧的线圈里流动的交流电,能将线圈变为电磁体。它与列车上的超导磁体的相互作用,使列车开动起来。列车前进是因为列车头部的电磁体(N 极)被安装在轨道上靠前一点的电磁体(S 极)所吸引,并且同时又被安装在轨道上稍后一点的电磁体(N 极)所排斥。当列车前进时,在线圈里流动的电流流向就反转过来了。即原来的 S 极线圈,变为 N 极线圈,反之亦然。这样,列车由于电磁极性的转换而得以持续向前奔驰。根据车速,可以通过电能转换器调整在线圈里流动的交流电的频率和电压。

推进系统可以分为两种。"长固定片"推进系统使用缠绕在导轨上的线性电动机作为高速磁悬浮列车的动力部分,导轨成本昂贵。而"短固定片"推进系统使用缠绕在被动的轨道上的线性感应电动机(LIM)。虽然"短固定片"系统减少了导轨的花费,但由于 LIM 过于沉重而降低了列成的有效负载能力,导致比"长固定片"系统有高的运营成本和低的潜在收入。采用非磁力性质的能量系统,也会导致机车重量的增加,降低运营效率。

导向系统:导向系统是一种侧向力来保证悬浮的机车能够沿着导轨的方向运动。必要的推力与悬浮力相类似,也可以分为引力和斥力。在机车底板上的同一块电磁铁可以同时为导向系统和悬浮系统提供动力,也可以采用独立的导向系统电磁铁。

稳定性由导向系统来控制。"常导型磁吸式"导向系统,是在列车侧面安装一组专门用于导向的电磁铁。列车发生左右偏移时,列车上的导向电磁铁与导向轨的侧面相互作用,产生排斥力,使车辆恢复正常位置。列车如运行在曲线或坡道上时,控制系统通过对导向磁铁中的电流进行控制,达到控制运行的目的。磁悬浮列车的推进原理如图 9-13 所示。

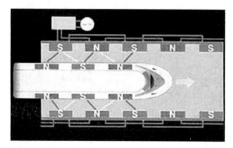

图 9-13　磁悬浮列车的推进原理

三、磁悬浮列车的优缺点

1. 优点

磁悬浮列车具有高速、低噪声、环保、经济和舒适等优点。磁悬浮列车从北京运行到上海,不超过 4 个小时,从杭州至上海只需 23 分钟。在时速达 200 公里时,乘客几乎听不到声响。磁悬浮列车采用电力驱动,其发展不受能源结构,特别是燃油供应的限制,不排放有害气体。磁悬浮线路的造价只是普通路轨的 85%,而且运行时间越长,效益越明显。磁悬浮列车的路轨寿命可达 80 年,而普通路轨只有 60 年。磁悬浮列车车辆的寿命是 35 年,轮轨列车是 20～25 年。此外,磁悬浮列车的年运行维修费仅为总投资的 1.2%,而轮轨列车高达 4.4%。磁悬浮高速列车的运行和维修成本约是轮轨高速列车的 1/4。磁悬浮列车和轮轨列车乘客票价的成本比约为 1∶2.8。

2. 缺点

(1)由于磁悬浮系统是以电磁力完成悬浮、导向和驱动功能的,断电后磁悬浮的安全保障措施,尤其是列车停电后的制动仍然是需要解决的问题。其高速稳定性和可靠性还需很长时间的运行考验。

(2)常导磁悬浮技术的悬浮高度较低,因此对线路的平整度、路基下沉量以及道岔结构方面的要求较超导技术更高。

(3)超导磁悬浮技术由于涡流效应,悬浮能耗较常导技术更大,冷却系统重,强磁场对人的健康、生态环境的平衡与电子产品的运行影响仍需进一步研究。

四、真空磁悬浮列车

随着社会经济的发展,世界正朝着高效率的方向发展,原有的速度已经不能满足城市发展的需求,中国速度,从 160 km/h 提升至 250 km/h,再到 350 km/h,高铁强国领跑世界,除了在建的时速为 350 公里的高铁外,我国还在研制跑得更快、时速可达 1 000 公里的真空磁悬浮列车。从北京到广州 2 300 公里的路程,不用乘坐飞机,仅需乘坐地面交通,同样可以用 2 个半小时甚至 1 个小时到达。牵引动力国家重点实验室课题组正在研制时速为 500～600 公里的真空高速列车,这种技术预计 10 年后实现运营。

　　真空管道高速交通,就是建造一条与外部空气隔绝的管道,将管内抽为真空后,在其中运行磁悬浮列车,由于在管道内没有空气摩擦的阻碍,列车将运行至很高的速度。管道是密封的,可以在海底及气候恶劣地区运行而不受任何影响,如图 9-14 所示。

　　真空磁悬浮列车只是列车在真空环境下运行,而车厢内并非真空,乘客乘坐这种高速的列车不会有眩晕等异样的感觉,如图 9-15 所示。

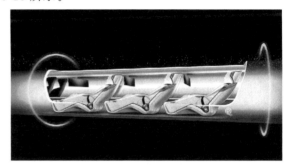

图 9-14　真空磁悬浮列车　　　　　　　　图 9-15　真空磁悬浮列车乘客舱

　　最初"真空运输"的构想是由机械工程师达里尔·奥斯特在 20 世纪 90 年代提出的,他在地面上搭建了类似铁路的固定真空管道,管道内放置着"胶囊"状的座舱,但在地球上依然受地心引力的影响,这一构想并未取得较大响应,此后,美国科技狂人埃隆·马斯克对这一概念进行了丰富,在 2013 年的科技大会上,他提出了"超级高铁"的运输概念,通过将磁悬浮技术和真空环境相结合,能够实现几乎零阻力的运输效果,真空管道内的胶囊状座舱就像是一颗炮弹一样被弹射出来,理论上时速可以达到 1 500 公里,而座舱里的乘客却只能感受到很小的爆发力。

　　2017 年 7 月埃隆·马斯克在第二次全系统测试中,在轨道上完成了"超级环"的乘客舱制造与安装,在这次测试中,"超级环"的乘客舱在内华达州一条约为 500 米的轨道中运行,最高时速达到了 310 公里。但它距离实际应用还有一段距离,因为"超级环"的设计时速达到了 1 200 公里以上,并且在应用前还需要进行更为困难的载人测试;2018 年 4 月 16 日,欧洲首个超级高铁的测试跑道在法国图卢兹开始建设;中国作为高铁强国,早在 2017 年,就已经开始研发高速列车项目,在 2018 年 6 月 19 日世界交通运输大会"高速铁路技术发展论坛"上,西南交通大学首席教授张卫华称"中国版超级高铁将采用'高温超导磁悬浮＋真空管'技术,目前已着手探讨时速 1 500 公里的可行性。"世界上时速最快的真空磁悬浮比例模型车试验线正在成都搭建。这条全新的试验线是一条直径为 4.2 米、长为 140 米的特制管道,将在低气压环境中测试,实验车车底布满特制的高温超导材料,依靠液氮形成的低温,达到超导和磁悬浮效果,悬浮高度为 10 毫米,承重 200 公斤,测试时速最高可达 400 公里。而此前,美国 Hyperloop One 公司的同类型"超级高铁"试验时速最高只有 387 公里。

9.7 金属探测器

如图 9-16 所示,金属探测器利用电磁感应的原理,有交流电通过的线圈,产生迅速变化的磁场,这个磁场可以在金属物体内部产生涡电流。涡电流又会产生磁场,引发探测器发出鸣声。金属探测器的精确性和可靠性取决于电磁发射器频率的稳定性,一般使用从80~800 kHz 的工作频率。工作频率越低,对铁的检测性能越好;工作频率越高,对高碳钢的检测性能越好。检测器的灵敏度随着检测范围的增大而降低,感应信号的大小取决于金属粒子尺寸和导电性能。

图 9-16 金属探测器

一、基本介绍

金属探测器是一款高性能专为安防设计的探测器。与传统探测器相比,它具有探测区工作面的特殊设计,探测面积大、扫描速度快、灵敏度极高,外壳采用 ABS 工程塑料一次铸成,抗击能力强、工艺精细、重量轻便于携带等。可探测被隐藏在人体上的所有种类的金属物体,包括首饰、电器元器件等。适合在机场、海关、码头、银行、建筑、监狱、体育场、医院、学校等场所使用。该产品使用大规模集成电路,可配用 9V 充电电池(选配件),低电压指示,LED 灯光鸣声报警和振动报警,是检查非法物品的理想产品。金属探测器不仅能探测军火,还可以探测到硬币、锁匙以及其他金属物品。在战地考古学中,大多数证物都是金属的,如火枪弹头、弹药筒、子弹、大炮和炮弹、榴霰弹和刀剑等,因此,战地考古学家最重要的工具就是简单的金属探测器。

直到 1983 年,理查德·福克斯和后来的道格拉斯·斯科特(Douglas Scott)通过对小大角战场的分析证明,通过系统的金属探测调查,几十年的辛苦考古工作可以在很短的时间内完成。据他们估计,金属探测员在小大角战场发掘出来的 5 000 件古器物中,用传统方式只能找到其中的 10 件左右。

金属探测器被越来越多地用来协助表面穿透雷达(SPR,SurfacePenetratingRadar)和其他探地雷达系统工作。最初由英国(Britain)开发、用于探测塑料地雷的 SPR 系统能够定位地表 30 米以下的异常物体。该系统还能提供一系列线索来帮助使用者识别尚未被挖出来的证物。

二、金属探测器的发展

世界上第一台金属探测器安检门诞生于 1960 年,步入工业时代,最初的金属探测器主要应用于工矿业,是检查矿产纯度、提高效益的得力帮手。随着社会的发展,犯罪案件的上升,在 1970 年金属探测器被引入一个新的应用领域——安全检查,也就是今天我们所使用的金属探测安检门雏形,它的出现意味着人类对安全的认知已步入一个新纪元。

金属探测器经历了几代探测技术的变革,从最初的信号模拟技术到连续波技术直到今天所使用的数字脉冲技术,金属探测器简单的磁场切割原理被引入多种科学技术成果。无论是灵敏度、分辨率、探测精确度还是工作性能都有了质的飞跃。应用领域也随着产品质量的提高延伸到了多个行业。

随着航空业的迅速发展,劫机和危险事件的发生使航空及机场安全逐渐受到重视,在机场众多设备中,金属探测安检门扮演着排查违禁物品的重要角色。在 20 世纪 70 年代,由于金属探测安检门在机场安检中崭露头角,大型运动会(如奥运会、亚运会、全运会)、展览会及政府重要部门的安全保卫工作中开始启用金属探测安检门,作为必不可少的安检仪器。

发展到 20 世纪 80 年代,监狱暴力案件呈直线上升趋势,如何有效预防并阻止暴力案件发生成了监狱管理工作的重中之重,依靠警员对囚犯加强管理的同时,金属探测安检门再次成为美国、英国、比利时等发达国家监狱管理机构必备的安检设备,平均每 300 个囚犯便使用一台金属探测安检门用于安检。与此同时,手持式、便携式金属探测器得到长足的发展。

进入 20 世纪 90 年代,迅速升温的电子制造业成了这个时代的宠儿,大型的电子公司为了减少产品流失、结束员工与公司之间的尴尬局面,陆续采用金属探测安检门和手持式金属探测器作为管理员工行为、减少产品流失的利刃。于是金属探测器又有了它新的角色——产品防盗。"9.11 事件"以后,反恐成为国际社会的一个重要议题。爆炸案、恐怖活动的猖獗使恐怖分子成了各国安全部门誓要打击的对象。此时国际社会对"安全防范"的认知也被提到一个新的高度。受"9.11 事件"的影响,各行各业都加强保安工作的部署,金属探测器的应用领域也成功地渗透到其他行业。

三、主要分类

1. 地下类型

地下金属探测器是应用先进技术制作的,它具有探测深度深、定位准确、分辨力强、操作简易等特点。金属探测器主要是用来探测和识别隐埋在地下的金属物。它除了在军事上的应用以外,还广泛应用于:安全检查、考古、探矿、寻找废旧金属。又称"探铁器",是废旧回收的好帮手。

地下金属探测器包括声音报警以及仪表显示,探测深度跟被探金属的面积、形状、重量有关,一般来说,面积越大,数量越多,相应的探测深度也越大;反之,面积越小,数量越少,相应的探测深度就越小。

金属埋在地下,需要透过厚厚的土层去探测,因此必然会受到地质结构的影响。地层中含有各种各样的矿物质,它们也会使金属探测产生信号,有些矿物质的信号会掩盖掉金属的信号而造成假象。使用旧式金属探测器时,探头靠近土堆,石块、砖头都会发出报警声,这种现象称为"矿化反应"。由于这个原因,旧式金属探测器只能探测到浅土中的金属,对深埋在地下的金属目标无能为力。地下金属探测器装有先进的地平衡系统,能排除"矿化反应"的干扰,大大提高了仪器的探测深度与效果。

2. 手持型

手持金属探测器被设计用来探测人或物体携带的金属物。它可以探测出包裹、行李、信件、织物等内所携带的武器、炸药或小块金属物品。它优于环形传感器式手探,具有超高的灵敏度。同时它也有一些特殊的应用,如监狱、芯片厂、考古研究院等。

四、主要用途

1. 手持金属探测器:最早应用于机场、车间、码头、场馆等的公共安检,工业上主要用于防止企业含有金属成分的产品流失,最近几年在中国市场也应用在各种考试中,防止考生作弊。

2. 地下金属探测器:最早应用在军事中的扫雷、考古中探测文物等。现在地下金属探测器主要用于金属材料的探测。

3. 输送式金属探测器:用于检测体积比较小的产品,小型袋装、箱装工业产品,可以连接生产线,并实现联动。是目前国内应用最多的一类产品。

4. 下落式金属探测器:用于检测粉状、小颗粒状产品。主要用于塑料、橡胶行业。

5. 管道式金属探测器:用于检测糊状、密封管道的流水线上。方便检测剔除管道中的金属杂质,主要用于药片、胶囊及颗粒状(塑料粒子等)、粉末状物品的检测。

6. 真空输送式金属探测器:用于生产要求比较高的真空生产线上。这类产品对使用环境的要求比较高。主要用于化工行业。

7. 压力输送式金属探测器:用于压力输送流水线是对污染要求比较高的产品。压力输送式金属探测器用途:用于肉类、菌类、糖果、饮料、粮食、果蔬、乳制品、水产品、保健品、添加剂和调味品等食品中的铁金属以及非铁金属杂质的检测;用于化工原料、橡胶、塑胶、纺织品、皮革、化纤、玩具中的金属杂质检测;用于医药、保健品、生物制品、化妆品、礼品、包装、纸品中的金属杂质检测。

8. 平板式金属探测器:用于检测片状、丝状等比较薄的产品,价格比较便宜,适合小型企业使用。

9.8　雷　达

雷达是英文 Radar 的音译,源于 radio detection and ranging 的缩写,原意为"无线电探测和测距",即用无线电的方法发现目标并测定它们的空间位置。因此,雷达也被称为"无线电定位"。电磁波如果遇到尺寸明显大于波长的障碍物就要发生反射,雷达就是利用电磁波的这个特性来工作。波长越短的电磁波,传播的直线性越好,反射性能越强,因此雷达使用的是微波。

　　雷达的天线可以转动,它向一定的方向发射不连续的无线电波(叫作脉冲),每次发射的时间不超过 1 ms,两次发射的时间间隔约为这个时间的 100 倍。因此,发射出去的无线电波遇到障碍物后返回时,可以在这个时间间隔内被天线接收。测出从发射无线电波到收到反射波的时间,就可以求得障碍物的距离。再根据发射电波的方向和仰角,便能确定障碍物的位置。

　　实际上,障碍物的距离等情况是由雷达的指示器直接显示出来的。当雷达向目标发射无线电波时,在指示器的荧光屏上呈现一个尖形脉冲;在收到反射回来的无线电波时,在荧光屏上呈现第二个尖形脉冲。根据两个脉冲的间隔可以直接从荧光屏上的刻度读出障碍物的距离。现代雷达往往和计算机相连,直接对数据进行处理。由此可以获得目标至电磁波发射点的距离、距离变化率(径向速度)、方位、高度等信息。

　　如图 9-17 所示,雷达的种类繁多,通常可以按照雷达的用途分类,如预警雷达(如图 9-17(a)所示)、搜索警戒雷达、引导指挥雷达、炮瞄雷达(如图 9-17(b)所示)、测高雷达、战场监视雷达(如图 9-17(c)所示)、机载雷达、无线电测高雷达、雷达引信、气象雷达、航行管制雷达、导航雷达以及防撞和敌我识别雷达等。利用雷达可以探测飞机、舰艇、导弹等军事目标,还可以用来为飞机、船只进行导航。在天文学上可以用雷达研究飞近地球的小行星、彗星等天体,气象台则用雷达探测台风、雷雨云等。

(a)　　　　　　　　　　　(b)　　　　　　　　　　　(c)

图 9-17　雷达的种类

第 10 讲

振动与波

10.1.1 自然界的振动

地球上各种各样的声音都是由振动产生的,但振动并不是声音所独有的。我们熟悉的例子大多是缓慢的力学振动,例如,摆动的秋千、钟摆的运动、弹簧终端一个上下跳动的重物、一个松鼠跳到一根树枝上之后的上下摇动、海上起伏的轮船或者一根拨动的吉他琴弦,如图 10-1 所示。在机械工程中也有许多物理量发生随时间变化的往复运动,例如机械钟摆的摆动、运动汽车在行驶中的颠动、离心鼓风机发出强烈的噪音和振动、桥梁和高层建筑物的晃动等。物体在某个平衡位置附近作往复或周期性的机械运动,被称为机械振动。广义上来说,任何一个物理量(如位移、角位移、电流、电压、电场强度、磁场强度等)随时间做周期性的变化都可以叫作振动。

机械振动有利也有弊。例如乘员因车船振动而晕车;桥梁在过大的振动下会发生破坏;飞机的颤振常使飞机失事;地震运动引起建筑物严重的振动破坏等,这些都是物体发生机械振动有害的一面。另一方面,钟表利用摆的等时性运动;悦耳的音乐来源于乐器合适的谐振;工程中振动传输、振动打桩、动力减振等都是利用了机械振动的规律造福于人类。

(a) 摆动的秋千　　　　　(b) 振动的树枝　　　　　(c) 船的起伏

(d) 鸟的翅膀

图 10-1　自然界的振动

10.1.2　简谐振动

简谐振动是最简单、最基本的振动。其他复杂的振动都可以看作是由若干个简谐振动合成的结果。一个随时间变化的物理量 $x(t)$，是时间 t 的余弦函数，即

$$x = A\cos(\omega t + \varphi)$$

则该物理量作简谐振动。

如图 10-2 所示，单摆的运动规律与 LC 振荡回路中电容器上电量的变化规律都属于简谐振动。

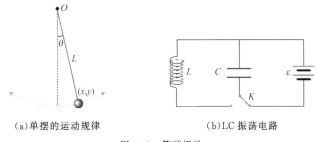

(a) 单摆的运动规律　　　　　(b) LC 振荡电路

图 10-2　简谐振动

10.1.3　描述简谐振动的特征量

振幅 A：振动物体离开平衡位置的最大幅度

振动周期 T：完成一次全振动所需要的时间即为周期 T

相位 $(\omega t + \varphi)$：描写弹簧振子的运动状态

10.1.4 简谐振动的合成

一、同方向同频率简谐振动的合成

如图 10-3 所示,为用旋转数量法求简谐振动的合成。

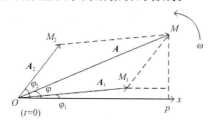

图 10-3 用旋转矢量法求简谐振动的合成

$$\begin{cases} x_1 = A_1 \cos(\omega t + \varphi_1) \\ x_2 = A_2 \cos(\omega t + \varphi_2) \end{cases}$$

合振幅:$A = \sqrt{A_1^2 + A_2^2 + 2A_1 A_2 \cos(\varphi_2 - \varphi_1)}$

相位:$\mathrm{tg}\varphi = \dfrac{A_1 \sin \varphi_1 + A_2 \sin \varphi_2}{A_1 \cos \varphi_1 + A_2 \cos \varphi_2} = \dfrac{PM}{OP}$

关于合振幅大小的讨论有如下两种情形:

情形 1:$\varphi_2 - \varphi_1 = 2k\pi (k = 0, \pm 1, \pm 2 \cdots)$ 时(位相相同)$\Rightarrow A = A_1 + A_2$　振幅最大。

情形 2:$\varphi_2 - \varphi_1 = (2k+1)\pi (k = 0, \pm 1, \pm 2 \cdots)$ 时(位相相反)$\Rightarrow A = |A_1 - A_2|$　振幅最小。

二、两个同方向不同频率简谐振动的合成拍

如图 10-4 所示,当质点同时参与两个同方向不同频率的简谐振动时,产生的合振幅时而加强时而减弱的现象称为"拍"。

拍现象有着许多重要的应用。例如,双簧管的悠扬的颤音,就是利用同一音的两个簧片的振动频率有微小差别而产生的;通过与标准音叉比较,可对钢琴进行调音。拍现象在无线电技术和卫星跟踪等方面也有着重要的应用。

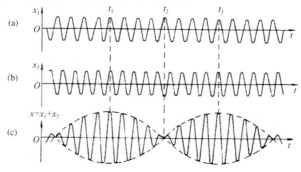

图 10-4 拍

10.1.5 阻尼振动

简谐振动是指振动系统在没有阻力作用下的振动,振动过程中系统的机械能是守恒的,这种振动也称为无阻尼自由振动。实际上振动的物体总要受到阻力的作用,振幅将逐渐减小,振动系统的能量随振幅的减小而减少,最后振动会停止下来。例如把弹簧振子放在空气中,由于空气阻力的作用,弹簧振子的振幅将逐渐减小,如果把弹簧振子放在水中,由于受到的阻力更大,将观测到其振幅急剧减小。振动物体在阻力的作用下,振幅随时间增加而减小的振动称为阻尼振动。

在生产和技术中,可以根据不同的要求,用不同的方法改变阻尼的大小以控制系统的振动情况,例如,在灵敏电流计等精密仪器中,常使其偏转系统处于临界阻尼状态,以便人们能较快而准确地进行读数测量。对于各类机器而言,为了达到减振、防震的目的,都要加大振动的摩擦阻尼。

10.1.6 受迫振动 共振

一、受迫振动

在实际振动系统中,摩擦阻尼是客观存在的,为了获得稳定的振动,需要对系统施加周期性外力,这种周期性外力称为驱动力。在实际情况中,许多振动都属于受迫振动,例如扬声器中纸盆的振动,马达转动导致基座的振动等。达到稳定后,受迫振动的表示式是简谐振动,但与弹簧振子的简谐振动有着本质的不同。即受迫振动的频率不是振子的固有角频率,而是驱动力的频率;受迫振动的振幅和初相也不是由振子的初始状态决定。

从能量角度来看,振动系统因驱动力做功而获得能量,同时因阻尼振动而消耗能量。受迫振动开始时驱动力所做的功往往大于阻尼消耗的能量。当受迫振动达到稳定后,驱动外力在一个周期内对振动系统所做的功恰好补偿因阻尼而消耗的能量,因而系统维持等幅振动。

二、共振

共振是指一个物理系统在特定的频率下,以最大振幅做振动的情形。共振在声学中亦称"共鸣",在电学中,振荡电路的共振现象称为"谐振"。自然中有许多共振的现象,如:乐器的音响共振、太阳系一些类木行星的卫星之间的轨道共振、动物耳中基底膜的共振、电路的共振等。

二、共振的应用

随着科技的发展以及对共振研究的更加深入,共振的应用在社会和生活中"震荡"得更为频繁和紧密了。

(1)微波炉加热:具有 2 500 赫兹左右频率的电磁波被称为"微波"。食物中水分子的振动频率与微波大致相同,微波炉加热食品时,炉内产生很强的振荡电磁场,使食物中的水分子作受迫振动,发生共振,将电磁辐射能转化为热能,从而使食物的温度迅速升高。微波加热技术是对物体内部的整体加热技术,完全不同于以往的从外部对物体进行加热的方式,是一种极大地提高了加热效率、有利于环保的先进技术。

(2)无线电中的电谐振:使系统的固有频率与驱动力的频率相同,发生共振。电台通过天线发射出短波/长波信号,收音机通过将天线频率调至和电台电波信号相同的频率来引起共振。将电台信号放大,以接受电台的信号。电波信号通过天线向空中发射信号,短波通过云层发射,长波通过直接向地球表面发射。收音机的天线将共振磁环的频率调节至和电台电波信号相同时就会产生共振,电波信号将被放大,然后天线将放大后的信号经过过滤后传至喇叭发声。

(3)共振的医学应用:专家研究认为,音乐的频率、节奏和有规律的声波振动,是一种物理能量,而适度的物理能量会引起人体组织细胞发生和谐共振的现象,这种声波引起的共振现象,会直接影响人们的脑电波、心率、呼吸节奏等,使细胞体产生轻度共振,使人有一种舒适、安逸感。当人处在优美悦耳的音乐环境中,可以改善神精系统、心血管系统、内分泌系统和消化系统的功能,促使人体分泌一种有利健康的活性物质,提高大脑皮层的兴奋性,振奋人的精神,让心灵得到了陶冶和升华。因此,音乐产生的共振已经被用于缓解人们由于各种因素造成的紧张、焦虑、忧郁等不良心理状态,而且还能用于治疗人的一些心理和生理上的疾病。就医学影像学来说,核磁共振(MRI)是继CT后的又一重大进步,将人体置于特殊的磁场中,用无线电射频脉冲激发人体内氢原子核,引起氢原子核共振,并吸收能量。在停止射频脉冲后,氢原子核按特定频率发出射电信号,并将吸收的能量释放出来,被体外的接收器收录,经电子计算机处理获得图像,这就叫作核磁共振成像。

三、共振的危害与预防

共振现象普遍存在于机械、化学、力学、电磁学、光学及分子、原子物理学、工程技术等科技领域。如一些乐器利用共振来发出响亮、悦耳动听的乐曲;收音机则是通过电磁共振来进行选台;核磁共振可应用于医学诊断,原子核无反冲的共振吸收。在某些情况下,共振也可能造成危害。当火车过桥时,车轮对铁轨接头处的撞击会对桥梁产生周期性的驱动力,如果驱动力的频率接近桥梁的固有频率,就可能使桥梁的振幅显著增大,以致桥梁发生断裂。又如机器运转时,零部件的运动会产生周期性的驱动力,如果驱动力的频率接近机器本身或支持物的固有频率,就会发生共振,使机器受到损坏。

1.危害案例

(1)桥梁倒塌:在19世纪初,拿破仑的一队士兵在指挥官的口令下,迈着整齐的步伐,通过法国昂热市的一座大桥。当要走到桥中间时,桥梁突然发生强烈的颤动并且最终断裂坍塌,造成许多官兵和市民落入水中丧生。后经调查,造成这次惨剧的罪魁祸首,正是共振。因为大队士兵齐步走时,产生的一种频率正好与大桥的固有频率一致,使桥的振动加强,当它的振幅达到最大限度直至超过桥梁的抗压力时,桥就会发生断裂。有鉴于此,后来许多国家的军队都有这么一条规定:大队人马过桥时,要改齐步走为便步走。

对于桥梁来说,不光是大队人马厚重整齐的脚步能使之断裂,那些看似无物的风儿同样也能对之造成威胁。1940 年,美国全长为 860 米的塔柯姆大桥正是由于大风引起的共振而塌毁,尽管当时的风速还不到设计风速限值的 1/3。每年肆虐于沿海各地的热带风暴,也是借助共振才会使得房屋和农作物饱受摧残。风除了产生沿着风向的一个风向力外,还会对风区的构筑物产生一个横力,而且风在表面的漩涡在一定条件下产生脱落,从而对构筑物产生一个震动。若风的横力产生的震动频率和构筑物的固定频率相同或者相近时,就会产生风荷载共振。

(2)地面共振:当直升机在地面工作(或滑跑)时受到外界振动后,旋翼桨叶运动偏离平稳位置,如旋翼以后退型摆振运动,这时桨叶重心偏离旋转中心,旋翼重心的离心激振力,激起机身在起落架上的振动;机身振动反馈于旋翼的摆振运动,对旋翼起支持激振的作用,形成一个闭环系统,使得旋翼摆振运动越来越大,当旋翼后退型频率与机身在起落架上的某一模型的频率相等或接近时,系统的阻力又不足以消耗它们相互激励的能量,这时整个系统的振动就会是不稳定的,振动幅度(振幅)将越来越大,直到直升机毁坏,即出现了地面共振。

(3)机器损坏:机床运转时,运动部分总会有某种不对称性,从而对机床的其他部件施加周期性作用力引起这些部件的受迫振动,当这种作用力的频率与机床的固有频率接近或相等时,会发生共振,从而影响加工精度,加大机械部件的疲劳破坏以及损害力度。

(4)次声波共振:对人危害程度尤为厉害的是次声波所产生的共振。次声波是一种每秒钟振动很少、人耳听不到的声波。次声波的声波频率很低,一般在 20 赫兹以下,波长很长,不易衰弱。自然界的太阳磁暴、海浪咆哮、雷鸣电闪、气压突变、火山爆发;军事上的原子弹、氢弹爆炸试验,火箭发射、飞机飞行等,都可以产生次声波。在我们工作、学习和生活的周围,能够产生次声波的小型动力设备也有很多,如鼓风机、引风机、压气机、真空泵、柴油机、电风扇、车辆发动机等。次声波的这种神奇的功能也引起了军事专家的高度重视,一些国家利用次声波的性质进行次声波武器的研制,已研制出次声波枪和次声波炸弹。不论是次声波枪还是次声波炸弹,都是利用频率为 16 赫兹~17 赫兹的次声波,与人体内的某些器官发生共振,使受振者的器官发生变形、位移或出血,从而达到杀伤敌方的目的。研究表明,大量发射的频率为 16 赫兹~17 赫兹的次声波会引起人体无法忍受的颤抖,从而产生视觉障碍、定向力障碍、恶心等症状,甚至还会出现内脏损坏或破裂。

(5)其他:由于共振的力量,巨大的冰川能被海洋波涛给拍裂开。持续发出的某种频率的声音会使玻璃杯破碎。高山上的一声大喊,可引起山顶的积雪共振,顷刻之间造成一场雪崩。行驶着的汽车,如果轮转周期正好与弹簧的固有节奏同步,所产生的共振就能导致汽车失去控制,从而发生事故。

人们在生活和生产中会接触到各种振动源,这些振动都可能会对人体产生危害。由科学测试知道人体各部位有不同的固有频率,如眼球的固有频率最大约为 60 赫兹,颅骨的固有频率最大约为 200 赫兹等;把人体看作一个整体,如水平方向的固有频率约为 3 赫兹~6 赫兹,竖直方向的固有频率约为 48 赫兹。因此,与振源十分接近的操作人员,如拖拉机驾驶员,风镐、风铲、电锯、镏钉机的操作工,在工作时应尽量避免这些振动源的频率与人体有关部位的固有频率产生共振。为了保障工人的安全与健康,要求用手工操作的各类振动机械的频率必须大于 20 赫兹。

2. 预防方法

到了今天，人类对付共振危害的方法有很多。例如：在电影院、播音室等对隔音要求很高的地方，常常采用加装一些海绵、塑料泡沫或布帘的办法，使声音的频率在碰到这些柔软的物体时，不能与它们产生共振，而是被它们吸收掉；电动机要安装在水泥浇注的地基上，与大地牢牢相连，或要安装在很重的底盘上，为的是使基础部分的固有频率增加，以增大与电机的振动频率（驱动力频率）之差来防止基础的振动。

因此，在需要利用共振时，应使驱动力的频率接近或等于振动物体的固有频率。而在需要防止共振时，应尽量使驱动力的频率与物体的固有频率不同。避免共振的方法，可以是破坏驱动力的周期性，或改变系统的固有频率或改变驱动力的频率，或改变系统的阻尼等。

10.2　波

如图 10-5 所示，在足球场的看台上，常常会看到一种"人浪"在看台上到处传播。这种传播的"东西"，是每个球迷只在自己的座位上站起来举手后又坐下。它只是暂时站起来的球迷对本来坐着的观众的一个扰动，正是这种扰动在看台的观众中传播，我们又把"扰动的传播"称为波。这种运动与以前考察过的运动不同，并非是分子、足球、汽车和其他物体实际的位置变动。

图 10-5　看台上"人浪"

当我们观察一块石子丢在水中产生的波纹。若有一个软木塞浮在水面上，当波纹经过软木塞时，软木塞上下晃动（振动），而不随波纹向外运动。波纹使软木塞上下晃动需要对软木塞做功提供能量，因此波本质上是在介质中传播的扰动，它传送能量，却不传送物质，这就是波这种运动呈现在我们心中的图像。

波是一种在介质中的扰动形式，这种扰动以介质特有的恒定速度（又称波速）在介质中传播。

10.2.1　机械波的产生

机械振动在弹性介质中的传播形成机械波，这是因为在弹性介质内各质点之间有弹性力相互作用，当介质中的某一质点因扰动而离开平衡位置时，邻近的质点将对它施加弹性回复力,使其回到平衡位置,并在平衡位置附近振动起来;另一方面,该质点也对其邻近的质点施加弹性力,迫使这些质点也在自己的平衡位置附近振动。当弹性介质中某一质点发生振动时,由于质点间的弹性的相互作用,振动将由近及远传播出去。

由上可知,机械波的产生首先要有做机械振动的物体,称为波源;其次要有能够传播机械波的弹性介质,例如闹钟的闹铃作为产生机械振动的波源,声波通过空气传播出去,但如果把闹钟放在真空罩中,因其周围没有传播声波的弹性介质,我们将听不到闹铃振动发出的声音。

10.2.2　横波和纵波

在波的传播过程中,根据质点振动方向与波传播方向的关系,机械波可分为横波和纵波两种基本形式。

在波动过程中,如果质点的振动方向与波的传播方向相互垂直,这种波称为横波。如图 10-6(a)所示,一根绷紧的绳一端固定,另一端用手握住并上下抖动,该端的上下振动使绳子上的质点依次上下振动起来,可以看到波形沿着绳子向固定端传播,因绳子上质点的振动方向与波的传播方向相互垂直,所以称为横波,横波的外形特征是在横向具有突起的"波峰"和凹下的"波谷"。在波动过程中如果质点的振动方向与波的传播方向相互平行,这种波称为纵波,如图 10-6(b)所示,将一根水平放置的长弹簧一端固定起来,另一端用手左右拉推,该端沿水平方向左右振动使弹簧各部分依次左右振动起来,可以看到弹簧各部分呈现出由左向右移动的、疏密相间的波形。纵波的外形特征是在纵向具有"稀疏"和"稠密"的区域。

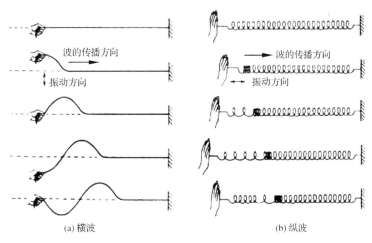

(a) 横波　　　(b) 纵波

图 10-6　机械波的形成

不难看出,无论是横波还是纵波,机械波是振动状态在弹性介质中的传播,介质中的各质点均在各自的平衡位置附近振动,质点并不随波前进。

10.3 声　波

10.3.1　空气中的声波

空气中的声波是纵波。一个音叉迅速地左右振动,造成交替的压缩和扩张,能够生成声波。当压缩被传到邻近的空气粒子时,会使空气粒子进入运动,因为音叉附近的被压缩空气会推动附近的空气粒子,如图 10-7 所示。

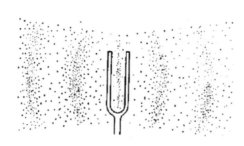

图 10-7　空气推动附近的空气粒子

图 10-7 中的黑点代表空气分子。在波峰处空气较密,在波谷处空气较稀。真正的分子数目当然比图中能够画出的多得多,空气密度从一处到另一处的变化也过于夸大了。即使是你难以忍受的极响的声音,其造成的空气密度从波峰到波谷的变化也只有正常声压下密度的!因此如果正常声压(无声音)时,图中一个区域有 10 000 个圆点,那么在波峰处就应当有 10 001 个黑点,在波谷处应当有 9 999 个圆点。

声源在空气中振动时,一会儿压缩空气,使其变得“稠密”;一会儿空气膨胀,变得“稀疏”,形成一系列疏、密变化的波,将振动能量传送出去。这种媒介质点的振动方向与波的传播方向一致的波,称为“纵波”。

为什么在空气中无法生成横波呢?如果你拿一块硬纸板,面对着自己左右晃动,它只会滑过空气,而不会产生一个波,因为空气粒子并不像螺旋弹簧中的粒子那样相互连在一起。但是如果你让同样的硬纸板迅速地前后来回运动,那么空气将被交替地压缩和稀化,将会有一个纵波传播。一般情况下,声波为纵波,但在固体中传播时,也可以同时有纵波和横波,横波速度约为纵波速度的 50%～60%。气体以及相当多的液体(合称流体)不能承受切力,因此声波在流体中传播时不可能为横波;但固体不仅可承受压(张)应力,也可以承受切应力,因此在固体中可以同时有纵波和横波。

10.3.2　声强

声波的平均能流密度称为声强,它是人耳所能感觉到的声音强弱的度量,用 I 表示,即

$$I = \frac{1}{2}\rho u A^2 \omega^2$$

由此可见,声强与角频率和振幅的平方成正比。

一般来说,人的听觉存在一定的声强范围,低于这个范围下限的声波不能引起听觉,而高于这个范围上限的声波使人感到不舒服,甚至引起疼痛感。听觉声强范围的下限称为听觉阈,听觉声强范围的上限称为痛觉阈。听觉阈和痛觉阈都与声波的频率有关。

日常生活中能听到的声强范围很大,人刚好听到 1 000 Hz 声音的最低声强为 10^{-12} W/m^2,最高声强为 1 W/m^2,最高和最低之间可达 12 个数量级。用声强这个物理量来比较声音强弱很不方便。因此我们引入声强级来比较介质中各点声波的强度,取最低声强 10^{-12} W/m^2 作为标准声强 I_0,声强 I 与标准声强 I_0 之比的对数称为声强 I 的声强级,记为 L,其单位为贝尔(B)或分贝(dB),即

$$L = \log \frac{I}{I_0}$$

表 10-1 中列出了常见的一些声音的声强、声强级和响度。可以看出,人耳感觉到的声音响度与声强级有着一定的联系,声强级越高,人耳感觉越响。

声波按频率分类,频率低于 20 Hz 的声波称为次声波;频率在 20 Hz~20 kHz 的声波称为可听波;频率在 20 kHz~1 GHz 的声波称为超声波;频率大于 1 GHz 的声波称为特超声或微波超声。

表 10-1　　　　　　　　　　**几种声音的声强、声强级和响度**

声源	声强(W/m^2)	声强级(dB)	响度
聚焦超声波	10^9	210	
炮声	1	120	震耳
钉机	10^{-2}	100	
车间机器声	10^{-4}	80	响
闹市	10^{-5}	70	
正常谈话	10^{-6}	60	正常
室内收音机轻轻放音	10^{-8}	40	轻
耳语	10^{-10}	20	
树叶沙沙声	10^{-11}	10	极轻
听觉阈(如正常的呼吸声)	10^{-12}	0	

10.3.3　空气中的声速

要弄懂各种类型的管乐器,我们需要知道压力波在乐器中的传播速率。传播速率与气体的性质有关。如果气体的分子比较重,它们的运动较慢。压缩状态到达邻近的分子就需要更长的时间,因而声音传播慢。例如,氦原子比空气粒子(主要是氮分子和氧分子)轻得多,氦气中音速几乎是空气中的音速的 3 倍。

随着温度的升高,气体分子运动得更快,因此声速也增大。气体分子的动能 $\frac{1}{2}mv^2$ 与绝对温度成正比。绝对零度为 -273.2 ℃,在这个温度下一切分子运动停止。为了得出 0 ℃(水的冰点)与 20 ℃(室温)之间的声速变化,应当对这些温度加 273.2 K 以得到绝对温度,它们分别是 273.2 K 和 293.2 K,这两个数的比值是 0.932。这是分子动能的比值,即这两个温度下分子速度的平方的比值。要求出速度的比值,必须开方求出 0.932 的平方根,它是 0.965。因此若 20 ℃时的声速是 344 m/s,那么 0 ℃下的声速是 0.965×344 m/s$=332$ m/s。

为使计算简便,仅需知道室温下空气中的声速和温度每变化 1 ℃所引起的声速变化:

室温(20 ℃)下空气中的声速:$v=344$ m/s

随温度的变化:$v \times 0.17\%/$℃$=0.6$ m/℃

声速随温度的改变对于铜管乐器和木管乐器的乐师是很重要的。乐器的音调(频率)与声速有关,因此,与乐器内部空气的温度有关。一台管乐器在它演奏几分钟后会变暖,因此当一位长笛演奏家的乐器温度升高 10 ℃之后,声速会增加 $10 \times 0.17\%=1.7\%$。这将使音调很明显地升高。

10.4　次声波

1890 年,一艘名叫"马尔波罗号"的帆船在从新西兰驶往英国的途中,突然神秘地失踪了。20 年后,人们在火地岛海岸边发现了它,奇怪的是船上的一切都完好如初。船长航海日记的字迹仍然依稀可辨,就连那些死已多年的船员,也都"各在其位",保持着当年在岗时的"姿势"。1948 年初,一艘荷兰货船在通过马六甲海峡时,一场风暴过后,全船海员莫名其妙地死去。

上述惨案,引起了科学家们的普遍关注,其中不少人还对船员的遇难原因进行了长期的研究。经过反复调查,终于弄清了制造上述惨案的"凶手"——一种不为人知的次声声波。次声波是一种每秒钟振动次数很少、人耳听不到的声波,次声的声波频率很低,一般在 20 Hz 以下,波长很长,传播距离也很远,它比一般的声波传得远。例如,频率低于 1 Hz 的次声波,可以传到几千至上万千米以外的地方。1960 年,南美洲的智利发生大地震,地震时产生的次声波传遍了全世界的每一个角落。1961 年,苏联在北极圈内进行了一次核爆炸,产生的次声波绕地球转了 5 圈之后才消失。

次声波具有极强的穿透力,不仅可以穿透大气、海水、土壤,而且还能穿透坚固的钢筋水泥构成的建筑物,甚至连坦克、军舰、潜艇和飞机都不在话下。次声波穿透人体时,不仅能使人产生头晕、烦躁、耳鸣、恶心、心悸、视线模糊、吞咽困难、胃痛、肝功能失调、四肢麻木等症状,而且还可能破坏大脑神经系统,造成大脑组织的重大损伤。次声波对心脏的影响最为严重,可能导致死亡。

为什么次声波能够导致死亡?原来,人体内脏固有的振动频率和次声频率相近,倘若外来的次声频率与人体内脏的振动频率相似或相同,就会引起人体内脏的"共振",从而使人产生上面提到的头晕、烦躁、耳鸣、恶心等一系列症状,特别是当人的腹腔、胸腔等固有的振动频率与外来次声频率一致时,更易引起人体内脏的共振,使人体内脏受损。发生在马六甲海峡的惨案,就是因为这艘货船在驶近该海峡时,恰好海上起了风暴,风暴与海浪摩擦,产生了次声波,次声波使人的心脏及其他内脏剧烈抖动、狂跳,以致血管破裂,最后促使死亡。

　　次声波虽然无形,但它却时刻在产生并威胁着人类的安全。在自然界中,例如太阳磁暴、海峡咆哮、雷鸣电闪、气压突变;在工厂中,机械的撞击、摩擦;军事上的原子弹、氢弹爆炸试验等,都可以产生次声波。由于次声波具有极强的穿透力,因此,国际海难救助组织在一些远离大陆的岛上建立起"次声波定位站",监测着海潮的洋面,一旦船只或飞机失事,可以迅速测定方位,进行救助。

　　近年来,一些国家利用次声波能够"杀人"这一特性,致力次声武器——次声炸弹的研制。尽管目前尚处于研制阶段,但科学家们预言,只要次声炸弹一旦爆炸,瞬息之间,在方圆十几千米的地面上,所有的人都将被杀死,无一幸免。次声武器能够穿透 15 cm 的混凝土和坦克钢板,人即使躲到防空洞或钻进坦克的"肚子"里,也还是一样地难逃残废的厄运。次声炸弹和中子弹一样,只杀伤生物而无损于建筑物,但两者相比,次声弹的杀伤力远比中子弹强。

10.5　超声波及其应用

　　人耳最高只能感觉到大约 20 000 Hz 的声波,频率更高的声波就是超声波,超声波广泛地应用在多种技术中。超声波有两个特点:一是能量大;二是沿直线传播;它的应用就是按照这两个特点展开的。

　　理论研究表明,在振幅相同的情况下,一个物体振动的能量与振动频率的二次方成正比。超声波在介质中传播时,介质质点振动的频率很高,能量很大。如果把超声波通入水罐,剧烈的振动会使罐中的水破碎成许多小雾滴,再用小风扇把雾滴吹入室内,就可以增加室内空气的湿度,这就是超声波加湿器的原理。对于咽喉炎、气管炎等疾病,药力很难达到患病的部位。利用加湿器的原理,把药液雾化,让病人吸入,能够增进疗效。利用超声波的巨大能量还可以把人体内的结石击碎。金属零件、玻璃和陶瓷制品的除垢是件麻烦事,如果在放有这些物品的清洗液中通入超声波,清洗液的剧烈振动冲击物品上的污垢,使之能够很快清洗干净。

　　俗话说"隔墙有耳",这说明声波能够绕过障碍物,但是,波长越短,这种绕射现象越不明显,因此,超声波基本上是沿直线传播的,可以定向发射。如果渔船载有水下超声波发生器,它旋转着向各个方向发射超声波,超声波遇到鱼群会反射回来,渔船探测到反射波就知道鱼群的位置了,这种仪器叫作声呐。声呐也可以用来探测水中的暗礁、敌人的潜艇,测量海水的深度等。

　　声呐分为主动声呐和被动声呐。主动声呐,由简单的回声探测仪器演变而来。它主动地发射超声波,然后收测回波进行计算,适用于探测冰山、暗礁、沉船、海深、鱼群、水雷和关闭了发动机的隐蔽的潜艇。被动声呐则由简单的水听器演变而来。它收听目标发出的噪声,判断出目标的位置和某些特性,特别适用于不能发声暴露自己而又要探测敌舰活动的潜艇。

　　此外,反探测技术同样发展的很快。如干扰声呐工作的噪声堵塞技术,降低回波反射的隐身技术以及干扰声呐员判断的假目标等。这些在现代军事术语中叫作电子对抗。声呐的探测技术和反探测技术是矛和盾的关系,正是这对矛盾的存在,使得技术的发展永无止境。根据同样的道理,可以用超声波探测金属、陶瓷混凝土制品,甚至水库大坝,检查其内部是否有气泡、空洞和裂纹。人体各个内脏的表面对超声波的反射能力是不同的,健康内脏和病变内脏的反射能力也不一样,平常说的"B超"就是根据内脏反射的超声波进行造影,帮助医生分析体内的病变。

　　有趣的是,很多动物都有完善的发射和接收超声波的器官。以昆虫为食的蝙蝠,视觉很差,飞行中不断发出超声波的脉冲,依靠昆虫身体的反射波来发现食物。海豚也有完善的"声呐"系统,它能在混浊的水中准确地确定远处小鱼的位置。蝙蝠的超声定位系统的质量只有几分之一克,而在一些重要性能上,如确定目标方位的精确度、抗干扰的能力等都优于现代的无线电定位器——雷达。深入研究动物身上各种器官的功能和构造,将获得的知识用来改进现有的设备和创造新的设备,这是近几十年来发展起来的一门新学科,叫作仿生学。

10.6　地震波

　　地震是指地壳的天然运动。在地壳运动的过程中,地壳的不同部位受到挤压、拉伸、旋扭等力的作用,在那些构造比较脆弱的地方,就容易发生破裂,引起断裂变动,从而发生地震。地震发生时,在震源处岩层发生快速破裂产生弹性波,并向四处传播,这种弹性波称为地震波,地震波可在地球内部和表面传播。在地震时,我们感觉到地面上下震动或者是左右晃动,这都是地震波在地球内部和地球表面传播的结果,就像在水中投入石子,水波会向四周扩散一样。

　　地震波其实就是在地壳中传播的声波(次声波),只是它的频率通常不在可听闻的范围内(某些动物则听闻得到)。虽然次声波看不见、听不见,可它却无处不在。地震、火山爆发、风暴、海浪冲击、枪炮发射、热核爆炸等都会产生次声波,科学家借助仪器可以"听到"它。它同暴雨、雷电、台风、洪水等一样,都是一种自然现象。全世界每年发生地震约500万次,其中,能被人们清楚感觉到的就有50 000多次,能产生破坏的5级以上地震约1 000次,而7级以上有可能造成巨大灾害的地震10多次。

10.6.1 地震相关概念

如图 10-8 所示,我们都知道地震是一种地壳快速而又剧烈的运动。因此,我们首先要了解一下有关地震的几个概念。

(1)震源:震源是指地震波发源的地方。

(2)震中:震中是指震源在地面上的垂直投影。

(3)震中区(极震区):震中区是指震中及其附近的地方。

(4)震中距:震中距是指震中到地面上任意一点的距离。

(5)地方震:地方震是指震中距小于或等于100 千米的地震。

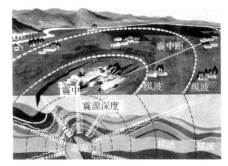

图 10-8 地震的相关概念

(6)近震:近震是指震中距在 100 千米~1 000 千米之间的地震。

(7)远震:远震是指震中距在 1 000 千米以上的地震。

(8)地震波:地震波是指在发生地震时,地球内部出现的弹性波。其中,地震波又分为体波和面波两大类。体波在地球内部传播,面波则沿地面或界面传播。按介质质点的振动方向与波的传播方向的关系划分,体波又分为横波和纵波。

我们把振动方向与传播方向一致的波称为纵波(也称 P 波),纵波的传播速度非常快,每秒钟可以传播 5 千米~6 千米,会引起地面的上下跳动。振动方向与传播方向垂直的波称为横波(也称 S 波),横波传播速度比较慢,每秒钟传播 3 千米~4 千米,会引起地面水平晃动。因此地震时地面总是先上下跳动,后水平晃动。由于纵波衰减快,所以离震中较远的地方,一般只能感到地面水平晃动。在地震发生的时候,造成建筑物严重破坏的主要原因是横波。由于纵波在地球内部的传播速度大于横波,所以地震时纵波总是先到达地表,相隔一段时间横波才能到达,二者之间有一个时间间隔,不过相隔时间比较短。可根据间隔长短判断震中的远近,用每秒 8 000 米乘以间隔时间就可以估算出震中距离。

10.6.2 地震形成与发生的原因

一、地震形成的原因

如图 10-9 所示,鸡蛋分为蛋黄、蛋清和蛋壳三部分。地球的结构就像鸡蛋一样,也分为三层,中心层是"蛋黄"——地核;中间层是"蛋清"——地幔;外层是"蛋壳"——地壳。地震一般发生在地壳层。地球每时每刻都在进行自转和公转,同时地壳内部也在不停地发生变化。由此而产生力的作用,使地壳岩层变形、断裂、错动,于是便发生地震。

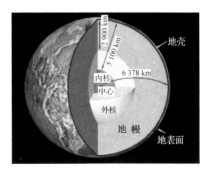

图 10-9 地球的内部结构

二、地震发生的原因

山为什么会升高？大地为什么会变迁？研究证明这一切都是因为地壳运动的结果。地壳分分秒秒都在运动，只是由于地壳的运动十分缓慢，因此不易被觉察。然而，地壳的运动与变化并非都是不被察觉非常缓慢的，有时也会出现突然、快速的运动，这种运动引起地球表层的振动，就是地震。人为的原因也能引起地表振动，如开山放炮、地下核爆破等，但是这些毕竟是少数，对人类造成的危害也比较小，我们更关心的是容易对我们人类造成危害的天然地震。天然地震是由自然界的原因引起的地震。

如图 10-10 所示，对人类的威胁最大的要属天然地震中的构造地震，首先我们来看看构造地震是怎样发生的。地下的岩层受力时会发生变形。刚开始时，这个变形很缓慢，但当受到的力较大时，岩层不能承受，就会发生突然、快速的破裂，岩层破裂所产生的振动传到地表，引起地表的振动，发生地震。地球上每年发生的 500 多万次地震，大多不被察觉的原因是因为所发生的多数地震震级太小或者是离我们太远，我们感觉不到。也就是说，真正能对人类造成严重破坏的地震，全世界每年有一二十次；能造成像我国的唐山、汶川等特别严重灾害的地震，每年一两次。由此可见，地震是地球上经常发生的一种自然现象。

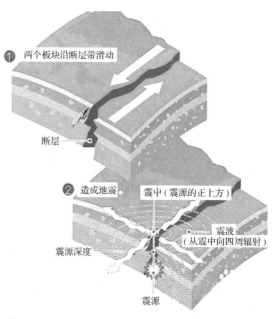

图 10-10　构造地震的产生

10.6.3　地震的深浅与序列

一、地震的深浅

地震按照震源深度的不同，可划分为 3 种：浅源地震、中源地震和深源地震。

浅源地震（正常深度地震）是指震源深度小于 60 千米的地震，世界上大多数地震都是浅源地震，我国绝大多数地震也属于浅源地震。

中源地震是指震源深度为 60 千米～300 千米的地震。

深源地震是指震源深度大于 300 千米的地震。目前世界上记录到的最深的地震震源深度为 786 千米。同样大小的地震，震源越浅，所造成的破坏越严重。

二、地震的序列

一次中强级别以上地震前后,在震源区和它附近会有一系列地震发生,这些成因上有联系的地震就称为一个地震序列。一个地震序列包括前震、主震和余震三部分。

前震是指主震前发生的比较小的地震,很多大地震前没有发生前震。

主震是指地震序列中最突出、最大的那个地震。

余震是指主震之后所发生的众多小地震。

一次地震序列所持续的时间不等,有的几天,有的几年甚至几十年。一般来说,主震越大,最大余震的震级越大,而且余震持续的时间越长。

根据地震序列的能量分布、主震能量占全序列能量的比例、主震震级和最大余震的震级差等,可将地震序列划分为主震-余震型地震、震群型地震和孤立型地震三种类型。

主震-余震型地震的主震非常突出,余震非常丰富。主震所释放的能量占全序列的90%以上,主震震级和最大余震相差0.7级～2.4级。

震群型地震有两个以上大小相近的主震,余震非常丰富。主要能量通过多次震级相近的地震释放,主震所释放的能量占全序列的90%以下,主震震级和最大余震相差不到0.7级。

孤立型地震有突出的主震,余震次数很少、强度比较低。最大地震所释放的能量占全序列的99.9%以上,主震震级和最大余震相差2.4级以上。

10.6.4　地震带

一、世界三大地震带的分布

地震带是指地震的震中集中分布的地区,这些地区呈有规律的带状分布。人们把世界地震分布划分为三条地震带,通过这些地震带可以看出地震带分布是相当不均匀的,绝大多数地震带都分布在南纬45°和北纬45°之间的广大地区。世界上的地震主要集中在三大地震带上,三大地震带依次是环太平洋地震带、地中海-喜马拉雅地震带和海岭地震带。

环太平洋地震带在东太平洋,地球上约有80%的地震都发生在这里。该地震带主要沿北美、南美大陆西海岸分布,在北太平洋、西太平洋以及西南太平洋主要沿岛弧分布。全球约80%的浅源地震、90%的中源地震和近乎所有的深源地震都集中在该带上。

地中海-喜马拉雅地震带又称为欧亚地震带。该地震带大致呈东西向分布,横贯欧亚大陆。西起大西洋的亚速尔群岛,穿过地中海,途经伊朗高原进入喜马拉雅山,在喜马拉雅山东端向南拐弯经过缅甸西部、安达曼群岛、爪哇岛到达班达海附近与西太平洋地震带相连,全带总长大约15 000千米。欧亚地震带的地震活动仅次于环太平洋地震带,环太平洋地震带之外的近乎所有的深源地震、中源地震和多数的浅源大地震都发生在这个带上。该带地震释放的能量约占全球地震能量的5%。

海岭地震带相对于前两个地震带是个次要的地震带。它基本上包括了全部海岭构造地区。它从西伯利亚北部海岸靠近勒拿河的地方开始,横跨北极,越过斯匹茨卑尔根群岛和冰岛伸入到大西洋,然后又沿大西洋中部延伸到印度洋,最后分为两支,一支沿东非裂谷系,另一支通过太平洋的复活节岛海岭直达北美洲的落基山。

二、中国地震呈现的特点

中国地震区分布范围比较广而且震中分散,很难预报。我国约 2/3 的地震发生在大陆地区,并且这些地震绝大多数属于震源深度在 20 千米~30 千米的浅源地震,对地面建筑物以及工程设施破坏比较严重,我国境内的深源地震发生次数比较少,只在西部等地发生过。我国约有 3/4 的城市位于地震区,城市人口比较密集,设施相对集中,地震灾害必然严重。

强震发生周期多在百年乃至数百年以上,紧迫性易于被忽视。中国地理位置也决定了它是一个多震的国家。它位于世界两大地震带——环太平洋地震带与欧亚地震带的交会处,受太平洋板块、印度板块和菲律宾海板块的挤压,地震断裂带非常发达。20 世纪,全球总共发生三次 8.5 级以上的强烈地震,其中有两次都发生在中国。

10.7 海 啸

海啸给人类带来巨大的灾难,但是目前,人类对海啸、地震、火山等灾变,只能通过预测、观察来预防或减少它们所造成的损失,不能控制它们的发生。掌握海啸的科学知识对于减轻海啸灾害是非常必要的。

10.7.1 海啸的形成原因

海啸通常由海底地震引起。地震发生时断层两侧的板块如果产生垂直方向的相对位移,则覆盖的海水也会随之产生垂直方向上的相对位移,这样海水原本的平衡状态就会被破坏,抬升板块上方的海水会变高,势能增加,然后向势能比较低的下沉板块方向流动。也就是说,海底地震会使震中附近的海水突然获得大量势能,在引力的作用下,这个势能会很快转化为动能,使海水具有很快的速度,形成巨浪向四周扩散,从而引发海啸。根据震源的深度,可以将地震分为浅源地震(震源深度小于 60 千米)、中源地震(震源深度在 60 千米~300 千米)和深源地震(震源深度大于 300 千米)。其中最可能引发海啸的是海底浅源地震。当震源较深时,断层破裂面不易延伸到海底地表,只局限在海底地表以下,则海底地表在垂直方向上不会发生位移,海水在垂直方向上也不会产生位移,这样在地震波的传播过程中,海水只是充当传播介质的角色,地震波到达之后,海水虽瞬时获得动能,但同时也在瞬间将此动能传播出去,快速恢复平静。地震产生的能量就这样由海水传入海底而消散。同样的,断层破裂面在陆上的地震,除非破裂面延伸到海底地表,否则同理,也不可能引发海啸。

虽然断层破裂面在海底地表的逆冲断层和正断层地震会引发灾难性的海啸。但事实上,海啸并不像地震那样频繁发生,这说明,并不是所有的断层破裂面在海底地表的逆冲断层和正断层地震都会引发灾难性的海啸,其中还需要具备一些条件。

如图 10-11 所示,以 2004 年的印度洋海啸为例,印度尼西亚苏门答腊岛近海是印度-澳洲板块和欧亚板块碰撞的地方,在 5 000 千米长的弧形地带,两大板块发生碰撞,平均每年缩短 5 厘米～6 厘米。要想产生海啸,需要具备 3 个条件:地震要发生在深海区,地震震级要大以及具备开阔并逐渐变浅的海岸条件。

图 10-11　印度洋海啸

10.7.2　海啸的特点

海啸同风产生的浪或潮是有很大差异的。微风吹过海洋,泛起相对波长较短的波浪。相应产生的水流仅限于浅层水体。即使是台风,它虽然能够在辽阔的海洋卷起高达 30 米的海浪,但却不能撼动深处的水。海啸则是从深海海底到海面的整个水体的波动,包含惊人的能量。为了更好地了解海啸,先来了解一下海水的波动。

水体表面的振荡和起伏叫作波浪,而在海洋中产生的波浪就叫作海浪。海浪就是海水质点在它的平衡位置附近产生一种周期性的振动和能量的传播。开阔大洋中的波浪是由水质点的振动形成,当波浪经过时,水质点便画一个圆圈;在波峰上,每个质点都稍稍向前移动,然后返回波谷中原来的位置,也就是说当海浪不断地向前传播时,海水中的质点只是上下振动,并没有跟着向前传播,除非是风等外力作用下使其发生漂移。

海啸是一种特殊的浅水波,其特殊之处在于它的动力来自海底地震或火山,而非风力,并且海水的深度很大,这些决定了海啸具有长波长、能量大和传播速度快三个特点。

具有超长的波长是海啸最大的特点。1971 年美国宇航局(NASA)为了测量海面高程的变化发射了 Jason 号测高卫星,其精度为厘米级。就是这颗卫星,在 2004 年印度洋海啸发生时成功测量到了海啸波传播时海面变化的数据。从这颗卫星的测量数据可以得知印度洋海啸造成的海面高程最大变化约为 0.6 米,其波长却高达 500 千米。500 千米的波长,高度差却不到 1 米,可见印度洋海啸就像庞大的镜子一般水平地向外传播,直至到达浅水海岸才会波浪升高,形成巨浪。

第11讲

新材料与纳米技术

　　技术是在开发和应用各类材料的基础上发展起来的。材料作为人类生活的物质基础,被认为是社会进步的里程碑。在历史上,往往以材料作为划分时代的标准,如石器时代、青铜时代、铁器时代等。

　　没有半导体(Si)的工业化生产,就不可能有目前的计算机技术;没有高温高强度的结构材料(氮化物和碳化物以及它们的化合物)就不可能有今天的宇航工业;没有低耗损的硅基光导纤维,就没有现代的光纤通信。纳米材料与生物材料开辟了信息功能材料的新领域,将人类社会推进到智能时代。

　　本讲选择当今新材料中的研究热点——纳米与超导材料加以介绍,侧重于物理基础及其应用。

11.1　自然界中的纳米

　　"纳"来自希腊文,本意是"矮子"或"侏儒"的意思。纳米是一个长度计量单位,是指一米的十亿分之一(10^{-9} m),通常用 nm 表示。一纳米相当于人类头发直径的万分之一。若是做成一个纳米的小球,将其放在一个乒乓球表面的话,从比例上看,就像是把一个乒乓球放在地球表面。纳米技术,是指在纳米尺度(1 nm~1 000 nm)上研究物质的特性和相互作用以及利用这些特性的技术。在纳米技术中,纳米材料是主要的研究对象与基础。事实上,纳米技术并不神秘,也不是人类的专利。早在宇宙诞生之初,纳米材料和纳米技术就已经存在了。在地球的漫长演化过程中,自然界的生物,从亭亭玉立的荷花、丑陋的蜘蛛,到诡异的海蛇,从飞舞的蜜蜂,到海中的贝壳,从绚丽的蝴蝶、巴掌大的壁虎,到显微镜才能看得到的细菌等,它们都是身怀多项纳米技术的高手。这些动植物们通过精湛的纳米技艺,或赖以糊口,或用以御敌,一代代,在大自然中顽强地生存下来,不仅丰富了我们周围的世界,而且给现代的纳米科技工作者带来了无数灵感和启示。

11.1.1　荷叶出淤泥而不染

荷叶的表面上有许多微小的乳突,乳突的平均大小约为 10 微米,平均间距约为 12 微米。每个乳突是由许多直径为 200 纳米左右的突起组成的,如图 11-1 所示。原来在"微米结构"上再叠加上"纳米结构",就在荷叶的表面形成了密密麻麻分布的无数"小山","小山"与"小山"之间的"山谷"非常窄,小的水滴只能在"山头"间跑来跑去,却休想钻到荷叶内部。于是荷花便有了疏水的性能,如图 11-2 所示。

  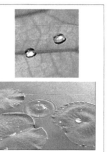

图 11-1　荷叶的表面微观结构(标尺:100 微米)　　　　图 11-2　荷叶效应

11.1.2　旧社会的"观音土"

观音土主要成分为硅藻土——一种叫硅藻的单细胞藻类生物留下来的遗体。硅藻土的形体尺寸一般为几微米到几十微米,最小也有一微米。其壳壁由非晶质二氧化硅(SiO_2)和果胶组成,壳缝为 125 纳米左右。对其壳壁上点纹、线纹和肋纹的观察后发现,它们都是整齐排列的小孔,线纹小孔的直径在 20 nm~100 nm。所以硅藻土是天然的纳米孔材料。

值得注意的是,提纯、改性后的硅藻精土在处理城市污水等方面已表现出独特的性能。

11.1.3　动物王国里的神奇秘密

一、飞檐走壁的壁虎

"壁虎漫步"靠的不是吸盘,而是脚趾上数以万计的纳米级绒毛。此种精细结构,使得壁虎以几纳米的距离大面积的贴近墙面,为壁虎提供数百万个附着点,从而支撑其体重。

二、五彩斑斓的蝴蝶

蝴蝶翅膀是具有周期性排列的纳米级光子晶体结构,这种结构可以反射特定波长的可见光。不同的结构组合可以组成不同的颜色和图案,随着观看角度的不同,颜色也会有所改变。

三、利用"罗盘"定位的蜜蜂

蜜蜂的腹部存在着磁性纳米粒子,这种粒子具有类似指南针的功能,蜜蜂利用这种"罗盘"来判明方向。

11.2 纳米科学技术

长期以来人们一直有一个愿望,企盼着有一天能够按人们自己的意愿去安排一个一个的原子以构成人们所需要的材料和器件。最早提出纳米尺度上的科学和技术问题的是美国著名物理学家、诺贝尔奖获得者理查德·费曼(Richard P Feynman)。1959 年费曼在一次题为《在底部还有很大空间》(There is Plenty of Room at the Bottom)的著名演讲中提出"如果有一天能按人的意愿安排原子和分子,将会产生什么样的奇迹呢?"并预言人类可以用新型的微型化仪器制造出更小的机器,最后人们可以按照自己的意愿从单个分子甚至单个原子开始组装,制造出最小的人工机器。这些都是纳米技术最早的梦想。

20 世纪 90 年代初,一门崭新的"纳米科学技术"(Nano Scale Science and Technology,缩写为 Nano ST)已经诞生,纳米科学技术是指用数千个分子或原子制造新型材料或微型器件的科学技术。但是要注意,在这里,纳米不仅仅意味着空间尺度小,而是提出一种新的思考方式,即生产过程要求越来越精细,致使在最后能直接操纵单个原子或分子来制造具有特定功能的产品。它以现代科学技术为基础,是现代科学(混沌物理、量子力学、介观物理、分子生物学)和现代技术(计算机技术、微电子和扫描隧道显微镜技术、核分析技术)结合的产物。在纳米尺度进行材料合成与控制能够得到新的材料性能和器件特性,纳米科学技术将引发一系列新的科学技术,例如纳米电子学、纳米材料学、纳米机械学等。纳米科学技术将使人们迈入一个奇妙的世界,如图 11-3 所示为纳米的尺度。

针头
100 万纳米

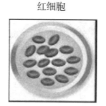
红细胞
1 千纳米

分子及 DNA
1 纳米

氢原子
0.1 纳米

图 11-3 纳米的尺度

纳米科学技术包括三个研究领域:纳米材料、纳米器件、纳米尺度的检测与表征。其中纳米材料是纳米科学技术的基础;纳米器件的研制水平和应用程度是人类是否进入纳米科学技术时代的重要标志;纳米尺度的检测与表征是纳米科技研究必不可少的手段和理论与实验的重要基础。应该看到,一旦进入纳米技术范围,量子力学效应就会出现。也就是说,我们要开发的这个新领域,量子力学一定会成为必要的工具。纳米科学技术正是成功地把量子力学原理应用于技术领域的光辉典范。

11.2.1　扫描隧道显微镜

一、扫描隧道显微镜的概念

扫描隧道显微镜亦称为"扫描穿隧式显微镜"和"隧道扫描显微镜",是一种利用量子理论中的隧道效应探测物质表面结构的仪器,如图 11-4 所示。它于 1981 年由格尔德·宾宁(G. Binning)及海因里希·罗雷尔(H. Rohrer)在 IBM 位于瑞士苏黎世的苏黎世实验室发明,两位发明者因此与恩斯特·鲁斯卡(电子显微镜的发明者)分享了 1986 年诺贝尔物理学奖。

扫描隧道显微镜作为一种扫描探针显微技术工具,可以让科学家观察和定位单个原子,它比同类原子力显微镜具有更高的分辨率。此外,扫描隧道显微镜在低温下(4 K)可以利用探针尖端精确操纵原子,因此它在纳米科技中既是重要的测量工具又是加工工具。

图 11-4　扫描隧道显微镜

扫描隧道显微镜(STM)使人类第一次能够实时地观察单个原子在物质表面的排列状态和与表面电子行为有关的物化性质,在表面科学、材料科学、生命科学等领域的研究中有着重大的意义和广泛的应用前景,被国际科学界公认为是 20 世纪 80 年代世界十大科技成就之一。

二、扫描隧道显微镜的工作原理

扫描隧道显微镜的工作原理是基于量子力学的隧道效应和三维扫描。它工作时,就如同一根唱针扫过一张唱片,用一根极细的探针(针尖极为尖锐,仅由一个原子组成)去接近样品表面,当针尖和样品表面靠得很近(小于 1 纳米)时,针尖头部的原子和样品表面的原子的电子云发生重叠,此时若在针尖和样品之间加上一个偏压,电子便会穿过针尖和样品之间的势垒进而形成纳安级(10^{-9})的隧道电流。隧道电流对距离非常敏感,保持针尖与样品表面间距的恒定,控制压电陶瓷即探针沿表面进行精确的三维(x,y,z)移动扫描时,由于样品表面高低不平而使针尖与样品之间的距离发生变化,而距离变化引起了隧道电流的变化,通过控制和记录隧道电流的变化,并把信号送入计算机进行处理,就可以得到样品表面高分辨率的三维形貌图像。扫描隧道显微镜一般用于导体和半导体表面的测定,如图 11-5 所示为扫描隧道显微镜工作原理图。

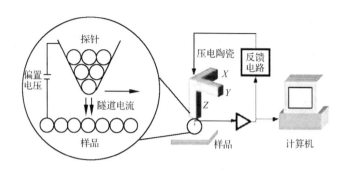

图 11-5　扫描隧道显微镜工作原理图

三、扫描隧道显微镜的优点

扫描隧道显微镜具有以下优点：

1.具有原子级高分辨率，STM 在平行于样品表面方向上的分辨率为 0.1 nm 和 0.01 nm，即可以分辨出单个原子。

2.可实时得到空间中样品表面的三维图像，可用于具有周期性或不具有周期性的表面结构的研究。这种可实时观察三维图像的性能可用于表面扩散等动态过程的研究。

3.可在真空、大气、常温等不同环境下工作，样品甚至可浸在水或其他溶液中不需要特别的制样技术并且探测过程对样品无损伤。这些特点特别适用于研究生物样品和在不同实验条件下对样品表面的评价，例如对于多相催化机理、电化学反应过程中电极表面变化的监测等。

4.利用 STM 针尖，可实现对原子、分子的移动和操纵，这为纳米科技的全面发展奠定了基础。

四、扫描隧道显微镜的应用

自 STM 发明以来，不仅在物理学领域，而且在表面科学、材料科学、生命科学以及微电子技术等领域的研究都取得令人瞩目的成就。它已成为观察微观世界的重要工具和改造微观世界的手段。

1. 用 STM 可观察固体的表面形貌及测定表面原子的位置、电子形态等信息

用 STM 可观察固体的表面形貌，如图 11-6 所示是用 STM 观察到的硅表面的重构图。晶体结构的特点是晶格的周期性，然而在晶体的表面，晶格的周期性将会发生变化，会形成表面上特有的晶格结构，这种现象称为表面重构。硅表面的重构图是 STM 发展史上一张非常经典的图像，许多 STM 实验室都用这一结果来鉴定仪器设备。

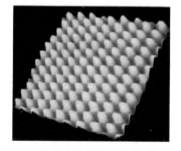

图 11-6　硅表面的重构图

表面吸附是表面科学中的重要课题。原子或分子究竟吸附在表面的什么部位上？他如何与基底相联结？一些传统的表面的平均性质，不能对吸附的原子和分子成像。而 STM 可以直接地观察到单个原子、分子的排列图像。如

图 11-7 所示是吸附在铂单晶表面上碘原子的 STM 图像。从图中可以清楚地分辨出碘原子的吸附位置和铂晶体表面的晶格缺陷。

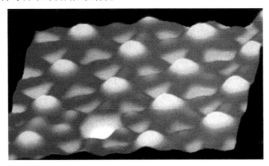

图 11-7　吸附在铂单晶表面上碘原子的 STM 图像

STM 还可以直接观察到空间工作中物质表面原子的三维图像。在 STM 显微图上，标尺刻度清晰可见。

2.进行纳米级加工——纳米刻蚀

STM 在对表面进行加工处理的过程中可实时对表面形貌进行成像，用来发现表面各种结构上的缺陷和损伤，并用表面淀积和刻蚀等方法建立或切断连线，以消除缺陷，达到修补的目的，然后还可用 STM 进行成像以检查修补结果的好坏。如图 11-8 所示，是中国科学院刻蚀的中国地图，也是世界上最小的中国地图。

3.引发化学反应

STM 在场发射模式时，针尖与样品仍相当接近，此时不需要用很高的外加电压（最低可到 10 V 左右）就可产生足够高的电场，电子在其作用下将穿越针尖的势垒向空间发射。这些电子具有一定的束流和能量，由于它们在空间运动的距离极小，样品处来不及发散，束径很小，一般为纳米量级，所以可能在纳米尺度上引起化学键断裂，发生化学反应。

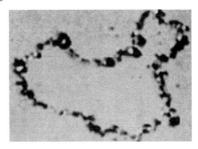

图 11-8　中国科学院刻蚀的中国地图

4.操纵与搬运原子、分子

STM 不仅是观察微观世界的工具，也是改造微观世界的手段。1990 年，美国 IBM 公司率先宣布用 STM 成功地操纵单个原子、分子的例子，如图 11-9 所示为世界上最小的 IBM 图标。

5.构造超微结构

如图 11-10 所示为 48 个原子围成的一个量子栅栏。图中还可以看到在铁原子构成的栅栏中有波纹状的图样，这些波纹即电子构成的驻波。虽然电子构成驻波早已从理论上和实验上被证明过，但从未看到实际图像。这个栅栏图是电子驻波存在的直接验证，也是世界上首次观测到的电子驻波图像。

 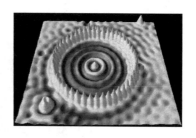

图 11-9　世界上最小的 IBM 商标　　　　　图 11-10　量子栅栏

五、动物的神奇特写镜头

通过高科技仪器将动物身体某部位放大 1 000 倍甚至更大的倍数,给我们创造出惊人、壮观的绝美视觉效果。借助电子扫描显微镜(SEM),可以查看到动物某些身体部位处于极度放大状态下的美妙景象,探索隐藏的世界,揭示事物背后的复杂性,如北极熊的毛发、鲨鱼的皮肤、果蝇的眼睛、蜂鸟的舌头和蝴蝶的翅膀等画面。最初,这些图片都是单色的,工作人员对各个细节部分进行手工着色。

如图 11-11 所示,为北极熊毛发在显微镜下的结构。虽然,它的毛发看起来呈现白色,但事实上,毛发是半透明状的,中空结构,会反射可见光,因此在人类眼中是白色的。北极熊的外部毛发、浓密绒毛、黑色皮肤和脂肪层都具有保温作用。

如图 11-12 所示,这些锋利锯齿状的"牙齿"很容易被人们误以为是泥土挖掘机或者大块起皱干奶酪,事实上,这是鲨鱼皮肤上的微小鳞片,由牙质构成,是一种比骨头还致密坚韧的材质,足以抗击金属摩擦。顶部附有一层釉,使其像是披上了坚韧而富有弹性的盔甲外套,防止甲壳动物和寄生虫附着在它们的身体上。

如图 11-13 所示,为显微镜下看到的壁虎足底,它看起来似乎是一张纤维地毯照片,事实上,这是壁虎足底的无数微细毛发结构照片。在壁虎足底大约分布着 50 多万根微小毛发,能够产生巨大的分子吸力,使得壁虎能够附着在任何物体表面,即使在非常光滑或垂直的表面,也能够行走自如。

图 11-11　显微镜下北极熊毛发是　　图 11-12　显微镜下看到鲨鱼皮肤上　　图 11-13　显微镜下看到
半透明状的中空结构　　　　　的微小鳞片　　　　　　　的壁虎足底

六、微观纳米材料精美组图

据美国连线杂志报道,每隔半年,美国材料研究协会都会公布在研究过程中最引人注目的精美图片,这些照片是科学与艺术的完美结合,如图 11-14、图 11-15 所示。

图 11-14　二氧化硅纳米线像向日葵　　　　　图 11-15　氧化锌纳米微观像中国水墨画

七、未来与展望

　　STM 的出现为人类认识和改造微观世界提供了一个极其重要的新型工具。随着实验技术的不断完善,STM 将在单原子操纵和纳米技术等诸多研究领域中得到越来越广泛的应用。STM 在纳米技术中的应用必将极大地促进纳米技术不断发展。可以预言,在未来科学的发展中,STM 将渗透到表面科学、材料科学、生命科学等各个科学技术领域中。

11.2.2　纳米材料

一、纳米材料的性质及其应用

　　纳米材料又称为超微颗粒材料,由纳米粒子组成。纳米粒子也叫超微颗粒,一般是指尺寸在 1 nm~100 nm 范围的粒子,是处在原子簇和宏观物体交界的过渡区域。由于超微颗粒表面相对活跃的原子数量与颗粒内部结构稳定的原子数量的比例增加,使材料显示出许多奇异的特性,即它的光学、热学、电学、磁学、力学以及化学方面的性质和大块固体时相比将会有显著的不同。

1. 表面效应

　　球形颗粒的表面积与直径的平方成正比,其体积与直径的立方成正比,故其比表面积(表面积/体积)与直径成反比。随着颗粒直径变小,比表面积将会增大,说明表面原子所占的百分数将会增加。直径大于 0.1 微米的颗粒的表面效应可忽略不计,当颗粒尺寸小于 0.1 微米时,其表面原子百分数激剧增长。1 克超微颗粒表面积的总和可高达 100 平方米,这时的表面效应将不容忽略。超微颗粒的表面与大块物体的表面不同。利用表面活性,金属超微颗粒可望成为新一代的高效催化剂和贮气材料以及低熔点材料。因此超微颗粒在国防、国民经济领域均有广泛的应用。

　　例 1:金属纳米颗粒表面上的原子十分活泼。可用纳米颗粒的粉体作为火箭的固体燃料、催化剂。在火箭发射的固体燃料推进剂中添加 1% 重量比的超微铝或镍颗粒,每克燃料的燃烧热可增加 1 倍。此外,超细、高纯陶瓷超微颗粒是精密陶瓷必需的原料。

　　例 2:纳米微粒是应用于传感器的最有前景的材料,利用超微颗粒巨大的比表面积可以制成气敏、湿敏、光敏、温敏等多种传感器。其优点是仅需微量超微颗粒便可发挥其功能;另一优点是通过改变工作温度,可以用同一种膜有选择地检测多种气体,尤其与半导体集成电路结合在一起,可以构成集成化超微颗粒多功能传感器,它具有高灵敏度、高响应速度、高精度以及低功耗的特点。

2. 小尺寸效应

随着颗粒尺寸的量变,在一定条件下会引起颗粒性质的质变。由颗粒尺寸变小所引起的宏观物理性质的变化称为小尺寸效应。对于超微颗粒而言,尺寸变小,其比表面积亦显著增加,从而产生如下一系列新奇的性质。

(1)光学性质

纳米粒子的粒径远小于光波的波长,与入射光有交互作用,光透性可以通过控制粒径和气孔率而加以精确控制,在光感应和光过滤中应用广泛。由于量子尺寸效应,纳米半导体微粒的吸收光谱一般存在蓝移现象,其光吸收率很大。

例1:在1991年春的海湾战争中,美国F-117A型隐身战斗机外表所包覆的材料中就包含有多种纳米超微颗粒,它们对不同波段的电磁波有强烈的吸收能力,以欺骗雷达,达到隐形目的,成功地实现了对伊拉克重要军事目标的打击。

纳米微粒由于小尺寸效应,使它具有常规材料不具备的光学特性,如光学非线性、光吸收、光反射、光传输过程中的能量损耗等都与纳米微粒尺寸有很强的依赖关系。利用这些性质制得的光学材料在通信领域有广泛的用途。已经有一些纳米激光器能够以快于每秒钟200亿次的速度开关,适用于光纤通信。利用这个特性可以作为高效率的光热、光电等转换材料,可以高效率地将太阳能转变为热能、电能。此外又有可能应用于红外敏感元件、红外隐身技术等。

(2)热学性质

固态物质在其形态为大尺寸时,其熔点是固定的,超细微化后却发现其熔点将显著降低,当颗粒小于10纳米量级时尤为显著。纳米材料的比热和热膨胀系数大于同类粗晶材料和非晶体材料,这是由于界面原子排列较为混乱、原子密度低、界面原子耦合作用变弱的结果。超微颗粒熔点下降的性质对粉末冶金工业具有一定的吸引力。

例1:金的常规熔点为1 064 ℃,当颗粒尺寸减小到10纳米时,则降低27 ℃,2纳米尺寸时的熔点仅为327 ℃左右;银的常规熔点为670 ℃,而超微银颗粒的熔点可低于100 ℃。因此,超细银粉制成的导电浆料可以进行低温烧结,此时元件的基片不必采用耐高温的陶瓷材料,甚至可用塑料。例如,在钨颗粒中附加0.1 %～0.5 %重量比的超微镍颗粒后,可使烧结温度从3 000 ℃降低到1 200 ℃～1 300 ℃,以致可在较低的温度下烧制成大功率半导体管的基片。

因此,热学性质在储热材料、纳米复合材料的机械耦合性能应用方面有其广泛的应用前景。

(3)磁学性质

纳米磁性材料具有十分特别的磁学性质,纳米微粒尺寸小,具有单磁畴结构,矫顽力很高的特性。用它制成的磁记录材料不仅音质、图像和信噪比较好,而且记录密度比$\gamma\text{-}2Fe_2O_3$高几十倍。此外,超顺磁的强磁性纳米颗粒还可以制成磁性液体,广泛应用于电声器件、阻尼器件、旋转密封、润滑、选矿等领域。如宇航员头盔的密封是纳米磁性材料的最早重要应用之一——磁性液体。

例 1：磁性液体（magnetic liquids）是一种液态的磁性材料。是由超细微粒包覆一层长键的有机表面活性剂，高度弥散于一定基液中，而构成稳定的具有性的液体。该材料既具有固体的磁性又具有液体的流动性。磁性液体它是由粒径为纳米尺寸（几个到几十个纳米）的磁性微粒，依靠表面活性剂的帮助，均匀分散、悬浮在载液（基液加表面活性剂）中，构成的一种固液两相的胶体混合物，这种材料即使在重力、离心力或电磁力作用下也不会发生固液分离，是一种典型的纳米复合材料。它可以在外磁场作用下整体地运动，因此具有其他液体所没有的磁控特性。常用的磁性液体采用铁氧体微颗粒制成，它的饱和磁化强度大致上低于 0.4 特。目前研制成功的由金属磁性微粒制成的磁性液体，其饱和磁化强度要比前者高 4 倍。磁性液体的用途十分广泛。

人们发现鸽子、海豚、蝴蝶、蜜蜂以及生活在水中的趋磁细菌等生物体中均存在超微的磁性颗粒，使这类生物在地磁场导航下能辨别方向，具有回归的本领。磁性超微颗粒实质上是一个生物磁罗盘，生活在水中的趋磁细菌依靠它游向营养丰富的水底。

（4）力学性质

纳米材料粒度非常微小，具有良好的表面效应，1 克纳米材料的表面积达到几百平方米。因此，用纳米材料制成的产品其强度、柔韧性、延展性都十分优越。

纳米材料具有很大的界面，界面的原子排列是相当混乱的，原子在外力变形的条件下很容易迁移，因此表现出甚佳的韧性与一定的延展性。传统的陶瓷中晶粒不易滑动，材料质脆，烧结温度高，而纳米陶瓷的晶粒尺寸极小，晶粒容易在其他晶粒上运动，因此，具有极高的强度、韧性以及延展性，广泛应用于改善军事领域的武器装甲的抗烧蚀性、抗冲击性，提高硬度，减轻重量延长寿命等；厨房里抗菌纳米陶瓷餐具，陶瓷刀等；汽车工业的零件制造等。如图 11-16 所示，为部分纳米材料产品。

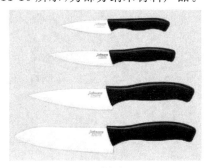

(a) 纳米陶瓷防弹衣　　　　　　　(b) 纳米陶瓷刀　　　　　　　(c) 纳米陶瓷轴承

图 11-16　纳米材料产品

研究表明，人的牙齿之所以具有很高的强度，是因为它是由磷酸钙等纳米材料构成的。纳米晶粒的金属要比传统的粗晶粒金属硬 3～5 倍。例如：钴-碳化钨纳米复合材料具有高硬度、高强度的特点，可应用于集成电路板、微型钻头、点阵打印机打印针头、耐磨零部件、军用装备等方面。

（5）电学性质

由于纳米颗粒内的电子运动受到限制，电子能量被量子化了。结果表现为当在金属颗粒的两端加上合适的电压时，金属颗粒导电；而电压不合适时金属颗粒不导电。原来是导体的铜等金属，在尺寸减少到几个纳米时就不导电了；而绝缘的二氧化硅等，在尺寸减少到几个纳米时,电阻会大大下降,失去绝缘特性,变得可以导电了。

当纳米颗粒从外电路得到一个额外的电子时,纳米颗粒具有了负电性,它的库仑力足以排斥下一个电子从外电路进入颗粒内,从而切断了电流的连续性;电子不能集体传输,而是一个一个的单电子的传输,通常这种单电子传输行为称为库仑堵塞效应。这就使得人们想到是否可以用一个电子来控制的电子器件,即所谓的单电子器件。单电子器件的尺寸很小,把它们集成起来做成计算机芯片其容量和计算速度不知要提高多少倍。

当今的时代,大规模集成电路的制造已经进入了微米和亚微米的量级,电子器件的集成度越来越高,已经接近了它的理论极限。在纳米尺度上,由于电子的波动性质而呈现各种量子效应,使得电子器件已无法按照通常的要求进行工作。纳米电子学正是面对这种挑战而诞生的。在纳米电子学这个天地里,新的发现、新的成果不断涌现。

3. 宏观量子隧道效应

(1)量子尺寸效应

各种元素的原子均具有特定的光谱线,如钠原子具有黄色的光谱线。原子模型与量子力学已用能级的概念进行了合理的解释,对介于原子、分子与大块固体之间的超微颗粒而言,大块固体中连续的能带将分裂为分立的能级,能级间的间距随颗粒尺寸减小而增大。当热能、电场能或者磁场能比平均的能级间距还小时,就会呈现一系列与宏观物体截然不同的反常特性,称之为量子尺寸效应。例如,导电的金属在超微颗粒时可以变成绝缘体,磁矩的大小和颗粒中电子是奇数还是偶数有关,比热亦会反常变化,光谱线会产生向短波长方向的移动,这就是量子尺寸效应的宏观表现。因此,对超微颗粒在低温条件下必须考虑量子效应,原有宏观规律已不再成立。

(2)量子隧道效应

电子具有粒子性又具有波动性,因此存在隧道效应。近年来,人们发现一些宏观物理量,如微颗粒的磁化强度、量子相干器件中的磁通量等亦显示出隧道效应,称之为宏观的量子隧道效应。量子尺寸效应、宏观量子隧道效应将会是未来微电子、光电子器件的基础,或者说它确立了现存微电子器件进一步微型化的极限,当微电子器件进一步微型化时必须要考虑上述的量子效应。例如,在制造半导体集成电路时,当电路的尺寸接近电子波长时,电子通过隧道效应溢出器件,使器件无法正常工作,经典电路的极限尺寸大概在0.25微米。目前研制的量子共振隧道晶体管就是利用量子效应制成的新一代器件。

11.2.3　纳米碳管晶体管

2001年7月6日出版的美国《科学》周刊中报道,荷兰研究人员制造出首个能在室温下有效工作的单电子纳米碳管晶体管。他们使用一个单独的纳米碳管为原材料,利用原子力显微镜的尖端在碳管里制造带扣状的锐利弯曲,这些带扣的作用如同屏障,它只允许单独的电子在一定电压下通过,如图11-17所示,为单电子纳米碳管晶体管。

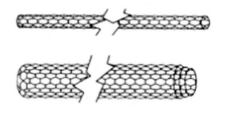

图11-17　单电子纳米碳管晶体管

用此方法制造的纳米碳管单电子晶体管,整体不足头发丝直径的 1/500。

因为这种特殊的单电子晶体管只需要一个电子来实现"开"和"关"的状态,即计算机中的"0"和"1",相比之下,普通微电子学中的晶体管使用数百万个电子来实现开、关状态。基于以上优点,单电子晶体管将成为未来分子计算机的理想材料。

如图 11-18 所示,是具有未来超级纤维之称的碳纳米管是当前材料研究领域中非常热门的纳米材料,它是一种由碳原子组成的、直径只有几个纳米的极微细的纤维管。碳纳米管的强度比钢高 100 倍,但是重量只有钢的六分之一。不同结构碳纳米管的导电性可能呈现良导体、半导体、甚至绝缘体。碳纳米管可以做成纳米开关,或者做成极细的针头用于给细胞"打针"等。

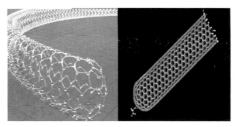

图 11-18　碳纳米管

11.3　石墨烯

11.3.1　石墨烯的概述

在 2010 年 10 月 5 日,瑞典皇家科学院宣布,将 2010 年诺贝尔物理学奖授予英国曼彻斯特大学科学家安德烈·海姆和康斯坦丁·诺沃肖洛夫,以表彰他们在石墨烯材料方面的卓越研究。

2004 年英国的两位科学家安德烈·杰姆和克斯特亚·诺沃塞洛夫在实验室中用一种非常简单的方法得到越来越薄的石墨薄片-石墨烯。石墨烯是一种二维晶体,是由碳原子按六边形晶格整齐排布而成的碳单质,结构非常稳定。基于它的化学结构,石墨烯具有许多独特的物理化学性质,如高比表面积、高导电性、机械强度高、易于修饰以及大规模生产等,如图 11-19 所示,为石墨烯微观结构。

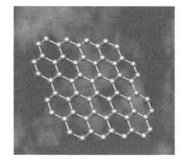

图 11-19　石墨烯微观结构

石墨烯最大的特性是其中电子的运动速度达到了光速的 1/300,远远超过了电子在一般导体中的运动速度。这使得石墨烯中的电子,或称为"载荷子"(electric charge carrier),它的性质和相对论性的中微子非常相似。石墨烯的出现在科学界激起了巨大的波澜,人们发现,石墨烯具有非同寻常的导电性能、超出钢铁数十倍的强度和极好的透光性,它的出现有望在现代电子科技领域引发一轮新的革命。

11.3.2　石墨烯的应用前景

在地球上很容易找到石墨原料,而石墨烯堪称是人类已知的强度最高的物质,它将拥有众多令人神往的发展前景。它不仅可以开发制造出纸片般薄的超轻型飞机材料,还可以制造出超坚韧的防弹衣,甚至还为"太空电梯"缆线的制造打开了一扇新的大门。

一、可做"太空电梯"缆线

"太空电梯"的最大障碍之一,就是如何制造出一根从地面连向太空卫星、长达 23 000 英里并且具有足够强韧的缆线,科学家证实,地球上强度最高的物质"石墨烯"完全适合用来制造太空电梯缆线。

二、代替硅生产超级计算机

研究发现,石墨烯是目前已知导电性能最出色的材料。石墨烯的这种特性尤其适用于高频电路。高频电路是现代电子工业的领头羊,一些电子设备,例如手机,由于工程师们正在设法将越来越多的信息填充在信号中,它们被要求使用越来越高的频率,然而手机的工作频率越高,热量也越高,于是,频率的提升便受到很大的限制。由于石墨烯的出现,频率提升的发展前景似乎变得无限广阔了。这使它在微电子领域也具有巨大的应用潜力。研究人员甚至将石墨烯看作是硅的替代品,用来生产未来的超级计算机。

三、光子传感器

石墨烯还可能以光子传感器的面貌出现在更大的市场上,这种传感器是用于检测光纤中携带的信息的,现在,这个角色仍由硅担当,但硅的时代似乎就要结束。因为石墨烯是透明的,用它制造的电板比其他材料具有更优良的透光性。

四、其他应用

石墨烯还可以应用于晶体管、触摸屏、基因测序等领域,同时有望帮助物理学家在量子物理学研究领域取得新突破。科研人员发现细菌的细胞在石墨烯上无法生长,而人类细胞却不会受损。利用这一点石墨烯可以用来做绷带、食品包装以及抗菌 T 恤;用石墨烯做的光电化学电池可以取代基于金属的有机发光二极管,因此,石墨烯还可以取代灯具中传统的金属石墨电极,使之更易于回收。

11.4　纳米机械学

车、钳、刨、铣等机械加工过程必然要去掉一些下脚料,造成浪费。而纳米制造技术则是以相反的方向,直接由原子、分子来完整地构造器件。科学家们已经用原子、分子操纵技术、纳米加工技术、分子自组装技术等新科技制造了纳米齿轮、纳米电池、纳米探针、分子泵、分子开关和分子马达等。纳米机械产品则是用极微小部件组装一辆比米粒还小，能够运转的汽车、微型车床，可望钻进核电站管道系统检查裂缝；只有蜜蜂大小且能升空的直升机；眼睛几乎看不见的发动机；提供化工使用的火柴盒大小的反应器；驰骋未来战场上的纳米武器，如麻雀卫星、蚂蚁士兵、蚊子导弹、苍蝇飞机、间谍草等两种不同的分子在分子力的作用下在溶液中自组装的情形。由于纳米尺寸非常小，纳米机械必须具有自组装、自我复制等功能。由碳纳米管制作的纳米齿轮模型，纳米齿轮上的原子清晰可见，如图 11-20 所示。

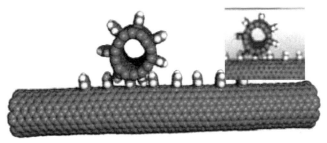

图 11-20　纳米齿轮模型

11.4.1　分子马达

分子马达是由生物大分子构成，利用化学能进行机械做功的纳米系统。天然的分子马达，如：驱动蛋白、RNA 聚合酶、肌球蛋白等，在生物体内参与了胞质运输、DNA 复制、细胞分裂、肌肉收缩等一系列重要生命活动。以微管蛋白为轨道，沿微管的负极向正极运动，并由此完成细胞内外传质功能。

11.4.2　ATP 酶

ATP 酶可催化 ATP 水解生成 ADP 及无机磷，这一反应放出大量能量，以供生物体进行生命过程，如图 11-21 所示，为 ATP 酶的示意图。

如图 11-22 所示，科学家利用 ATP 酶作为分子马达，研制出了一种可以进入人体细胞的纳米机电设备——"纳米直升机"。其中的生物分子组件将人体的生物"燃料"ATP 转化为机械能量，使得金属推进器的运转速率达到每秒 8 圈，利用这个能量它们可以在人的细胞内"飞翔"和"着陆"。将来有可能完成在人体细胞内发放药物等医疗任务。

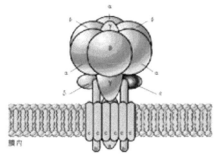

图 11-21　ATP 酶（分子马达）

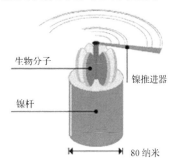

图 11-22　纳米直升机

11.4.3　匪夷所思的 DNA 镊子

如果有一种超微型镊子，能够钳起分子或原子并对它们随意组合，那么制造纳米机械就容易多了。美国朗讯科技公司和英国牛津大学的科学家用 DNA（脱氧核糖核酸）制造出了一种纳米级的镊子，每条臂长只有 7 nm，如图 11-23 所示。利用 DNA 基本元件——碱基的配对机制，可以用 DNA 作为"燃料"控制这种镊子反复开合。利用它将可以制造出分子大小的电子电路，使未来的计算机体积更小，运算速度更快。

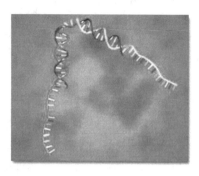

图 11-23　匪夷所思的 DNA 镊子

11.4.4　间谍草

如图 11-24 所示，这是一种看似小草的微型探测器，其内装有敏感的超微电子侦察仪器、照相机和感应器，可侦测出百米以外的坦克、车辆等运动时产生的震动和声音，能自动定位、定向和进行移动，绕过各种障碍物。

11.4.5　机器苍蝇

如图 11-25 所示为机器苍蝇，它既能被飞机、火炮和步兵武器投放，也可以人工放置在敌军信息系统和武器系统附近，大批机器苍蝇可在某地区形成高效侦察监视网，提高战场信息获取量。若在它们身上安装某种极小的弹头，"苍蝇"无疑会变成"马蜂"。

图 11-24　间谍草

图 11-25　机器苍蝇

11.4.6　蚊子导弹

如图 11-26 所示，利用纳米技术制造的形如蚊子的微型导弹，可以起到神奇的战斗效能。纳米导弹直接受电波遥控，可以神不知鬼不觉地潜入目标内部，其威力足以炸毁敌方火炮、坦克、飞机、指挥部和弹药库。

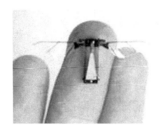

图 11-26　蚊子导弹

11.4.7　蚂蚁士兵

如图 11-27 所示,这是一种通过声波控制的微型机器人。这些机器人比蚂蚁还要小,但具有惊人的破坏力。它们可以通过各种途径钻进敌方武器装备中,长期潜伏下来。一旦启用,这些士兵就会各显神通,有的专门破坏敌方电子设备,使其短路、毁坏;有的充当爆破手,用特种炸药引爆目标;有的施放各种化学制剂,使敌方金属变脆、油料凝结或使敌方人员神经麻痹、失去战斗力。

11.4.8　麻雀卫星

麻雀卫星的质量不足 10 千克,各种部件全部用纳米材料制造,一枚小型火箭一次就可以发射数百颗,如图 11-28 所示。若在太阳同步轨道上等间隔地部署 648 颗功能不同的麻雀卫星,就可以保证在任意时刻对地球上任何一点进行连续监视,即使少数失灵,整个卫星网络的工作也不会受影响。

图 11-27　蚂蚁士兵　　　　　　　　　　　图 11-28　麻雀卫星

11.5　纳米生物学

纳米生物学的产生是与扫描探针显微镜(SPM)的发明和在生命科学中的应用分不开的。生命过程是已知的物理、化学过程中最复杂的过程。纳米生物学是从微观的角度来观察生命现象、并对分子进行操纵和改性。

生物学家在纳米生物学领域提出了许多富有挑战性的新观念,如生物器件。它的特点是像遗传基因分子那样具有自我复制功能,可以利用纳米加工技术,按照分子设计的方法合成、复制成各种用途的生物零件,利用生物零件可以组装具有生物智能、运算速度更快的生物计算机;具有特定功能的纳米生物机器人;生物零件与无机材料或晶体材料结合可以制成具有生命功能的纳米电路等。

人体中红细胞的重要功能之一是向身体的各个部分输送氧分子,如果身体的某些部分缺氧,就会感到疲劳。画中的小球(纳米泵人造红细胞)称为呼吸者,它们不仅具有比红细胞携带氧分子多数百倍的功能,而且本身装有纳米计算机、纳米泵,可以根据需要将氧释放,同时将无用的二氧化碳带走。

由于纳米机器人很小可以在人的血管中自由地游动,对于脑血栓、动脉硬化等病灶,它们可以非常容易地清理,而不用再进行危险的开颅、开胸手术。纳米仿生机器人可以为人体传送药物,进行细胞修复等工作。

用纳米材料制成的人工眼球,不仅可以像真的眼睛一样同步移动,也能通过电脉冲刺激大脑神经,看到精彩的世界,如图 11-29 所示。

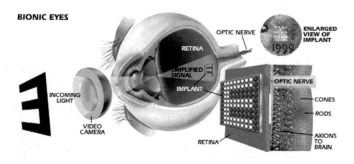

图 11-29　人工眼球

"纳米生物导弹"专门对付癌症,这一针对癌症的超细纳米药物,能将抗肿瘤药物连接在磁性超微粒子上,定向射向癌细胞,并把它们全歼,如图 11-30 所示。

纳米细胞修复器用于修复细胞内的各种病变,如线粒体、细胞核的病变,如图 11-31 所示。

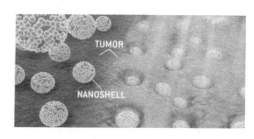

图 11-30　纳米生物导弹

图 11-31　纳米细胞修复器

11.6　超导材料

超导材料是在低温条件下能出现超导电性的物质。超导材料最独特的性能是电能在输送过程中几乎不会损失。常规导体电阻的成因：常规导体在传输电流时，电子会与导体原子组成的晶体点阵发生相互作用，将能量传递给晶格原子，晶格原子振动产生热量，造成电能的损失。

11.6.1　超导材料的超导特性

一、超导现象的发现

1911 年，荷兰的卡茂林·昂尼斯教授用液氦将水银冷凝成固态导线（－40℃），并将温度降低到－269 ℃左右时，水银导线的电阻突然完全消失，首次发现了超导体的零电阻现象，如图 11-32 所示。

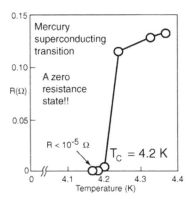

图 11-32　超导体电阻特性曲线

二、完全抗磁性

完成抗磁性是 1933 年德国物理学家迈斯纳等人在实验中发现的，只要超导材料的温度低于临界温度而进入超导态以后，该超导材料便把磁力线排斥体外。因此其体内的磁感应强度总是零，这种现象称为"迈斯纳效应"，如图 11-33 和图 11-34 所示。

完全抗磁性的原因：外加磁场使超导体表面产生感应电流，该电流在超导体内产生的磁场和外磁场抵消，使超导体内部磁场为零。零电阻现象是超导现象的必要条件，但是电阻为零叫理想导体≠超导体。零电阻现象和完全抗磁性是超导体两个基本且相互独立的属性。只有同时具有零电阻和完全抗磁性才能称为超导体。

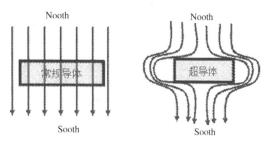

图 11-33　迈斯纳效应示意图　　　　　　　　　　　图 11-34　迈斯纳效应

11.6.2　超导材料的应用

一、超导应用的巨大潜力

超导体的零电阻效应显示其具有无损耗输运电流的性质。工业、国防、科研上用的大功率发电机、电动机如能实现超导化,将大大降低能耗并使其小型化。利用超导隧道效应,人们可以制造出世界上最灵敏的电磁信号的探测元件和用于高速运行的计算机元件。用这种探测器制造的超导量子干涉磁强计可以测量地球磁场几十亿分之一的变化,也能测量人的脑磁图和心磁图。超导体用于微波器件可以大大改善卫星通信的质量。因此,超导体显示了巨大的应用潜力。

二、超导材料在强电方面的应用

超导材料(超导线圈)在强电方面的主要应用包括:用于高能物理受控热核反应和凝聚态物理研究的强场磁体;用于核磁共振装置上以提供 1 T～10 T 的均匀磁场以及核磁共振层次扫描;用于制造发电机和电动机线圈;用于高速列车上的磁悬浮线圈;用于轮船和潜艇的磁流体和电磁推进系统。

三、超导材料在弱电方面的应用

超导材料在弱电方面的应用主要是利用约瑟夫森结可以得到标准电压,可以制造出超导量子干涉仪,进而用于生物磁学。另外约瑟夫森结在计算机上的应用还有着巨大潜力,我们可以制造出速度更快的计算机逻辑电路和存储器。当然还有很多有特殊性能的器件。超导材料还可用于医学、生物学及测量系统等。

第12讲

光学技术

光在人们的生活中占据着重要的地位，没有光就没有五彩缤纷的世界，世界将是一片黑暗。光学是一门有着悠久历史的学科，它的发展史反映着人们认识客观世界并逐渐接近真理的过程。根据光的发射、传播、接收以及光与其他物质相互作用的性质和规律，人们通常把光学分成四个研究分支，分别是几何光学、波动光学、量子光学和现代光学。

12.1 光的电磁本性

光是一种电磁波，可见光只占整个电磁波中一个非常小的波段，其波长范围在 390 nm～760 nm，相应的频率为 7.50×10^{14} Hz～3.95×10^{14} Hz，只有这一频率范围内的电磁波才能够激发人们的视觉。光的颜色由电磁波的频率决定，不同频率的电磁波产生不同的色彩效果，我们把单一频率的光称为单色光。

几何光学的理论是以光的直线传播定律以及光的反射和折射定律为基础的，可以用来解释一些简单的光学成像现象。但是生活中还有许许多多的光学现象，不能用几何光学的方法来理解。例如：一张 CD 光盘上的色彩条纹、肥皂泡上的彩色花样等。这些现象都是由光的波动特性而引发的一种效应。

既然光是一种电磁波，就应该表现出干涉、衍射等一般波动所具有的基本性质。我们把与光的波动性质相关的一些问题都归入波动光学的范畴来进行讨论。

12.2 光的直线传播、反射和折射

12.2.1 光的直线传播

中国有句俗语叫作"未见其人,先闻其声",这正是由于光和声音的不同性质而产生的现象,光的波长较短,而声波的波长较长,根据波的衍射原理,与障碍物尺寸相差不大的波长的波可以产生明显的衍射现象,因而声音可以绕过墙壁等障碍物传播到人的耳朵里,而光却不能绕过墙壁等障碍物传播到人的眼睛里。由于光的波长较短,衍射现象不明显,因此在宏观上可以认为光沿直线传播。光沿直线传播这一特性在生活中也得到了广泛的应用,例如射击时的瞄准、激光准直等现象。若你站在有灯光(或阳光)的地方,你会发现你的身后有一道轮廓和你一模一样的影子,当你运动时,它也会跟随着你变化。若你站在大树下会看到地面上的一个个光斑,你会很容易地想到这些都是由于光的直线传播特性决定的,当光线能够直接照射到的地方是可以看见的,光线不能够直接照射到的地方就看不见或者是黑色的。

光的直线传播还形成了一些特有的现象,日食和月食的形成原理都是由于光的直线传播。具体的形成原因为:日食是在同一直线上的太阳、月亮和地球之间,月亮把太阳光挡住,致使地球上的局部地方,即使是白天,也看不到太阳或只看到残缺的太阳,太阳完全被遮住称为日全食,部分被遮住称为日偏食。而月食,是在同一直线上的地球把太阳光遮住,致使在晴朗的夜空,月亮也变得黑黑的,同样月食也分月全食和月偏食。在古代,由于人们不了解月食的形成原因,迷信地认为发生月食是将要有大的灾难,因此古时人们把月食叫作"天狗吃月",现在我们知道,日食和月食都是由于光的直线传播规律的一个自然现象。光的直线传播还产生了小孔成像等现象,在晴朗的天气可以直观地看到树林中光线直线传播的现象。

12.2.2 光的反射

光的反射在生活中具有广泛的运用,最常用的是镜子,由于光的反射,镜子可以把接收到的光反射过来,这样人就可以在镜子中看到自己的样子。由于光的反射线总是与入射线分居法线两边,且与法线夹角相同,如果镜子的面不是很平整,那么在镜子中看到的像就会发生拉伸或扭曲,这就是哈哈镜的原理,哈哈镜表面做的不平整,当人从镜子中看到自己的扭曲的像时会忍不住哈哈大笑,哈哈镜因此得名,如图 12-1 所示。

汽车的后视镜也运用了光的反射原理,汽车后视镜做出凹面,后面的景物反射回人眼时就缩小了,因此可以在很小的镜面中看到后面的大面积景物。光的反射在交通工具的另一应用:高速公路上的标志牌都用"回归反光膜"制成,夜间行车时,它能把车灯射出的光逆向返回,所以标牌上的字特别醒目。运用各种曲面对光的不同反射作用可以使光汇

图 12-1　哈哈镜

集或发散,手电筒里的反射镜就是运用这个原理将从小灯泡发出的光反射后沿直线射出。

　　光的反射分为全反射和漫反射,镜子的反射属于全反射,光从镜子中反射回来后能量损失极少,而大部分的表面不是很光滑的物体大多属于漫反射。如果黑板做得不好的话坐在旁边的同学就看不清黑板上的字,原因正是产生了全反射。因此现在的黑板表面都做了特殊的粗糙处理,这样无论坐在什么位置的同学都可以看到黑板上的字迹。

12.2.3　光的折射

　　清澈的池水变浅以及棍子放在水中的部分发生"折断"等现象,都可以用光的折射定律来解释,光在不同的介质中传播时由于两者的折射率不同导致光的传播方向发生改变,偏离原来的方向传播,呈现的是虚像。

　　由于大气的密度对光线的折射率不同,太阳在清晨看起来会大一些,在中午看起来会小一些。大气对光的折射还产生了"海市蜃楼"等奇妙现象。

　　光的折射在生活中得到广泛应用,特别是透镜折射。在防盗门上安装的"观察镜"就是凹凸镜的组合,其中就利用合折射原理。

12.3　光学成像

12.3.1　眼睛与传统照相机的比较

　　照相机与眼睛有相似的结构,通过生理学中的眼模型,眼睛可以看成是精巧的照相机,眼球中的角膜和晶状体的共同作用相当于一个"凸透镜",视网膜相当于照相机的底片。从物体发出的光线经过人眼的凸透镜在视网膜上形成倒立、缩小的实像,分布在视网膜上的视神经细胞受到光的刺激,把这个信号传输给大脑,人就可以看到这个物体了,这就是眼睛成像的基本原理。传统照相机的原理与眼睛类似,但是也有不同的地方,如图12-2 和图 12-3 所示。

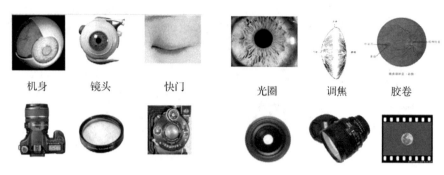

机身	镜头	快门	光圈	调焦	胶卷

图 12-2　照相机与眼睛成像结构对比图　　　　图 12-3　照相机与眼睛成像原理结构图

12.3.2　眼睛成像

一、人眼看物的原理

晶状体和角膜的共同作用相当于凸透镜,它把来自物体的光汇聚在视网膜上形成物体的像。视网膜上视神经细胞受到光的刺激,把这个信号传给大脑,我们就看到了物体。

当睫状体收缩时,晶状体变薄,远处来的光线恰好聚焦在视网膜上,眼球可以看清远处的物体。当睫状体放松时,晶状体变厚,近处来的光线恰好汇聚在视网膜上,眼球可以看清近处的物体,如图 12-4 所示,为眼睛的结构。

如图 12-5 所示,视网膜神经感觉层是由三个神经元组成:第一神经元是视细胞层,专司感光。第二层是双节细胞,负责联络。第三层是节细胞层,专管传导。

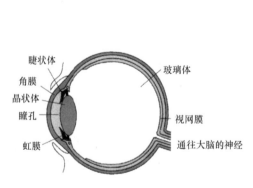

图 12-4　眼睛的结构

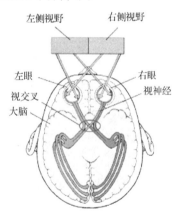

图 12-5　视网膜神经感觉层

二、近视眼的成因与矫正

近视也是生活中的常见现象,它是由于长期的看近处的东西,眼睛的晶状体产生了变形,调节能力变差,不能使物体的光投影到视网膜上,因此不能看清远处的东西。

1. 成因

晶状体太厚,折光能力太强,或者眼球前后方向过长,成像于视网膜前。

2. 矫正

佩戴用凹透镜做成的近视眼镜,如图 12-6 所示。

三、远视眼的成因与矫正

1. 成因

晶状体太薄,折光能力太弱,或者眼球前后方向过短,成像于视网膜后,如图 12-7 所示。

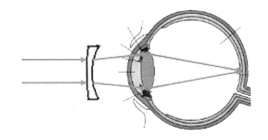 

图 12-6　近视眼矫正图　　　　　　　　　　图 12-7　远近视眼成因图

2. 矫正

佩戴用凸透镜做成的远视镜(老花镜)。

12.3.3　色觉

色觉是一种复杂的生理和心理现象。人们能感受到不同的颜色,是由于可见光中不同波长的光线作用于人眼视网膜上,并在大脑中引起主观印象。

由于人眼对色彩的感觉要依赖唯一能感知蓝、绿、红三种光的视锥细胞,而视锥细胞的灵敏度比较低,因此造成人眼在低亮度物体下失去颜色感觉的先天缺陷。

在 1 尼特以上,人眼容易辨认颜色,而亮度下降到 0.1 尼特时,已经接近视锥细胞的最低灵敏度,开始对亮度失去感觉,下降到 0.01 尼特时,主要是对颜色没有感觉的单色杆状细胞在起作用,就基本没有颜色的感觉了。

12.3.4　视觉暂留

人眼观察景物时,光信号传入大脑神经需要经过一段短暂的时间。光的作用结束后,视觉形象并不立即消失(0.1 秒~0.4 秒),这种残留的视觉称"后像",又称为"视觉暂留"。因此在设计频闪时,需要大于视觉暂留时间。

视觉实际上是靠眼睛的晶状体成像,感光细胞感光,并且将光信号转换为神经电流,传回大脑引起人体视觉。感光细胞的感光是靠一些感光色素,感光色素的形成是需要一定时间的,这就形成了视觉暂留机理。

电影的基本原理就是应用人们"视觉暂留"的特性,使得电影放映机的输片速度为每格秒(小于视觉暂留时间)。前一个影像在视网膜上还未完全消失,后一个影像又出现了,形成了影像的连续。

12.4　视错觉

错觉是人们观察物体时,由于物体受到形、光、色的干扰,加上人们的生理、心理原因而误认物象,会产生与实际不符的判断性的视觉误差。视错觉是人在观察物体时,由于视网膜受到光线的刺激,光线不仅使神经系统产生反应,而且会在横向产生扩大范围的影响,使得视觉印象与物体的实际大小、形状存在差异,这种现象称为视错觉。主要类型有形状错觉、色彩错觉以及物体运动错觉等。其中常见的形状错觉有长短错觉、方向错觉、对比错觉、大小错觉、远近错觉以及透视错觉等。

12.4.1　形状错觉

美国心理学家奥尔比逊提出,将一个正方形放在有多个同心圆的背景上,其对角线交叉点与圆心重合,看起来这个正方形的四条边向内弯曲。他曾分别将不同的几何形状(如圆形、方形、三角形等)放在线条背景上,结果发现这些形状看上去均由于形状错觉而发生变形。

一、视觉后像

盯着灯泡看 30 秒钟以上,尽力不要移动目光。然后把目光移到任何白色的区域。看到灯泡发光了吗？这就是经典的"视觉后像"(图 12-8)。这是怎么回事？

视觉系统对变化的刺激更敏感。当刺激变成白色时,原来注意黑色的细胞,反应比其他细胞更强烈,产生更亮的后像,好像是一盏点燃的灯。这是一个负后像,当然,正后像也存在。光刺激作用于视觉器官时,细胞的兴奋并不随着刺激的终止而消失,而能保留一段短暂的时间。这种在刺激停止后所保留下来的感觉印象称为后像。

图 12-8　视觉后像

视觉后像分正后像和负后像两种。正后像是一种与原来刺激性质相同的感觉印象。负后像则是一种与原来刺激相反的感觉印象。如光亮部分变为黑暗部分,黑暗部分变为光亮部分。正、负后像的发生是由于神经兴奋所留下的痕迹的作用。

我们看的电视、电影就是正后像的应用。胶片以 24 张/秒的速度放映,视觉暂留使我们产生错觉,误认为画面是连续的。如果看到的是一个有颜色的光刺激,则负后像是原来注视的颜色的补色。后像的持续时间受刺激的强度、作用时间、接受刺激的视网膜部位及疲劳等因素的影响。

二、视觉立体画

荷兰艺术家 Ramon Bruin,又名 JJK Airbrush,善于用铅笔、水彩、丙烯酸树脂和油在纸片上绘制出栩栩如生的 3D 立体画。他的作品总是给人带来视觉上的幻象,仿佛画中的物体是有形的实体,可以从纸面上轻松拿走一般,如图 12-9 所示。

图 12-9　JJK Airbrush 的立体画

12.5　光的散射

光的散射在生活中也产生了很多神奇的现象。为什么晴朗的天空会呈现蔚蓝色呢?原因很简单,大气对太阳光的散射作用,使我们看到的天空呈现蓝色。地球表面被大气包围,当太阳光进入大气后,空气分子和微粒(尘埃、水滴、冰晶等)将会使太阳光向四周散射。太阳光是由红、橙、黄、绿、青、蓝、紫七种色光组成,以红光波长最长,紫光波长最短。波长比较长的红光等色光透射性最大,能够直接透过大气中的微粒射向地面。而波长较短的青、蓝、紫等色光,很容易被大气中的微粒散射。在短波波段中蓝光能量最大,散射出来的光波也最多,因此我们看到的天空呈现出蔚蓝色。

在太阳光通过大气层入射到地球表面的过程中,大气层中的空气分子或其他质点(如水滴、悬浮微粒或空气污染物)会对入射的太阳光产生吸收、散射、反射、透射等作用,而形成了蓝天、白云或绚丽的夕阳余晖。在没有大气层的星球上,即使是白昼,天空也将是漆黑一片。

我们所见的蓝天是因为空气分子对入射的太阳光进行选择性散射的结果。散射量与质点的大小有极大的关系,当质点的直径小于可见光波长时,散射量和波长的四次方成反比,不同波长的光被散射的比例是不同的,称为选择性散射。以入射太阳光谱中的蓝光(波长=0.425 μm)和红光(波长=0.650 μm)相比较,当日光穿过大气层时,被空气质点散射的蓝光约比红光多五倍半,因此晴天天空是蔚蓝的。但当空中有雾或薄云存在时,因为水滴质点的直径比可见光波长大,选择性散射的效应不再存在,此时所有波长的光将全部散射,所以天空呈现白茫茫的颜色。至晴天空中的白云,云内的水滴直径更大,日光照射到它们时已非散射而是反射现象,所以看起来更显得白而光亮。

12.5.1　色散

色散：介质对不同波长的光具有不同的折射率。

色散棱镜的主要作用是分光，因为不同的波长具有不同的折射率，且波长越短，折射率越大。出射光出现色散，把光按波长分离出来。

白光是由红橙黄绿青蓝紫七种不同颜色的光复合而成的，白光的色散也在生活中产生了漂亮的景象，彩虹便是其中之一。

12.5.2　彩虹

彩虹（rainbow）是气象中的一种光学现象。是由于阳光入射到空气中的水滴里，发生光的反射和折射造成的，如图 12-10 所示。

当阳光照射到半空中的雨点，光线被折射及反射，在天空上形成拱形的七彩的光谱。有时我们也会看到双彩虹：在主彩虹外边出现同心较暗的副虹（又称霓）。副虹是阳光在水滴中经过两次反射而成。因为有两次的反射，副虹的颜色次序跟主虹反转，外侧为蓝色，内侧为红色。

夏天雨后，乌云清散，太阳重新露头，在太阳对面的天空中，会出现半圆形的彩虹。虹是由于阳光射到空中的水滴里，发生反射与折射造成的，如图 12-11 所示。我们知道，当太阳光通过三棱镜的时候，前景的方向会发生偏折，而且把原来的白色光线分解成红、橙、黄、绿、青、蓝、紫 7 种颜色的光带。下过雨后，有许多微小的水滴飘浮在空中，当阳光照射到小水滴上时会发生折射，分散成 7 种颜色的光。很多小水滴同时把阳光折射出来，再反射到我们的眼睛里，我们就会看到一条半圆形的彩虹。

图 12-10　双彩虹

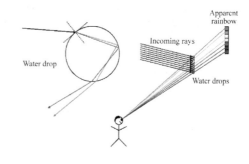

图 12-11　虹的形成原理示意图

空气里水滴的大小，决定了虹的色彩鲜艳程度和宽窄。空气中的水滴大，虹就鲜艳。也比较窄；反之，水滴小，虹色就淡，也比较宽。我们面对着太阳是看不到彩虹的，只有背着太阳才能看到彩虹，所以早晨的彩虹出现在西方，黄昏的彩虹总在东方出现。虹的出现与当时天气变化相联系，一般从虹出现在天空中的位置可以推测当时将出现晴天或雨天。东方出现虹时，本地是不大容易下雨的，而西方出现虹时，本地下雨的可能性很大。冬天的气温较低，在空中不容易存在小水滴，下阵雨的机会也少，所以冬天一般不会有彩虹出现。

12.6　全反射现象

12.6.1　全反射

　　光从光密介质射向光疏介质时,当入射角超过某一角度 C(临界角)时,折射光完全消失,只剩下反射光线的现象叫作全反射。全反射现象符合反射定律,光路可逆。全反射发生之前,随着入射角的增大,折射角和反射角都增大,但折射角增大的快,在入射光的强度一定的情况下,折射光越来越弱,反射光越来越强,发生全发射时,折射光消失,反射光的强度等于入射光的强度,如图 12-12 所示为全反射实验图。

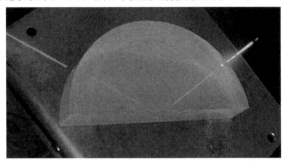

图 12-12 全反射实验

12.6.2　全反射现象的应用

一、光导纤维-光纤通信

　　光纤是一种利用光的全反射原理制成的传导光的玻璃丝,由内芯和外套组成,直径只有几微米到 100 微米左右,内芯的折射率大于外套的折射率。当光线入射到光导纤维的端面上时,光线就折射进入光导纤维内,经内芯与外套的界面发生多次全反射后,从光导纤维的另一端面射出,而不从外套散逸,故光能损耗极小。大量的光纤构成光学纤维束,规则排列,两个端面上的位置严格对应图像从一端传到另一端,如图 12-13 所示 为光导纤维的构成。

图 12-13　光导纤维的构成

二、安全背心与自行车尾灯

如图 12-14 所示,安全背心与自行车尾灯的结构是利用光的全反射原理;玻璃中的气泡比较亮是因为从玻璃到达空气泡的界面处光一部分发生全反射,如图 12-15 所示。

图 12-14　安全背心　　　　图 12-15　玻璃中的气泡的全反射现象

12.6.3　自然界中的全反射现象

平静的海面、江面、湖面、雪原、沙漠或戈壁等地方,偶尔会在空中出现高大楼台、城郭、书目等幻景,称为海市蜃楼。海市蜃楼是一种因光的折射而形成的自然现象,它也简称"蜃景",是地球上物体反射的光线在延直线方向密度不同的气层中,经大气折射而形成的虚像,它的影像以及原理如图 12-16 和图 12-17 所示。

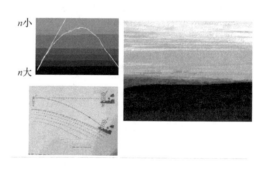

图 12-16　海市蜃楼　　　　图 12-17　海市蜃楼的形成原理示意图

12.7　光的偏振

12.7.1　光的偏振

光波的传播方向就是电磁波的传播方向。光波中的电振动矢量 E 和磁振动矢量 H 都与传播速度 v 垂直,因此光波是横波,它具有偏振性。具有偏振性的光称为偏振光。偏振光是指光矢量的振动方向不变,或具有某种规则的变化的光波。按照其性质,偏振光又可分为平面偏振光(线偏振光)、圆偏振光和椭圆偏振光、部分偏振光几种。从波的角度来说,光属于横波,即光的振动方向与传播方向垂直。自然光向各个方向偏振的幅度相同,而偏振光在某些方向上振幅较大,某些方向上振幅较小。可以通过特殊的透光介质产生不同方向的偏振光,根据光的偏振不同可以人为选择让不同偏振方向的光透过。

12.7.2　光的偏振的应用

一、汽车车灯

夜间在公路上行驶的汽车与对面的车辆相遇时,为了避免双方车灯的眩目,司机都关闭大灯,只开小灯,放慢车速,以免发生车祸。如驾驶室的前窗玻璃和车灯的玻璃罩都装有偏振片,若规定它们的偏振化方向都沿同一方向并与水平面成 45 度角,那么,司机从前窗只能看到自己的车灯发出的光,而看不到对面车灯的光,这样,汽车在夜间行驶时,即不需要熄灯,也不需要减速,同样可以保证安全行车。

在阳光充足的白天驾驶汽车,从路面或周围建筑物的玻璃上反射过来的耀眼的阳光,会使眼睛睁不开。由于光是横波,所以这些强烈的来自上空的散射光基本上是水平方向振动的。因此,只需带一副只能透射竖直方向偏振光的偏振太阳镜便可挡住大部分的散射光。

二、观看立体电影

在拍摄立体电影时,用两个摄影机,两个摄影机的镜头相当于人的两只眼睛,它们同时分别拍下同一物体的两个画像,放映时把两个画像同时映在银幕上。如果设法使观众的一只眼睛只能看到其中一个画面,就可以使观众得到立体感。为此,在放映时,两个放像机的每个放像机镜头上放一个偏振片,两个偏振片的偏振化方向相互垂直,观众戴上用偏振片做成的眼镜,左眼偏振片的偏振化方向与左面放像机上的偏振化方向相同,右眼偏振片的偏振化方向与右面放像机上的偏振化方向相同,这样,银幕上的两个画面分别通过两只眼睛观察,在人的脑海中就形成立体化的影像了。

三、摄像机

在玻璃、水面、木质桌面等表面反射时,反射光和折射光都是偏振光,而且入射角变化时,偏振的程度也有变化。在拍摄表面光滑的物体,如玻璃器皿、水面、陈列橱柜、油漆表面、塑料表面等,常常会出现耀斑或反光,这是由于反射光波的干扰而引起的。如果在拍摄时加用偏振镜,并适当地旋转偏振镜片,让它的透振方向与反射光的透振方向垂直,就可以减弱反射光而使水下或玻璃后的影像清晰。

四、生物生理机能

人的眼睛对光的偏振状态是不能分辨的,但某些昆虫的眼睛对偏振却很敏感。比如蜜蜂有五支眼:三支单眼、两支复眼。每个复眼包含有 6 300 个小眼,这些小眼能根据太阳的偏光确定太阳的方位,然后以太阳为定向标来判断方向,所以蜜蜂可以准确无误地把它的同类引到它所找到的花丛,如图 12-18 所示。

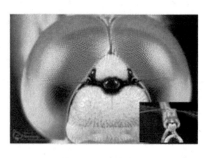

图 12-18　昆虫复眼

再如在沙漠中,如果不带罗盘,人是会迷路的,但是沙漠中有一种蚂蚁,它能利用天空中的紫外偏光导航,因而不会迷路。光的偏振还可以用来滤除一些反光,例如商店里的橱窗,如果采用普通的玻璃,由于自然光的反射,橱窗里的商品不能很好地被顾客看到,采用偏振玻璃将这些反光滤除后效果就好多了。

12.8　光的干涉

12.8.1　光的相干性

干涉现象是波的一种叠加效应,对于光波来说,振动的是电场强度 E 和磁场强度 H,其中能引起人眼视觉或底片感光的是 E,通常把 E 叫作光矢量。若两束光的光矢量满足相干条件,则它们是相干光,相应的光源叫作相干光源。

1. 两独立光源不是相干光

由于分子或原子发光的间歇性和随机性。来自两个独立光源的两光束叠加后的光强等于两束光单独照射时的光强之和,观察不到干涉现象,即

$$I = I_1 + I_2$$

2. 相干叠加

利用某些方法获得的两束相干光,在光场中指定点的相位差 $\Delta\varphi$ 具有恒定值,在相遇空间的某点合成的光强为

$$I = I_1 + I_2 + 2\sqrt{I_1 I_2}\cos\Delta\varphi \quad \Delta\varphi = \varphi_2 - \varphi_1 - \frac{2\pi}{\lambda}(r_2 - r_1)$$

若两束相干光的光强相同,即 $I_1 = I_2 = I_0$,则

当 $\Delta\varphi = \pm 2k\pi$ 时,这些位置的光强最大 $I = 4I_0$

当 $\Delta\varphi = \pm(2k+1)\pi$ 时,这些位置的光强最小 $I = 0$

12.8.2 薄膜干涉

雨天,当我们走在马路上,偶尔会发现马路积水的表面出现彩色的花纹,仔细一看,原来是在水的表面有一层薄薄的油污。为什么在油层表面会出现彩色的条纹呢?其实这是一种干涉现象,称为薄膜干涉。

我们先来讨论入射光线入射在厚度均匀的薄膜上产生的干涉现象。来自各个方向的光照射到厚度均匀的薄膜后,在无穷远处产生干涉(不能用眼睛直接观察)。利用薄膜上下两表面对入射光的反射,使入射光的振幅分解为两个部分,这两部分光相遇就会产生干涉。最简单的分振幅干涉就是一块透明介质薄膜的干涉。

12.8.3 增透膜和增反膜

1.增透膜:膜的厚度适当时,可使所用单色光在膜的上下表面的反射光因干涉而相消。于是单色光几乎完全不反射而透过薄膜。这种使透射光增强的薄膜就是增透膜。

在现代光学仪器中,为了减少入射光能量在透镜等元件的玻璃表面上反射时所引起的损失,常在镜面上镀一层厚度均匀的透明薄膜(常用的有氟化镁 MgF_2),它的折射率介于玻璃与空气之间。

2.增反膜:利用薄膜上、下表面反射光的光程差满足干涉相长条件,从而使反射光增强。这种使反射光增强的薄膜叫增反膜。

宇航员头盔和面甲都镀有对红外线具有高反射率的多层膜,屏蔽宇宙空间中极强的红外线照射,如图12-19 所示。

图 12-19 宇航员头盔的增反膜

12.9 激 光

激光的最初的中文名叫作"镭射"或"莱塞",是它的英文名称 LASER 的音译,取自英文 Light Amplification by Stimulated Emission of Radiation 的各单词头一个字母组成的缩写词。意思是"通过受激发射光扩大",激光的英文全名已经完全表达了制造激光的主要过程。在1964 年按照我国著名科学家钱学森的建议将"光受激发射"改称为"激光"。

激光的理论基础起源于大物理学家爱因斯坦,在 1917 年爱因斯坦提出了一套全新的技术理论"光与物质相互作用"。这一理论是说在组成物质的原子中,有不同数量的粒子(电子)分布在不同的

图 12-20 激光

能级上,在高能级上的粒子受到某种光子的激发,会从高能级跳到(跃迁)到低能级上,这时将会辐射出与激发它的光相同性质的光,而且在某种状态下,能出现一个弱光激发出一个强光的现象。这就叫作"受激辐射的光放大",简称激光,如图 12-20 所示。

12.9.1 激光产生机理

物体发光的微观机理:物质中的原子收到激发以后,原子能量增加,处于不稳定状态,要向低能态跃迁。在向低能态跃迁的过程中,会发出光。普通光源(白炽灯或日光灯)的发光过程为自发辐射。各原子自发辐射出的光彼此独立,频率、振动方向、相位不一定相同,它们是非相干光。

1. 激光在产生过程中始终伴随的三种状态

(1)受激吸收(简称吸收):处于较低能级的粒子在受到外界的激发,吸收了能量,跃迁到与此能量相对应的较高能级,如图 12-21 所示。

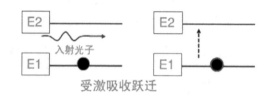

图 12-21　受激吸收

(2)自发辐射:粒子受到激发而进入的激发态,不是粒子的稳定状态,如果存在着可以接纳粒子的较低能级,即使没有外界的作用,粒子也有一定的概率,自发地从高能级激发态(E2)向低能级基态(E1)跃迁,同时辐射出能量为(E2-E1)的光子,如图 12-22 所示。

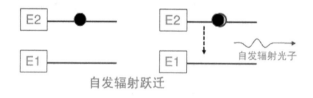

图 12-22　自发辐射

(3)受激辐射(激光):当频率为 ν(E2-E1)/h 的光子入射时,会引发粒子以一定的概率,迅速地从高能级 E2 跃迁到低能级 E1,同时辐射一个与外来光子频率、相位、偏振态以及传播方向都相同的光子,如图 12-23 所示。

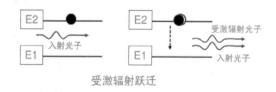

图 12-23　受激辐射

2. 粒子数反转

　　要想使受激辐射占优势,必须使处在高能级 E2 的粒子数大于处在低能级 E1 的粒子数,这种分布正好与平衡态时的粒子分布相反,称为粒子数反转分布,简称粒子数反转,实现粒子数反转是产生激光的必要条件,如图 12-24 所示。

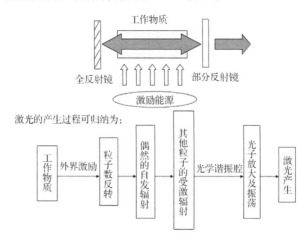

图 12-24　激光的产生过程

12.9.2　激光的性质

　　激光是 20 世纪以来,继原子能、计算机、半导体之后,人类的又一项重大发明。就本质而言,激光与普通光都是电磁波,传播速度为每秒 30 万千米,激光有着独特的四大物理性质,因此成就了其高超的本领。

　　第一,颜色最单纯。太阳光和灯光看起来似乎是白色的,但通过一块三棱镜,可看到红、橙、黄、绿、蓝、青、紫七种颜色的光。一束光的颜色是否单纯,取决于其波长是否一致,可见光的波长是 4 000 埃到 7 600 埃。普通某种颜色的光,包含了一定范围内不同波长的光,如红光的波长是 6 000 埃到 7 000 埃。而激光的波长则非常一致,一束光中的波长差别只有千万分之一埃,甚至更小,是一种单色性极好的光。激光的波长取决于发出激光的活性物质,即被刺激后能产生激光的那种材料。刺激红宝石就能产生深玫瑰色的激光束,可应用于医学领域如针对皮肤病的治疗和外科手术。氩气能够产生蓝绿色的激光束,可应用于激光印刷术,在显微眼科手术中也是不可或缺的。半导体产生的激光能发出红外光,对此我们的眼睛看不见,但其能量恰好能"解读"激光唱片,并可应用于光纤通信。

　　第二,方向性极好。所谓方向性好坏,是指光的集中程度。平时我们打开室内的电灯,整个房间被照亮,那是因为所见的灯光向四面八方散射。又如打开手电筒,光在发出的部位直径为 3 厘米～5 厘米,射到几米之外就扩展成一个很大的光圈,这说明光在传播中发散了。而激光却可以控制,使光能在空间和时间上都可高度集中,在传播中始终保持一条笔直的细线,发散的角度极小,一束激光可射到 38 万千米之外的月球上,光圈的直径只有 2 千米左右。

　　第三,亮度最高。激光是大量原子由于受激辐射所产生的发光行为,亮度比普通光高千万倍,甚至亿万倍。太阳表面的亮度是蜡烛的 30 万倍,白炽灯的几百倍。而一台普通的激光器输出的亮度比太阳表面亮度高 10 亿倍。

第四,具有超强能量。激光可以在千分之几秒甚至更短的时间里,使一切难以熔化的物质熔解以至气化;也可以在百分之几毫米的范围内产生几百万度的高温、几百万个大气压、每厘米几千万伏的强电场。

基于这些特性,在具体应用方面,激光成为工业生产中一种高、精、尖的加工工具,可以用来加工各种硬、脆、韧的材料;打出有头发丝十分之一的微孔,进行高速、精密加工,可以进行切割、焊接和表处理等;在医学领域上,使用激光手术刀,可以进行细微的手术,既不流血也无痛感;在军事上,激光雷达可以精确地测量和跟踪目标。激光武器具有很大的杀伤力,可以用来截击敌人的飞机和导弹。还有激光核聚变,重力场测量,激光光谱,激光对生物组织的作用,激光制冷,激光诱导化学过程等科学研究方面的应用。激光还可以用于保密通讯和宇宙通讯,同时传送 1 000 万套电视节目和 1 000 亿路电话;激光电视、激光计算机、激光核聚变等各种新的激光装置和应用也正在研制中。

12.9.3　激光器

各种激光器的基本结构大致相同,一般由工作物质、激励系统和光学谐振腔三部分组成。激光器,特别是中、小功率的激光器,技术上已相当成熟,国际上已系列化、商品化,目前正向着高效率、长寿命、小型化等方向发展。

1. 世界上第一台激光器——红宝石激光器

1960 年,西奥多·梅曼在自然杂志上发表了世界上第一台红宝石激光器的论文,1960 年 7 月 7 日,《纽约时报》首先披露,梅曼成功制成了世界上第一台红宝石激光器,他以闪光灯的光线照射进一根手指头大小的特殊红宝石晶体,创造出了相干脉冲激光光束,这一成果震惊了全世界。

它是一种固体激光器,它的激励系统是一支能突然爆发出强光的螺旋形闪光管,激光物质是一个插在螺旋管中间的 4 厘米长的圆柱形宝石棒,这种红宝石的主要成分是混有铬离子的氧化铝。在红宝石棒上缠有闪光玻璃管以便让晶体受光线照耀红宝石,经闪光管发出的光照射后,发出激光,通过光学谐振腔的加强和调节后,便射出一束强有力的激光。

2. 中国第一台激光器

1961 年中国科学院长春光学精密机械研究所诞生了我国第一台红宝石激光器。

我国第一台激光器是中国科学院长春光学精密机械研究所王之江领导设计并和邓锡铭、汤星里、杜继禄等人共同实验研制成的,它的完成仅仅比梅曼发明激光器晚了一年。虽然我国研制的第一台红宝石激光器比国外晚了近一年,但是有许多特色直到今天仍被称道。

3. 氦氖激光器

如图 12-25 所示,氦氖激光器是以中性原子气体氦和氖作为工作物质的气体激光器。以连续激励方式输出连续激光。在可见光和近红外区主要有 0.632 8 微米、3.39 微米和 1.15 微米三条谱线,其中 0.632 8 微米的红光最常用。氦氖激光器的输出功率一般为几毫瓦到几百毫瓦。

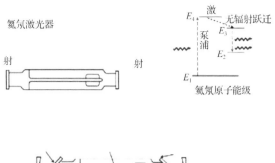

图 12-25 氦氖激光器结构示意图

即使氦氖激光器已经被普遍应用,但氦氖激光器仍存在一定的缺点,激光器的效率较低,功率也不够大。在激光外科手术、钻孔、切割、焊接等行业中,大多换成采用 CO_2 激光器、脉冲激光器或者是半导体激光器等大功率激光器。由于氦氖激光器具有工作性质稳定、使用寿命长的特点,因此,氦氖激光器在流速和流量测量方面得到了更加普遍的开发和利用,同时在精密计量方面的应用也非常广泛。

4. 半导体激光器

半导体二极管激光器是最实用最重要的一类激光器。它体积小、寿命长,并可采用简单的注入电流的方式来泵浦其工作电压和电流与集成电路兼容,因而可与之单片集成。并且还可以用高频率直接进行电流调制以获得高速调制的激光输出。因此,半导体二极管激光器在激光通信、光存储、光陀螺、激光打印、测距以及雷达等方面获得了广泛的应用。

5. 飞秒激光器

飞秒激光器是一种脉冲激光器。飞秒指的是脉冲的持续时间。这与脉冲的频率不同。脉冲的频率是指在 1 s 内,激光器发出的脉冲数目。飞秒激光器对时间的分辨率远远高于影视器材,经计算,这台飞秒激光器已经获得了实验室中所能获得的世界上最短的脉冲。通过它,我们可以看到更快速、更微妙的运动,例如绿色植物的光合作用过程、细胞的分裂过程、电子围绕原子运动的过程等。

但是,现在这些过程还无法形成影像,飞秒激光器只能以波纹的形式将它们展示出来。目前,科学家正在研究如何将它应用于检测人体内的癌细胞。

飞秒激光器对空间的分辨率是极高的,甚至可以追上围绕原子核运动的电子,并将它们一个个打掉,仅剩一个孤立的原子核存在。

12.9.4 激光的应用

一、工业

1. 激光切割

激光切割:利用经聚焦的高功率密度激光束照射工件,使被照射的材料迅速熔化、汽化、烧蚀或达到燃点,同时借助与光束同轴的高速气流吹除熔融物质,从而达到切割的目的,激光切割加工同机床的机械加工有着本质的区别。激光切割属于热切割的方法之一,如图 12-26 所示。

图 12-26　激光切割

激光切割技术广泛应用于金属和非金属材料的加工中,可大大减少加工时间,降低加工成本,提高工件质量。与传统的板材加工方法相比,激光切割技术具有高的切割质量(切口宽度窄、热影响区小、切口光洁)、高的切割速度、高的柔性(可随意切割任意形状)、广泛的材料适应性等优点。

2. 激光焊接

如图 12-27 所示,激光焊接是利用高能量高密度的激光束作为热源的一种高效精密焊接方法。激光焊接是激光材料加工技术应用的重要方面之一。由于其独特的优点,已成功应用于微、小型零件的精密焊接。

激光焊接可以采用连续或脉冲激光束加以实现,激光焊接的原理可分为热传导型焊接和激光深熔焊接。功率密度小于 $10^4°W/cm^2 \sim 10^5°W/cm^2$ 为热传导焊,此时熔深浅、焊接速度慢;功率密度大于 $10^5°W/cm^2 \sim 10^7°W/cm^2$ 时,金属表面受热作用下凹成"孔穴",形成深熔焊,具有焊接速度快、深宽比大的特点。

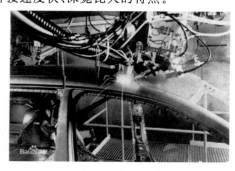

图 12-27　激光焊接

二、医学

激光在医学中应用广泛,不同波长的激光对组织的作用不同,在可见光以及近红外光谱范围内的光线,吸光性低,穿透性强,可以穿透到牙体组织较深的部位,激光的光线穿透性差,仅能穿透牙体组织约 0.01 毫米。激光在龋齿的诊断方面的应用:1.脱矿、浅龋 2.隐匿龋 。激光在治疗方面的应用:1.切割 2.充填物的聚合,窝洞处理激光在美容界的用途越来越广泛。激光治疗是通过产生高能量，聚焦精确，具有一定穿透力的单色光，作用于人体组织而在局部产生高热量从而达到去除或破坏目标组织的目的，各种不同波长的脉冲激光可治疗各种血管性皮肤病及色素沉着。

激光手术相对于传统手术有着无法比拟的优越性。激光手术不需要住院治疗，手术切口小，术中不出血，创伤轻。激光治疗近视：如今越来越多的人走进医院，想通过激光手术摘掉眼镜。

三、军事

美国海军在秘密试验中用激光武器成功击落 4 架无人机，录像于 2010 年 7 月 19 日公布。这标志着激光武器不再是科幻小说里的虚构情节，它已经实实在在进入到可以使用的地步，人类武器发展在经历了冷兵器时代、热兵器时代、核武器时代、正式进入定向能武器时代。

激光之所以能成为杀伤武器，是因为它主要有以下三种破坏效应：一是烧蚀效应，高能激光光束照射到目标上时，部分能量被目标材料吸收转化为热能，使其汽化、熔化、穿孔、断裂甚至产生爆炸；二是激波效应，当目标材料被激光照射汽化后，在极短时间内对靶材产生反冲作用，于是在靶材中产生压缩波，使材料产生应变并在表层发生层裂，裂片飞出具有杀伤破坏作用；三是辐射效应，目标材料因激光照射汽化，会形成等离子体云，能辐射紫外线、X 光射线，使目标内部的电子元件损伤。

四、激光的发展前景

从科技发展来看，激光有它的革命性意义。自激光问世以来，我们认识到所有无线电里面出现的现象在光学里面都能出现。在这个基础上就形成了非线性光学。它与物质相互作用远超过线性范围，这对了解物质的性质前进了一大步，更能够了解到物质结构中场同电磁辐射作用的关系。因此，激光的发展也形成了一些在物理上看起来是新的学科，有些学科是跟光学密切结合起来的。比如全息术、激光光谱学。因为激光的特性，对物质研究的细致程度与以前不同。激光是一种光，用于研究光谱学的问题有很大的发展。特别是非线性材料，从激光应用方面提出了各种不同的要求，向材料科学提出了许多新的问题，更重要的是探索许多新的非线性材料。

1. 激光测距

激光测距仪是利用激光对目标的距离进行准确测定（又称激光测距）的仪器。激光测距仪在工作时向目标射出一束很细的激光，由光电元件接收目标反射的激光束，计时器测定激光束从发射到接收的时间，计算出从观测者到目标的距离。世界上第一台激光器，是由美国休斯飞机公司的科学家梅曼于 1960 年首先研制成功的。1961 年，第一台军用激光测距仪通过了美国军方的论证试验，此后激光测距仪很快就进入了实用联合体。

激光测距仪重量轻、体积小、操作简单速度快而准确，其误差仅为其他光学测距仪的五分之一到数百分之一，因而被广泛用于地形测量，战场测量，坦克，飞机，舰艇和火炮对目标的测距，测量云层、飞机、导弹以及人造卫星的高度等。它是提高坦克、飞机、舰艇和火炮精度的重要技术装备。激光测量技术使全球范围的定位精度大为提高，如图 12-28 和图 12-29 所示，为激光测量技术实际应用的例子。

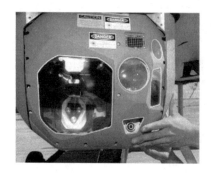

图 12-28　带有激光测距仪的光电转塔　　　　图 12-29　嫦娥一号搭载的激光高度计

2. 激光核聚变

激光这样强的光是一个很好的能源。利用强激光来照射原子核,从原子核中把原子能释放出来。这项技术叫激光核聚变,如图 12-30 所示。激光核聚变与氢弹的爆炸在许多方面非常相似,20 世纪 60 年代,当激光器问世以后,科学家就开始致力于利用高功率激光使聚变燃料发生聚变反应,这种核反应将来可能作为能源来研究核武器的某些重要物理问题。另一个发展方向就是可以把激光脉冲变得很窄,为了捕捉一个物体的快速运动,要用高速照相。普通高速照相达到千分之一秒,而像核反应这种过程,起码要到微秒（10^{-6}秒）甚至纳秒（10^{-9}秒）数量级。若研究光与物质相互作用,原子与原子之间、分子与原子之间的快速反应,则要到皮秒（10^{-12}秒）数量级。所以超短脉冲激光器也是一个重要的发展方向。

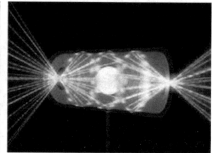

图 12-30　激光核聚变

3. 全息术

如图 12-31 所示,全息摄影是指一种记录被摄物体反射波的振幅和位相等全部信息的新型摄影技术。普通摄影是记录物体表面上的光强分布,它不能记录物体反射光的位相信息,因而失去了立体感。全息摄影采用激光作为照明光源,并将光源发出的光分为两束,一束直接射向感光片,另一束经被摄物的反射后再射向感光片。两束光在感光片上叠加产生干涉,感光底片上各点的感光程度不仅随强度也随两束光的位相关系而不同。所以全息摄影不仅记录了物体上的反光强度,也记录了位相信息。人眼直接去看这种感光的底片,只能看到像指纹一样的干涉条纹,但如果用激光去照射它,人眼透过底片就能看到同原来被拍摄物体完全相同的三维立体像。一张全息摄影图片即使只剩下一小部分,依然可以重现全部景物。全息摄影可应用于工业上进行无损探伤,超声全息,全息显微镜,全息摄影存储器,全息电影和电视等许多方面。激光全息摄影是一门崭新的技术,它被誉为 20 世纪的一个奇迹。它的原理于 1947 年由匈牙利籍的英国物理学家丹尼斯·加博尔发现,它和普通的摄影原理完全不同。直到 10 多年后,美国物理学家雷夫和于帕特倪克斯发明了激光,全息摄影才得到实际的应用。全息摄影是信息储存和激光技术结合的产物。再加上许多新的工业和技术,特别是同光电技术的发展结合,在光学上形成了一门光学信息处理的新学科。实际上在信息处理上有许多问题借助光学的原理。

图 12-31　全息图再现像用于艺术创作,视角超过 100 度,景深达 6 米

总而言之,我们要在探索未知领域的道路上不断前进,结合不同的学科,发挥激光更大的价值,更好的服务我们的生活。

参 考 文 献

[1] 文兴吾.现代科学技术概论[M].成都:四川人民出版社,2007.

[2] 张子文.科学技术史概论.[M].南京:浙江大学出版社,2010.

[3] 钟史明.能源与环境[M].南京:东南大学出版社,2017.

[4] 孙方民.科学发展史.[M].郑州:郑州大学出版社,2010.

[5] 陈英旭.环境科学与人类文明[M].南京:浙江大学出版社,2012.

[6] 施大宁.物理与艺术.[M].北京:科学出版社,2010.

[7] 余明.简明天文学教程[M].北京:科学出版社,2011.

[8] 雷仕湛.追光.[M].上海:上海交通大学出版社,2013.

[9] 温亚芹.物理与生活.[M].北京:外语教学与研究出版社,2008.

[10] Pupa Gilbert,艺术中的物理学.[M].北京:清华大学出版社,2011.

[11] 马克·米奥多尼克.[M].北京:北京联合出版社,2011.

[12] 王辉.我国科学素质教育政策内容分析[D].长沙:湖南大学教育科学研究院,2011.

[13] 别业广.物理学对培养文科类大学生科学素养的实践与探索[J].大学教育,2015(6).

[14] 史文婷.基于国家精品课程建设的学生创新能力培养研究——《现代教育科技》课程
     为例[D].南京:南京邮电大学教育学院,2013.

[15] 毛礼锐,沈灌群.中国教育通史(第五卷)[M].济南:山东教育出版社,1988 年版.

[16] 王振东.趣话流体力学[M].北京:高等教育出版社,2016.

[17] 赵致真.奥运中的科技之光.[M].北京:高等教育出版社,2016.